PATRIA.

LA FRANCE ANCIENNE ET MODERNE,

MORALE ET MATÉRIELLE,

OU COLLECTION ENCYCLOPÉDIQUE ET STATISTIQUE

DE TOUS LES FAITS RELATIFS
A L'HISTOIRE INTELLECTUELLE ET PHYSIQUE DE LA FRANCE
ET DE SES COLONIES.

ESSAI

SUR LA

MÉTÉOROLOGIE

ET LA

GÉOGRAPHIE BOTANIQUE

DE LA FRANCE,

PAR

CH. MARTINS.

PARIS.

J.-J. DUBOCHET ET Cⁱᵉ, ÉDITEURS,
RUE RICHELIEU, 60.

Imprimé par Béthune et Plon.

III. MÉTÉRÉOLOGIE DE LA FRANCE,

Par CH. MARTINS.

INTRODUCTION.

La statistique météorologique d'un pays ne saurait être complétement satisfaisante si l'on ne possède pas un grand nombre d'observations faites sur un plan uniforme et combinées de façon à donner des résultats positifs et incontestables. Il faudrait, en premier lieu, que les instruments des observateurs fussent semblables et tous comparés à des étalons construits avec le plus grand soin. Les indications de ces différents instruments seraient alors ramenées à ce qu'elles eussent été si on eût observé avec les étalons eux-mêmes. De cette manière les observations provenant de toutes les parties d'un vaste pays seraient parfaitement comparables entre elles, et on pourrait les considérer comme ayant été faites toutes avec les mêmes instruments.

Ces observations seraient soumises à un plan uniforme. Ainsi, pour prendre un exemple, les observateurs d'une même région climatoriale liraient leurs thermomètres à la même heure, et ces heures seraient choisies de façon qu'on pût en déduire la température moyenne des vingt-quatre heures, la plus grande et la moindre chaleur, etc., etc. Toutefois, ces déductions laissent toujours quelque doute : ainsi, la température moyenne des vingt-quatre heures s'obtient en prenant la demi-somme du maximum et du minimum, ou des températures de deux heures homonymes, telles que 9ʰ du matin et 9ʰ du soir, ou bien en calculant la moyenne des températures de 7ʰ du matin, midi et 10ʰ du soir. Mais pour conclure ainsi la moyenne diurne d'un petit nombre d'observations, nous en sommes encore réduits à nous appuyer sur les observations horaires qui ont été faites à Padoue, Halle, Gœttingue, Dresde, Plymouth, Munich et au fort Leith, près d'Édimbourg. Or, il est extrêmement probable que les coefficiens à adopter pour conclure ainsi la moyenne diurne varient un peu dans les différentes régions climatoriales de la France. Il serait donc à désirer qu'on établit dans chacune de ces régions une station météorologique principale, où les observateurs fussent assez nombreux pour faire de longues séries horaires. Alors on déduirait de ces séries les corrections nécessaires pour conclure la température diurne d'un petit nombre de lectures thermométriques.

Ce qui est vrai du thermomètre l'est également du baromètre et de l'hygromètre. Ainsi, par exemple, l'on sait en général que la hauteur moyenne du baromètre, à midi, se rapproche beaucoup de sa hauteur moyenne absolue. Les météorologistes isolés pourraient donc se borner à lire cet instrument au milieu du jour, et les observations horaires ou bihoraires faites à l'observatoire principal de leur région climatoriale leur fourniraient la correction nécessaire pour calculer la pression atmosphérique moyenne, et par conséquent la hauteur de l'instrument au-dessus du niveau de la mer. Les villes de Paris, Bourges, Clermont, Brest, Bordeaux, Toulouse, Marseille, Lyon et Strasbourg me paraissent les plus propres à établir ces stations principales où les observations seraient faites de la manière la plus complète. Ces stations communiqueraient ensuite avec l'observatoire de Paris, où seraient déposés les étalons et où l'on arrêterait d'un commun accord, avec les savants de province, le plan général des observations. Quant aux stations secondaires, il y en aurait une dans chaque chef-lieu de département.

Si depuis dix années seulement la France avait été couverte ainsi d'un réseau météorologique, on aurait aujourd'hui les données les plus précieuses sur la climatologie française. Toutes celles qui intéressent la géographie botanique, l'agriculture, l'hygiène, la médecine et les travaux publics seraient acquises à la science. Quant aux grandes questions sur les changements séculaires de la température, sur les variations des quantités annuelles moyennes de pluie, sur les phénomènes électriques ou optiques de l'atmosphère, les oscillations du baromètre, etc., c'est dans les stations principales qu'on réunirait les matériaux qui pourront les éclairer un jour, car ces stations devraient être permanentes comme les observatoires astronomiques. Mais pour arriver à connaître notre climat d'une manière pratique, un labeur d'un demi-siècle n'est point nécessaire : vingt années rempliraient complétement ce but, et dix années seraient suffisantes pour tout ce qui tient à la température, cet élément essentiel de la climatologie.

Malheureusement nous n'avons pas de semblables matériaux à notre disposition pour le travail que **nous** soumettons à l'indulgence des météorologistes. Les observations dues **au zèle** et à la persévérance des physiciens qui habitent la province ne sont pas faites sur un plan uniforme. La plupart, livrés à leurs seules ressources, sans aide, sans secours, n'ont pu observer que certains instruments. Ainsi, les uns ne lisaient que le thermomètre ou le baromètre ; d'autres, privés d'udomètre, ne pouvaient pas enregistrer la quantité de pluie tombée, ou noter la direction du vent, faute d'une girouette convenablement placée. Quels que fussent leur zèle et leur bonne volonté, ils n'ont pu surmonter tous les obstacles matériels qu'ils avaient à vaincre, car un petit nombre ont été encouragés par les autorités départementales. Néanmoins nous avons réuni tous les documents sur la météorologie française qui sont venus à notre connaissance. Nous avons dépouillé patiemment toutes les statistiques, les ouvrages généraux de météorologie, les mémoires des sociétés savantes que nous avons pu compulser, et les observations manuscrites que plusieurs savants ont bien voulu nous communiquer.

Sans doute notre travail offrira encore des lacunes considérables, car nous n'avons pu tout lire, tout consulter, et les mémoires des académies de province nous ont fait défaut bien souvent, même dans les bibliothèques publiques. Toutefois cet essai aura du moins l'avantage de faire voir quel est l'état actuel de nos connaissances sur la climatologie française ; il montrera combien sont nombreuses et importantes les lacunes qui restent à combler ; et s'il pouvait contribuer à amener la fondation d'une association d'observateurs encouragés par l'État, qui seul peut prendre l'initiative d'une semblable entreprise, tous nos vœux seraient accomplis.

J'avais d'abord le projet de citer les sources auxquelles j'empruntais chacun de mes résultats ; mais j'ai bientôt reconnu que le quart de chaque colonne serait occupé par des citations, car il n'est pas un chiffre, pas un fait que je ne puisse justifier. Souvent aussi la citation demandait des explications ; je combinais les résultats d'un auteur avec ceux d'un autre, j'adoptais ses chiffres tout en rejetant ses conclusions. Je me suis donc contenté de mettre, à la fin des documents météorologiques qui se rapportent à chaque ville de France, l'indication des ouvrages ou des recueils qui les contiennent. La réunion de ces indications forme l'ensemble des auteurs que j'ai mis à contribution. Lorsque mes résultats numériques ne sont pas d'accord avec ceux que l'on

trouve dans l'un ou l'autre de ces auteurs, on peut être assuré que je ne les ai jamais modifiés légèrement, mais seulement après les avoir contrôlés en les comparant à d'autres plus récents ou déduits d'observations plus multipliées.

Dans cet essai, tous les degrés thermométriques sont centésimaux : les degrés au-dessus de zéro ne sont précédés d'aucun signe. Les degrés au-dessous de zéro le sont du signe moins (—). Les hauteurs du baromètre et les quantités de pluie sont exprimées en millimètres. Les saisons divisées de la manière suivante :

Hiver.	Décembre, Janvier. Février.	Été.	Juin, Juillet. Août.
Print.	Mars, Avril, Mai.	Aut.	Septembre, Octobre, Novembre.

CHAPITRE I. — CONSIDÉRATIONS GÉNÉRALES SUR LE CLIMAT DE LA FRANCE.

Notre pays ne constitue pas une région climatoriale proprement dite et distincte des régions environnantes par des caractères nets et tranchés. Nous verrons, au contraire, qu'il a ce rare privilége de réunir des climats fort divers, et dont le type existe dans les pays voisins : c'est une des causes de sa richesse, un des secrets de sa puissance. Néanmoins nous pouvons énoncer certaines généralités dont le sens trop absolu sera modifié lorsque nous ferons le tableau des cinq régions climatoriales qu'on peut y distinguer.

§ I. *Température.*

Isothermes. — La France continentale est comprise entre les *isothermes* ou lignes d'égale température (*Voy.* Kaemtz, *Cours complet de météorologie*, traduction française, p. 194) de 15° et de 10° ; en lui joignant la Corse et l'Algérie entre celles de 20° et de 10°. On nomme lignes isothermes des courbes qui passent par tous les points où la température moyenne de l'année serait la même s'ils étaient tous au niveau de la mer. On sait en effet que cette moyenne est d'autant plus basse qu'on s'élève davantage dans les montagnes. Pour en donner un seul exemple, la température moyenne de l'hospice du grand Saint-Bernard est de — 1°,0 ; celle de Genève, ville qui n'en est pas éloignée, est de 9°,6 · mais aussi l'hospice de Saint-Bernard est à 2 493ᵐ au-dessus du niveau de l'Océan, et Genève à 400ᵐ seulement. Ainsi donc, si l'on ne faisait pas abstraction de la hauteur, il serait beaucoup plus difficile de tracer des lignes isothermes sur le globe, et ces lignes n'offriraient pas le moindre parallélisme entre elles,

En faisant abstraction de la hauteur au-dessus des mers, la direction et les courbures des isothermes ne sont plus déterminées que par les éléments suivants : la latitude, la direction des vents régnants, la proximité ou l'éloignement des grandes masses d'eau, la température de ces eaux, l'exposition, le voisinage de chaînes de montagnes, la nature et la couleur du sol, l'existence de grandes forêts ou de marais étendus, et quelques autres influences secondaires.

Dans l'état actuel de nos connaissances sur les températures moyennes des principales villes de France, il est impossible de tracer ces isothermes avec quelque certitude. Le manque d'observations exactes et nombreuses tout le long du littoral, le choix souvent arbitraire et peu judicieux des heures auxquelles on lisait le thermomètre, me forcent à donner seulement ici la liste des villes dont la moyenne est le mieux connue, réduite à ce qu'elle serait si ces villes étaient toutes au niveau de la mer. Pour faire cette réduction, j'ai admis un décroissement de la température de 1° pour 180ᵐ d'élévation. C'est le résultat moyen déduit des observations de Ramond, Kaemtz, Schouw, Guérin, Bravais, et moi-même en France, en Suisse et dans le nord de l'Italie.

Températures moyennes des dix villes supposées au niveau de la mer.

Pau.	14°,7	Genève.	11°,8
Toulouse.	13 ,1	Strasbourg.	10 ,6
Marseille.	14 ,3	Paris.	11 ,0
Orange.	13 ,3	Metz.	10 ,7
Lyon.	12 ,7	Bruxelles.	10 ,3

D'une manière générale on peut dire que les isothermes vont de l'est à l'ouest, en s'élevant vers le nord. Ainsi, Strasbourg et Bruxelles, Genève et Nantes sont sensiblement sous les mêmes isothermes, quoique leur latitude soit fort différente.

Isothères et isochimènes. — Après la température moyenne, il reste à déterminer deux éléments très-importants, ce sont les températures de l'hiver et celles de l'été. En effet, deux moyennes égales peuvent correspondre à des climats fort différents, l'un à température uniforme et tel que les hivers soient doux et les étés sans chaleur, l'autre à températures extrêmes, tel que les étés soient très-chauds et les hivers très-froids. Ainsi le port de Thorshavn, dans les îles Féroe, et Varsovie, en Pologne, ont la même température moyenne : elle est de 7°,5. Mais à Thorshavn la différence entre la température de l'hiver et de l'été n'est que de 8° ; elle est de 20° à Varsovie. Sans offrir des différences aussi considérables, la France en présente cependant d'assez grandes pour qu'on y distingue clairement des climats excessifs ou continentaux et des climats à température uniforme ou marins. A Brest et à Cherbourg, par exemple, la différence moyenne entre la température de l'hiver et celle de l'été est de 10°,4 ; elle est de 17°,7 à Mulhouse et à Strasbourg. Les côtes occidentales de la France ont donc un climat analogue à celui des îles en général et de l'Angleterre en particulier ; celui des provinces de l'est se rapproche du climat de l'Allemagne centrale.

On comprend maintenant que les lignes d'égale température en été (*isothères*) et celles d'égale température en hiver (*isochimènes*) doivent avoir un trajet fort différent les unes des autres et fort différent aussi de celui des isothermes, ou lignes d'égale température moyenne. Ainsi, suivant Berghaus, l'isothère de 20° part de l'embouchure de la Gironde, coupe la Loire au niveau de Moulins, la Saône à son confluent avec le Doubs, et le Rhin non loin de Mulhouse. L'isochimène de 5° coupe la presqu'île de l'Armorique à Saint-Brieuc, descend parallèlement à la côte, puis, au niveau de la Rochelle, elle se dirige vers l'est, coupe le Rhône à la hauteur de Valence et se prolonge vers le golfe de Gênes. Le trajet de ces lignes est d'une grande importance, car il se lie intimement à celui des courbes qui limitent les régions occupées par certains végétaux sauvages ou cultivés.

Températures moyennes et extrêmes. — Demander quel est le climat moyen de la France est une question de pure curiosité, car il est évident que les températures fort basses des pics élevés des Alpes et des Pyrénées abaisseraient tellement cette moyenne qu'elle ne représenterait nullement la température de la portion habitée ; mais si l'on cherche la température moyenne de toutes les villes de France où elle a été déterminée avec une précision suffisante, on trouve qu'elle est sensiblement de 12°, en excluant le plateau central, dont le climat nous est entièrement inconnu.

La température la plus élevée qui ait été mesurée avec un thermomètre à l'ombre et garanti du rayonnement des objets environnants est de 40°,2 à Orange en juillet 1830 par M. de Gasparin. La plus basse qu'on ait observée *dans les plaines* est — 28°,1 le 3 février 1830 à Mulhouse (Haut-Rhin). Ainsi donc le parcours total du thermomètre en France est de 68°,3.

Hivers rigoureux en France. — Le manque d'observations simultanées permet difficilement de faire le tableau des grands hivers qui viennent de temps en temps désoler la France. Cependant Van Swinden, dans sa lettre à Cotte, insérée au *Journal de physique*, t. I, p. 227, année 1800, nous donne de précieux renseignements sur celui de 1709. Le froid devint fort intense au commencement de janvier; ainsi **La Hire** nota à l'Observatoire les températures suivantes au moment du lever du soleil.

[54] *Hiver de 1709 à Paris.*

Janvier.		Janvier.	
5	$+ 7°,5$	10	$- 18°,0$
6	$- 1 ,4$	13	$- 21 ,2$
7	$- 7 ,6$	14	$- 21 ,2$

Il paraît même que le thermomètre descendit jusqu'à — 23,1. Le 15 janvier le thermomètre remonta, puis le 20 janvier il redescendit à — 20°,4, et le 21 à — 20°,6. En février le froid reprit, quoique avec moins d'intensité, et le 13 mars le thermomètre redescendit encore à — 5°,8.

A Montpellier, il gela dès le 12 décembre 1708, mais le maximum de froid survint aussi vers le milieu de janvier. Le président Bon nous a laissé des observations faites le matin, que Van Swinden a converties en indications du thermomètre centigrade à mercure comme celles de Paris.

[55] *Hiver de 1709 à Montpellier.*

Janvier.		Janvier.	
7	$0°,0$	16	$- 9°,6$
8	$- 3 ,2$	17	$- 7 ,8$
10	$- 4 ,8$	18	$- 6 ,9$
11	$- 16 ,1$	19	$- 12 ,5$
12	$- 12 ,5$	20	$- 8 ,2$
13	$- 4 ,1$	21	$- 7 ,7$
14	$- 9 ,6$	22	$- 1 ,2$
15	$- 9 ,5$	23	$- 3 ,2$

On voit que cette période de froid fut non-seulement proportionnellement plus rigoureuse à Montpellier qu'à Paris, mais encore qu'elle dura plus long-temps.

Après l'hiver de 1709, les plus terribles du dernier siècle furent ceux de 1776, et de 1788 à 1789, dont Cotte nous a laissé la description dans le *Journal de physique*, t. XXXIV, p. 337. Le froid commença le 25 novembre : il gela sans interruption jusqu'au 13 janvier, excepté le 25 décembre, mais le dégel ne dura que vingt-quatre heures. Dès le 25 novembre, le sol était couvert d'une couche de neige de 76 centimètres d'épaisseur, elle ne disparut complètement que le 10 février. A Paris le thermomètre descendit à — 22°. A Andouville, près d'Etampes (Seine-et-Oise), Tessier constata que le thermomètre à mercure tomba, dans les vingt-deux derniers jours de décembre, quinze fois à — 12°,5; quatre fois à — 13°,8; deux fois à — 15°,0; trois fois à — 16°,3, et une fois, le 31 décembre, à — 21°,3. Au Havre, il gela d'une manière continue depuis le 24 novembre 1788 jusqu'au 13 janvier 1789. Le thermomètre descendit à — 12° les 15, 18 et 30 décembre, le 4 et le 7 janvier. En face

de Valence le Rhône resta gelé du 29 décembre au 13 janvier depuis la surface jusqu'au fond. Sur beaucoup d'arbres la dernière couche d'aubier fut frappée de mort. Autour d'Angoulême un très-grand nombre de noyers périrent, les autres furent tellement endommagés qu'ils restèrent plusieurs années sans produire. Dans le nord et dans le centre de la France les bourgeons des vignes furent gelés, et on dut couper les ceps à ras terre; les Orangers, les Oliviers, les Grenadiers des provinces méridionales périrent presque tous. Les poiriers gelèrent dans le nord. Des poules, des moutons furent tués par le froid. Le gibier et les oiseaux mouraient de faim dans les campagnes.

L'hiver de 1819 à 1820 est aussi l'un des plus rigoureux dont la Provence ait gardé le souvenir. La température moyenne de 1819 avait été au-dessus de la moyenne générale. A Alais, le froid survint tout à coup. Dans les premiers jours de janvier 1820, le thermomètre marquait encore 6° à 7° au-dessus de zéro ; le 7 et le 8, il descendit à 0°,5 au-dessous de zéro. Les jours suivants, M. d'Hombres-Firmas nota la température presque d'heure en heure. Voici les minima de chaque jour.

[56] *Hiver de 1820 à Alais.*

Janvier.	Minima.	Janvier.	Minima.
10	$- 9°,7$	13	$- 8 ,5$
11	$- 11 ,0$	14	$- 9 ,0$
12	$- 12 ,2$	15	$+ 0 ,5$

A Paris et à Strasbourg, le minimum arriva le 11 janvier : il fut de — 14°,3 dans la première, et de — 17,0 dans la seconde de ces deux villes, et en prenant la moyenne des observations diurnes, on reconnaît qu'à Alais, le 11 janvier 1820, fut le jour le plus froid de l'année. A Nice, le minimum fut de — 9°,6 le 11 janvier; à Joyeuse, de 11°,2 le 12 janvier; à Genève, de — 14°,0 le même jour.

[57] *Hiver de 1820 en France.*

VILLES.	TEMPÉRATURE du mois de janvier.	
	Moyenne générale.	Moyenne de 1820.
Alais.	$5°,0$	$4°,7$
Paris.	$1 ,8$	$- 0 ,7$
Strasbourg.	$- 0 ,4$	$- 2 ,3$

Relativement à la moyenne de l'année, il a fait plus froid à Alais qu'à Paris et à Strasbourg. Mais si l'on compare la moyenne de janvier 1820 à la moyenne générale de ce mois à Paris, à Alais et à Strasbourg, on trouve que la température du mois, considérée dans son ensemble, s'est plus abaissée au-dessous de la moyenne dans le nord que dans le midi, où le froid a persisté moins long-temps. Cette comparaison se trouve dans le tableau précédent.

Quoique ce froid n'ait duré que cinq jours à Alais, ses effets furent désastreux, parce qu'il était accompagné, dans les trois premières nuits, d'un ciel serein. Rien ne s'opposant au rayonnement des végétaux, un grand nombre d'entre eux furent gelés. Les bois de Chênes verts (*Quercus ilex*) semblaient brûlés; leurs feuilles jaunes et desséchées sont tombées lorsque la sève a monté. Les petites branches de tous les Figuiers et le tronc de beaucoup d'entre eux étaient morts. Beaucoup de Lauriers, les Romarins et tous les Myrtes furent gelés. Le 10 janvier, les troncs d'un grand nombre de Mûriers éclatèrent avec bruit. Les fentes avaient 4 à 10^{mm} de largeur. Une partie des Oliviers a péri : toutefois on n'a pas été obligé de les couper près de la souche, comme en 1709; la plupart ont repoussé du tronc; quelques-uns des maîtresses branches. Le froid ne fut pas moins intense dans d'autres régions du midi de la France. A Montpellier, le thermomètre descendit à — 11°,0 ; à Toulouse, à — 13°,8; à Marseille, à — 17°,5; à Hyères, à — 11°,9. Tous les Orangers durent être coupés à ras terre : ils n'avaient point souffert depuis 1789.

L'hiver de 1829 à 1830 fut aussi très-rigoureux dans toute la France. A Paris, le thermomètre descendit au-dessous de zéro du 17 au 22 novembre, puis les 24 et 25 du même mois. Entre le 26 novembre et le 5 décembre, il ne gela point. Depuis le 6 décembre 1829 jusqu'au 19 janvier 1830, le mercure resta constamment au-dessous du point de congélation. Du 20 au 27, il s'éleva un peu au-dessus de zéro, et se tint de nouveau au-dessous du 28 janvier au 7 février. Les 8, 9 et 10 février furent assez chauds, ensuite il gela de nouveau pendant onze jours en février et quatre jours en mars. A partir du milieu de ce mois, le thermomètre ne descendit plus à zéro. Le minimum de novembre 1829 fut — 5,3 ; celui de décembre — 14°,5 ; celui de janvier 1830 — 17°,2 ; celui de février, — 15°,6. Il y eut en tout 77 jours de gelée du 17 novembre au 15 mars.

A Alais, où nous retrouvons les précieuses observations de M. d'Hombres-Firmas, le thermomètre resta constamment au-dessous de zéro, même au milieu du jour, depuis le 25 décembre 1829, jusqu'à la fin du mois. Le 27 et le 28 au matin, il marquait — 10°,75; le 5 janvier 1830, il était à — 9°,7. La moyenne de ce mois ne fut que de 1°,5, et par conséquent fort au-dessous de celle du mois de janvier 1820. En février 1830, il gela

plus ou moins fort jusqu'au 24 ; le mercure était plusieurs fois le matin entre — 5° et — 9°. Sur plusieurs points, la neige resta sur la terre pendant 53 jours. Cette neige préserva les souches des arbres ; mais les jeunes branches des Oliviers, des Câpriers, du *Sterculia platanifolia*, de l'*Amorpha fruticosa*, du *Vitex-Agnus castus*, du Néflier du Japon (*Eriobothria japonica*), du Laurier-Thym (*Viburnum Tinus*), du *Magnolia grandiflora*, périrent presque toutes. Les vignes souffrirent plus qu'en 1820. Un grand nombre de Figuiers et de Châtaigniers, les Lauriers, les Lauriers roses et les Romarins perdirent toutes leurs branches. L'*Agave americana*, le *Baccaris halimifolia*, les Myrtes et les *Yucca* furent complétement gelés. Les Chênes verts furent dépouillés de leurs feuilles. Le Micocoulier (*Celtis australis*), l'Azedarach (*Melia azedarach*), l'*Acacia julibrizin*, le *Sophora japonica*, le *Chionanthus virginica*, le *Gleditschia sinensis*, le *Koelreuteria paniculata*, la *Maclura aurantiaca*, le *Phylirrea angustifolia*, et le *Pinus halepensis* résistèrent très-bien. Le tableau suivant présente l'indication des minima de température observés en France dans l'hiver de 1829 à 1830.

[58] *Hiver de 1829 à 1830 en France.*

VILLES.	MINIMA.	DATES.
Metz.	— 10°,5	31 janvier 183'.
Strasbourg.	—23 ,4	3 février 1830.
Mulhouse.	—28 ,1	Id,
Nancy.	—26 ,3	"
Épinal	—25 ,6	3 février 1830.
Lachapelle près Dieppe	—19 ,8	Id,
Paris.	—17 ,2	17 janvier 1830.
Genève.	—16 ,5	25 déc. et 10 janv.
Aurillac.	—23 ,6	27 décembre 1829.
Joyeuse.	—15 ,6	29 décembre 1829.
Alais.	—14 ,7	28 décembre 1829.
Avignon.	—11 ,5	2 février 1830.
Marseille	—10 ,1	Id.
Hyères.	— 5 ,3	Id.

On a pu voir que dans les quatre grands hivers dont nous avons esquissé l'histoire le froid a été intense dans le nord comme dans le midi de la France : il n'en est pas toujours ainsi; les hivers de 1821, 1818, 1815, 1726, 1716, 1684, 1670, 1434, 1433, 1432, 1292, furent rigoureux dans le nord et très-doux ou ordinaires en Provence. On comprend que l'inverse peut avoir lieu quelquefois, mais cela paraît être beaucoup plus rare.

Étés chauds. — Les renseignements sur les étés remarquables par leur chaleur et leur sécheresse, sont encore plus incomplets que ceux que nous possédons sur les grands hivers, parce que les fortes chaleurs de l'été sont moins funestes aux récoltes et moins redoutables pour les populations que les hivers rigoureux. Aussi leur souvenir se conserve-t-il moins longtemps. Toutefois, celui de l'été de 1793, où le thermomètre s'éleva, le 8 juillet, à Paris, à 38°,4, est resté dans la mémoire du peuple. Cotte observait alors à Montmorency et constata, avec un thermomètre à mercure exposé au nord-ouest, que du 8 au 17 juillet ce thermomètre oscillait entre 20° et 34°,6 de 9ʰ du matin à 7ʰ du soir (*Journal de physique* pour 1793, p. 226). Dans les deux derniers siècles, Dominique Cassini (*Mém. de l'Acad. des sciences*, t. IV, p. 338, 1801), a signalé comme des étés très-chauds ceux de 1684, 1686, 1691, 1699, 1701, 1704, 1712, 1726, 1727, 1781. Depuis, on a aussi noté les étés de 1811, 1818, 1822, 1832, 1834 et 1842.

Voici quelques détails sur l'été de 1822. Le tableau suivant fait voir que les moyennes de chacun des mois de cet été furent très-supérieures à la moyenne générale dans le la nord et dans le midi de la France. A Alais, la sécheresse fut extrême, car au printemps il ne tomba pas une goutte d'eau du 8 mars au 4 avril, et l'on sait que les pluies d'été sont fort rares dans la région méditerranéenne.

[59] *Été de 1822 en France.*

VILLES.	MOIS.	MOYENNES de 1822.	MOYENNES générales.
Paris..........	Juin......	21°,2	17°,9
	Juillet....	18,9	18,6
	Août......	19,0	18,1
Strasbourg.....	Juin......	21,4	16,9
	Juillet....	19,1	18,8
	Août......	17,9	18,1
Alais.........	Juin......	25,0	22,6
	Juillet....	27,2	25,3
	Août......	27,7	25,5

A Paris, l'été de 1842 a aussi été très-chaud. Les moyennes des trois mois furent les suivantes : juin, 20°,4 ; juillet, 19°,3 ; août, 22°,5. Le 18 de ce mois, le thermomètre s'éleva à 37°,2, degré qu'il n'avait pas atteint depuis 1793, et il ne tomba que 65ᵐᵐ d'eau, c'est-à-dire 107ᵐᵐ moins que dans l'été moyen.

Pour Bruxelles, la température moyenne et les maxima absolus de chaque mois sont consignés dans le tableau suivant. Ces températures sont supérieures à celles que l'on observe habituellement dans cette ville en été, car la moyenne de celui de 1842 a été de 18°,5, tandis qu'elle n'est habituellement que de 17°,3.

A Toulouse, l'été de 1842 a été, d'après

[60] *Été de 1842 à Bruxelles.*

MOIS.	TEMPÉRATURES moyennes.	MAXIMA absolus.
Juin.........	17°,6	30°,7
Juillet......	17,1	30,0
Août.........	20,9	32,3

les observations de M. Petit, relativement moins chaud qu'à Paris, car les moyennes de ses trois mois ne sont supérieures que d'un degré environ aux moyennes générales. D'une manière absolue, le thermomètre s'est aussi élevé moins haut, car il n'a pas dépassé 34°. A Genève, la moyenne de juin 1842 fut de 1°,5 supérieure à la moyenne générale ; celle de juillet fut de 0°,45 au-dessous, et celle d'août de 0°,30 au-dessus. On voit donc qu'à Genève, comme à Toulouse, cet été ne présenta rien de remarquable sous le point de vue de la chaleur. A Genève, le thermomètre ne s'éleva même jamais au-dessus de 30° ; mais dans le nord de la France la chaleur fut réellement tout à fait exceptionnelle.

Oscillation mensuelle moyenne. — Étudions maintenant l'oscillation thermométrique mensuelle moyenne, c'est-à-dire la différence moyenne qui existe dans le cours de plusieurs années entre le degré le plus élevé et le degré le plus bas du thermomètre dans chacun des mois de l'année. Nous trouverons qu'elle est d'autant plus grande qu'on s'éloigne davantage de la mer. J'ai comparé sous ce point de vue les villes suivantes en les rangeant dans l'ordre de leur distance à la mer.

[61] *Oscillation thermométrique mensuelle moyenne.*

VILLES.	DIFFÉRENCES.	NOMBRE des années d'observation.
Mulhouse...	21°,49	8
Strasbourg.	18,82	10
Dijon......	14,00	7
Toulouse...	21,53	4
Paris......	21,88	10
Alais......	14,75	35
Nantes.....	15,80	6
La Rochelle.	16,19	5

Il est aisé de voir que la différence moyenne entre les températures extrêmes observées dans chacun des mois de l'année va en diminuant à mesure qu'on se rapproche des côtes. L'exception que Paris et Toulouse semblent faire dans cette série n'est qu'apparente ; elle provient de ce que dans les observatoires de ces deux villes on obtient, à l'aide du thermométrographe, les maxima et les minima *vrais*, tandis que dans les autres villes ce sont simplement les maxima et les minima des heures d'observation, qui souvent même ne sont pas heureusement choisies sous ce rapport.

Différences entre les moyennes estivales et hibernales. — Si nous comparons ensemble les différences entre la moyenne de l'hiver et celle de l'été dans les diverses régions de la France, nous trouverons que ces différences vont en diminuant à mesure que l'on s'approche de l'Océan ou de la Méditerranée. Pour mettre cette vérité dans tout son jour, nous avons rangé dans une colonne toutes les villes éloignées en ligne droite de la mer de plus de trois degrés en longitude, c'est-à-dire 230^{km} ou davantage : elles occupent la région continentale de la France. L'autre colonne renferme toutes celles qui sont distantes de l'une des deux mers de 230^{km} au plus : elles se trouvent dans la zone océano-méditerranéenne. Le tableau suivant présente la liste des villes où cette différence a été déterminée avec une exactitude suffisante.

[62] *Différences entre les températures moyennes de l'hiver et de l'été.*

RÉGION continentale.		RÉGION océano-méditerranéenne.	
Metz	18°,9	Bruxelles	14°,0
Strasbourg	17 ,0	Paris	14 ,8
Nancy	17 ,9	Saint-Malo	13 ,2
Épinal	18 ,7	Poitiers	14 ,1
Mulhouse	18 ,4	La Rochelle	14 ,4
Dijon	18 ,0	Agen	16 ,2
Besançon	17 ,9	Orange	16 ,5
Blois	15 ,6	Toulouse	15 ,6
Mâcon	18 ,2	Pau	15 ,9
Genève	17 ,4	Marseille	13 ,7
Lyon	18 ,8	Nice	13 ,2
Moyenne	18°,1	Moyenne	14°,7

Variation diurne de la température. — On sait d'une manière générale, quoique l'on n'ait point fait d'observations précises à cet égard, que l'amplitude de la variation diurne de la température va en diminuant à mesure qu'on s'approche de l'Océan : en d'autres termes on sait que la différence entre le degré le plus élevé et le degré le plus bas du thermomètre observé pendant les 24 heures de la journée est plus grande dans l'intérieur des terres que sur les bords de la mer.

Ainsi, en comparant l'est avec l'ouest de la France, on trouve dans l'est un climat excessif ou continental, savoir : des hivers froids et des étés chauds, dans l'ouest des hivers doux, mais des étés sans chaleur et cette uniformité se traduit aussi dans les oscillations mensuelles et diurnes du thermomètre.

De la température moyenne de l'hiver et de l'été dans la série des siècles. — Le climat de la France a-t-il toujours été ce qu'il est aujourd'hui, ou a-t-il subi des modifications dans la série des temps ! La question est difficile à résoudre. En effet, l'usage du thermomètre appliqué aux observations météorologiques ne devenant commun qu'au milieu du siècle dernier, on est obligé de recourir à des données fort vagues qu'il faut discuter avec soin pour n'être point induit en erreur.

Quand les auteurs ont voulu prouver que du neuvième au seizième siècle les étés étaient plus chauds qu'ils ne le sont actuellement, ils ont examiné quelles étaient à cette époque les limites de la culture de la vigne; ils ont dit qu'elle existait alors en Normandie, en Bretagne et en Picardie, provinces où elle n'est plus cultivée de nos jours. Or, la vigne ne pouvant donner de bons raisins que dans les pays où la température moyenne de l'été est de 18° à 20° cent., ils en ont conclu que les étés de la Normandie, de la Bretagne et de la Picardie étaient autrefois plus chauds qu'ils ne le sont actuellement. Faisons remarquer d'abord que l'exclusion de la vigne de ces deux provinces n'est pas aussi absolue que ces auteurs l'ont prétendu. Ainsi, en consultant la *Statistique agricole de la France occidentale* publiée en 1841 par le ministère de l'agriculture et du commerce, je vois à la page 98 que la vigne ne se trouve plus en Picardie : mais en Normandie il y a encore actuellement 1396 hectares consacrés à cette culture, dans le département de l'Eure; il y en a 1 830 dans celui d'Eure-et-Loir. A Argence, près de Caen (Calvados), il y avait encore des vignobles en 1811, d'après le témoignage de l'abbé de Larue (*Rapport sur les travaux de l'Académie de Caen*, par Delarivière). Il est de tradition, dans cette province, que les vignes nombreuses qui s'y trouvaient ont été arrachées au quatorzième siècle par les Anglais, qui, possesseurs de la Guienne, voulaient favoriser la production des vins dans cette contrée. En Bretagne, il y a encore 122 hectares de vignes près de Redon (Ille-et-Vilaine), 657 près de Vannes (Morbihan), et 26 949 dans la Loire-Inférieure. Mais admettons qu'en effet la vigne ait été cultivée généralement dans ces provinces et qu'elle ne le soit plus aujourd'hui : cela ne prouve en aucune manière que leurs étés soient moins chauds qu'ils ne l'étaient autrefois.

En effet, la culture d'une plante n'est pas seulement fonction du climat, mais encore d'une foule d'éléments politiques et commerciaux, qui se modifient profondément dans la série des siècles. Aux temps reculés dont nous parlons, la terre était moins divisée et à un prix relativement moins élevé qu'elle ne l'est actuellement. Le propriétaire était le plus souvent un couvent ou le seigneur de l'endroit. Possesseur d'une grande étendue de terrain, il en consacrait une partie à la culture de la vigne. La vendange était précaire; elle ne réussissait peut-être que tous les cinq ou six ans, mais peu lui importait : habituellement il récoltait une boisson acidulée qu'il laissait à ses vassaux, et tous les cinq ou six ans il obtenait un vin passable qu'il gardait pour lui. Ajoutez à cela que les canaux n'existaient pas : les routes étaient mauvaises et peu nombreuses, les moyens de transport lents, difficiles et coûteux, et l'art de conserver les vins moins avancé qu'il ne l'est aujourd'hui. Il en résulte que le pauvre lui-même avait intérêt à planter en vignes une partie de son héritage. Ce qui existait alors se voit encore aujourd'hui. La vigne est cultivée en petit en Danemark (Schouw, *Europa*, p. 28), aux environs de Kœnigsberg et même à Memel (Meyen, *Pflanzen geographie*, p. 437), où l'on se contente de vendanger tous les six ou sept ans.

Remarquons aussi que cette culture reconnaît souvent pour cause le voisinage d'une grande ville. Croit-on que les coteaux d'Argenteuil, de Pierrefitte et de Surêne seraient couverts de vignes s'ils ne se trouvaient pas dans le voisinage de Paris! Il est évident que la présence d'une nombreuse population d'ouvriers, qui ne peuvent payer un vin renchéri par le prix de transport, est la cause unique de la présence de ces vignes sous un ciel qui n'est pas fait pour elles. Cela est si vrai que dans le département de la Seine, sur 1 000 hectares, il y en a 62 consacrés à la culture de la vigne et dans celui de Seine-et-Oise seulement 23. (Carte de la culture de la vigne. V. Audouin, *Monographie de la Pyrale*.) J'en dirai autant des vignobles d'Orléans, dont l'existence tient uniquement à ce que leurs produits servent à fa're des vins composés, que le voisinage de Paris permet de placer avantageusement. Combien ces raisons sont encore plus valables si nous avons égard aux droits d'entrée qui, pesant également sur le vin ordinaire et sur les vins fins, empêchent d'ajouter le coût du transport au prix toujours trop élevé des qualités médiocres. Tout ceci nous explique pourquoi la vigne est cultivée aux environs de Paris, et même de Berlin et de Dresde. Dire que les étés de la Picardie sont devenus plus froids parce que l'on n'y cultive plus la vigne, c'est comme si l'on affirmait que ceux de Paris se sont améliorés, puisque l'on y plante le mûrier comme en Vivarais, et que ceux de la Flandre sont devenus très-chauds depuis qu'on y récolte du tabac comme à la Havane et en Virginie. Maintenant que les voies de communication sont plus nombreuses, les moyens de transport beaucoup plus faciles, le paysan de la Bretagne, de la Picardie et de la Normandie, ne plante plus de vignes, mais sème du blé et préfère une récolte sûre à un produit incertain et de mauvaise qualité.

Un autre argument se tire de la qualité des vins. On invoque toujours à ce sujet le fabliau intitulé *la Bataille des vins*, de Henry d'Andely, conteur du treizième siècle. Mais d'abord il faudrait s'assurer si la meilleure qualité des vins est un indice certain que le raisin a mûri sous une température plus élevée. Or, il n'en est point ainsi, et si d'une manière générale les vins des pays chauds sont moins aigres que ceux des pays froids, il n'y a plus de règles générales dès qu'il s'agit de la qualité de certains vins, et surtout de la prédilection des amateurs pour certains crus. On sait qu'à cet égard il n'y a que des goûts individuels. Examinons d'abord le raisin à l'état sauvage : son goût n'est nullement en rapport avec la chaleur du climat : acide en Portugal, il est doux dans le royaume de Naples (Link, *le Monde primitif*, tr. franç., t. II, p. 370.). Mais l'origine du plant, la nature du sol et le mode de culture modifient profondément ses qualités. La réputation du vin de Johannisberg est européenne. Qui a jamais ouï parler du vin de Rudesheim, dont les coteaux avoisinent le Johannisberg! Près de Wurzbourg on cultive sur les mêmes collines un vin (*Leistenwein*) alcoolique comme du madère, et un autre (*Steinwein*) plat et sans esprit comme tous les vins du nord (Meyen, *Pflanzen geographie*, p. 432). On voit donc que la nature du sol, le mode de culture, le renouvellement ou la détérioration des plants, et même la manière de presser le raisin et de conduire la fermentation, peuvent produire dans les qualités du vin des différences analogues à celles d'une modification du climat.

Ces préliminaires une fois posés, examinons en lui-même le Fabliau d'Andely.

Le gentil roi Philippe fait paraître les vins devant lui : il a pour conseiller « un prêtre anglais, son chapelain et cervelle un peu folle, qui, l'étole au cou, se chargea d'un examen préliminaire.

« D'abord se présentèrent Beauvais, Étampes et Châlons; mais à peine les eut-il vus que, les excommuniant aussitôt, il les chassa honteusement de la salle et leur défendit d'entrer jamais où se trouveraient d'honnêtes gens. Ce début sévère fit une telle impression sur ceux du Mans et de Tours, qu'ils tournèrent d'effroi (il est vrai qu'on était en été), et se sauvèrent sans attendre leur jugement. Il en fut de même d'Argence (entre Lisieux et Caen), de Rennes et de Chambeli, un seul regard que le chapelain par hasard jeta de leur côté suffit pour les déconcerter. Ils s'enfuirent aussitôt et ils firent bien. S'ils eussent tardé plus long-temps, je ne sais trop ce qui leur serait arrivé. »

On pourrait d'abord discuter si le Beauvais dont il est ici question est bien le chef-lieu du département de l'Oise; admettons-le, car nous manquons d'éléments pour cette discussion, mais la manière dont le chapelain reçoit ces vins ne prouve - t - elle pas qu'ils étaient regardés comme détestables et indignes d'être bus par d'*honnêtes gens?*

« La salle un peu débarrassée de cette canaille, il n'y resta que ce qui était bon, car le prêtre ne voulait pas même souffrir le médiocre. Clermont et Beauvoisin parurent donc, et ils furent reçus d'une manière distinguée. Enhardi par cet accueil favorable, Argenteuil s'avança d'un air de confiance et se donna *sans rougir* pour valoir mieux que tous ses rivaux; mais Pierrefitte, rabattant avec les termes qui lui convenaient l'orgueil d'une prétention pareille, prétendit à son tour mériter la préférence et appela en témoignage Marli, Montmorenci et Deuil, ses voisins.... » Les autres vins qui se présentent sont ou célèbres encore aujourd'hui, ou tous originaires du centre et du midi de la France. Après les avoir goûtés, le chapelain, « trouvant alors que le vin valait un peu mieux que la cervoise de sa patrie, jeta une chandelle à terre et excommunia toute boisson faite en Flandre, en Angleterre et *par delà l'Oise.* »

On ne peut disconvenir qu'il soit fort singulier de voir les vins des environs de Paris se présenter dans un concours où la bonne qualité est la seule condition de rigueur. Toutefois il s'en faut que le prix leur soit adjugé, et le spirituel conteur laisse bien entrevoir combien cette prétention lui paraît exorbitante quand il dit que le vin d'Argenteuil se donne *sans rougir* pour valoir mieux que tous ses rivaux. Toutefois il est positif que ces vins passaient alors pour des vins de qualité ordinaire : quant à ceux au delà de l'Oise, c'est-à-dire de la Picardie, le jugement du chapelain montre assez qu'ils étaient réputés détestables. De tout cela je conclus que nos ancêtres étaient moins difficiles que nous, ou que les plants ont dégénéré, mais nullement que le climat se soit détérioré. Qui ne sait en effet combien les goûts des nations sont sujets à varier! Certains peuples de la Perse désignent l'*asa fœtida* sous le nom de *mets des dieux*, et les Romains n'employaient le citron que comme médecine ou contrepoison (1). Dans les provinces septentrionales de la Suède, toutes les viandes sont saupoudrées de muscade; le pain est farci d'anis et de cumin, et quand je me plaignais de ces assaisonnements, on me répondait « que c'était la cuisine française du temps de Louis XIV. » Je ne pouvais nier, car Boileau a dit :

Aimez-vous la muscade ? On en a mis partout.

Dans la même satire on voit aussi que les vins des environs de Paris ne jouissaient pas d'une grande estime à la fin du dix - septième siècle; en effet le poète ajoute :

Je consens de bon cœur, pour punir ma folie,
Que tous les vins pour moi deviennent vins de Brie.

Il me reste à combattre un dernier argument qui est souvent cité, et qui serait d'une grande force s'il ne reposait sur une confusion de noms. On dit vulgairement que Henri IV buvait avec les huîtres du vin de Surêne, près Paris. On ne saurait admettre que Henri IV allât choisir précisément cette détestable boisson, et on devait supposer que ce vin était meilleur alors qu'il ne l'est aujourd'hui. Mais M. Rey, membre de la Société des Antiquaires, m'a fait connaître une note de la *Bibliographie agronomique* de Musset-Pathai, qui est ainsi conçue : « Il y a aux environs de Vendôme, dans l'ancien patrimoine de Henri IV, une espèce de raisin que dans le pays on nomme *suren*. Il produit un vin blanc très-agréable à boire, et que les gourmets conservent avec soin, parce qu'il devient meilleur en vieillissant. Henri IV faisait venir de ce vin à la cour, et le trouvait très-bon. C'en fut assez pour qu'il parût excellent aux courtisans, et l'on but pendant son règne du vin de Suren. Il existe encore, près de Vendôme, un clos de vigne qu'on appelle la *Closerie de Henri IV.* Louis XIII n'ayant pas pour ce vin la prédilection de son père, ce vin passa de mode, etc. » Ainsi, cet argument si souvent invoqué se trouve réduit à néant.

L'estime accordée autrefois à certains crus prouve seulement que les goûts de la nation ont changé, ou que les qualités se sont détériorées, et à cet égard je puis citer un exemple : on sait que Henri IV aimait beaucoup le vin des coteaux de Jurançon, près de Pau. Quelques - unes des vignes de ces coteaux sont extraordinairement vieilles, car leur grosseur dépasse souvent celle du bras; mais le vin

(1) Media fert tristes succos tardumque saporem
Felicis mali ; quo non præsentius ullum
Pocula si quando sævæ inficere novercæ
Miscueruntque herbas et non innoxia verba.
. . . . Et senibus medicantur anhelis.
VIRG., *Géorg.,* liv. II, v. 126.

qu'elles produisent actuellement est plat, sans saveur et sans esprit. Je l'ai goûté sur les lieux chez un propriétaire, et j'aime mieux supposer que ce vin a dégénéré que de charger la mémoire de Henri IV d'un manque de goût aussi déplorable

Les mêmes auteurs que nous combattons ont prétendu que la limite de l'Olivier avait reculé vers le sud. Ainsi, dit M. Fuster (*C.-R. de l'Acad. des sciences*, 8 janvier 1844), l'Olivier se rencontrait à Carcassonne et en grande quantité du côté de l'est, près du Bourg-Saint-Andéol. Le fait serait vrai qu'il prouverait seulement que les habitants ont substitué à l'Olivier des cultures plus productives et moins précaires. Mais il ne l'est pas, car j'ai vu des Oliviers au nord du Pont-Saint-Esprit sur la route de Vallon et aux environs du pont d'Arc, par conséquent sous le même parallèle que le Bourg-Saint-Andéol, et de plus à 60ᵐ au moins au-dessus de cette ville.

M. Fuster ajoute que pendant le dix-septième siècle les environs de Perpignan, Aix, Marseille, Saint-Chamans, portaient force Orangers, Citronniers et Palmiers, et il conclut de leur disparition que le climat de la Provence et du Roussillon s'est détérioré. Discutons ces faits; car en parlant ainsi M. Fuster suppose que les hivers étaient moins froids ou les étés plus chauds qu'ils ne le sont actuellement, ou bien que ces deux saisons se sont détériorées toutes deux à la fois.

Examinons d'abord les hivers. La plus robuste des variétés d'Orangers, le *Citrus aurantium*, périt par un froid de 10° cent. au-dessous de zéro : cependant la souche ne meurt pas. En 1836, j'ai vu à Hyères un pied qui, en 16 ans, avait repoussé deux branches, dont l'une avait 0ᵐ,60, l'autre 0ᵐ,46 de circonférence. La hauteur de l'arbre était de 6ᵐ, et quinze ans après avoir été recépé il avait porté 1200 oranges. (*Observations sur le climat d'Hyères*, *Ann. des Sciences natur.*, 1838, p. 235.) Les Orangers n'avaient pas péri depuis 1789; on voit donc que l'on peut cultiver ces arbres en France, même à la condition de les perdre tous les trente ans environ. La question est seulement de savoir si cette culture est avantageuse. Je me demande alors si les hivers rigoureux sont plus communs en Provence que dans le bassin d'Hyères. J'examine le climat de Marseille, où l'Oranger était cultivé et où il ne l'est plus, et je trouve, d'après les excellentes observations de M. Valz, que de 1823 à 1842 le thermomètre n'est descendu qu'une fois à — 10°. De 1800 à 1820 il n'atteignit jamais un degré aussi bas, car en 1800 il marqua seulement — 8°,8; mais en 1820 on l'a vu à — 17°. Par conséquent, depuis le commencement du siè-

cle, les Orangers de Marseille auraient gelé deux ou trois fois. Ceux d'Hyères ont péri une fois seulement, voilà toute la différence.

Les hivers étaient-ils moins rigoureux dans le dix-septième siècle? Les observations thermométriques n'étant pas connues à cette époque, nous sommes forcés d'avoir recours à d'autres renseignements. On m'accordera, je pense, que les Orangers ne devaient pas résister à un froid assez intense pour faire geler un fleuve aussi rapide que le Rhône ou tuer les Oliviers. Eh bien ! les charrettes ont passé le Rhône sur la glace en 1603; en 1621, l'Adriatique fut prise; en 1638, l'eau du port de Marseille était gelée autour des galères. Les Oliviers ont péri par le froid en 1601, 1638, 1659 et 1680 (*Statistique des Bouches-du-Rhône*, par M. de Villeneuve, t. I, p. 232). Ainsi, dans le dix-septième siècle, les Orangers ont dû succomber au froid sept fois au moins. Pendant le dix-huitième siècle, les Orangers seraient morts en 1709, 1740, 1768, 1776, 1789 et 1799. Ces arbres sont donc condamnés à périr environ tous les 17 ans aux environs de Marseille, et c'est pour cela qu'on ne les cultive plus. Conclusion. Il est possible que l'Oranger fût assez commun en Provence et en Languedoc au seizième et au dix-septième siècles, mais sa disparition ne prouve point que les hivers soient devenus plus rigoureux.

Soutiendrait-on que les étés étaient autrefois plus chauds qu'ils ne le sont aujourd'hui? mais ici nous ferons remarquer que l'Orange n'a pas besoin d'un été très-chaud pour mûrir : ce qui le prouve c'est que la moyenne des mois de juin, juillet et août est de 22°,5 à Nice, et 22°,9 à Rome : à Marseille, elle est de 21°,11; chaleur très-suffisante puisque la moyenne de l'été à Lisbonne est seulement de 21°,7; celle de Lagune (Ténériffe), 20°,2; et celle de Funchal (Madère) 21°,1 (Kaemtz, *Cours complet de météorologie*, p. 176). Ainsi donc les étés actuels de Marseille sont assez chauds pour mûrir les Oranges, et la disparition de cette culture ne saurait prouver qu'ils aient été plus chauds dans les siècles antérieurs. Ce qui importe pour la culture de l'Oranger, c'est surtout que l'hiver soit doux, car cet arbre n'existe point à Venise, Milan, Pavie, Vérone, Turin et Bologne (Schouw, *Climat de l'Italie*, p. 87), quoique la température estivale de toutes ces villes soit supérieure à celle de Nice; uniquement parce que les hivers sont plus froids que ceux de Nice, et même de Marseille et de Toulon.

En résumé, nous croyons avoir prouvé que l'existence de l'Oranger dans la Provence, aux seizième et dix-septième siècles, ne prouve pas que son climat se soit détérioré ; elle prouve seulement que les communications étant devenues plus faciles, les transports moins coûteux, cette culture n'a pu soutenir la concurrence des autres points de la Méditerranée où le climat permet de se livrer à la production de l'Orange. Nous le croyons d'autant plus que le même phénomène aura probablement lieu d'ici à quelque temps tout le long de la côte, à Hyères, Nice, Menton et Vintimille, où l'Oranger est encore cultivé, et cet exemple fait voir combien sont complexes les causes qui influent sur la disparition d'une culture. Autrefois les Oranges de ce pays avaient un débit avantageux à cause de la proximité de la France et de l'Allemagne. Il y avait profit à les transporter dans le nord ; car le trajet étant court et prompt, un petit nombre seulement de fruits se gâtaient en route. Depuis la multiplication des bateaux à vapeur, cet avantage n'existe plus, car ils vont chercher les Oranges en Sicile, à Malte, aux Baléares et en Portugal, et les transportent rapidement dans le nord. Aussi, en 1843, le mille d'Oranges valait-il cinq francs à Menton. Les jardiniers de ce pays ne cultivent donc plus l'Oranger pour son fruit, mais seulement pour sa fleur. Si l'eau distillée de ses fleurs ne les indemnise pas des frais que nécessitent ces coûteux vergers, ils les arracheront pour les remplacer par des Oliviers, et dans quelques siècles on pourrait conclure à tort de cette disparition que le climat de la Ligurie s'est détérioré avec le temps.

En général, je ne crois pas que des limites de culture puissent servir à faire connaître des modifications ou des différences de climat. De ce qu'une plante a été cultivée et ne l'est plus, on doit affirmer seulement que cette plante a pu *vivre* sous ce climat, sans rien préjuger sur la qualité ou la quantité de ses produits. En examinant les limites des cultures sur les versants septentrional et méridional des Alpes Pennines, j'ai trouvé qu'elles montaient plus haut au nord qu'au sud (Kaemtz, *Cours complet de météorologie*, p. 219, la note), mais je n'en ai pas conclu que le versant nord était plus chaud que le versant sud ; seulement j'ai pensé que la population étant plus dense et le terrain plus cher en Suisse qu'en Piémont, le paysan vallaisan va porter la houe jusqu'à la limite extrême où il peut espérer raisonnablement une récolte qui l'indemnise de ses travaux et de ses dépenses.

§ 2. *Vents.*

Les vents sont les grands arbitres des changements atmosphériques ; après la latitude et la hauteur ce sont eux qui exercent la plus grande influence sur la température moyenne des saisons. Considérée d'une manière générale, la France appartient à la grande zone du vent de sud-ouest, zone qui s'étend du 28e au 60e degré de latitude septentrionale.

Direction moyenne. — D'après M. Kaemtz (*Cours de météorologie*, p. 30 et 47) la direction moyenne du vent dans toute la France est S. 88° O., c'est-à-dire dans un azimut correspondant au 88e degré de la circonférence compté du sud vers l'ouest. Sa force est 133, ce qui revient à dire que les 1 000 vents que l'on a notés ont agi sur le déplacement de l'air de la même manière que si le vent avait soufflé 133 fois dans la direction S. 88° O.

Fréquence relative. — En égalant à 100 le nombre des vents d'est, celui des vents d'ouest est représenté par 152 ; en égalant à 100 le nombre des vents de nord, celui des vents de sud est représenté par 103.

La fréquence relative des différents vents est la suivante dans l'ouest de la France.

N.	N.-E.	E.	S.-E.	S.	S.-O.	O.	N.-O.
126	149	84	70	117	192	155	110

Mais la direction des chaînes de montagnes, la configuration des bassins, le voisinage de grandes étendues de terre ou d'eau modifient singulièrement cette direction moyenne : ainsi M. Fournet a fait voir, dans son excellent mémoire sur la distribution des vents dominants en France, que les vents du nord et du sud l'emportent sur tous les autres dans le bassin de la Saône et du Rhône jusqu'à Viviers. La chaîne des Pyrénées est une barrière qui amortit les vents de sud et dans tout le bassin de la Garonne et de l'Aude ; aussi ce sont les vents du nord-ouest et de l'ouest qui soufflent le plus souvent. Enfin, dans l'espace compris entre Narbonne, Viviers et Toulon, savoir dans les départements de l'Hérault, du Gard, de Vaucluse et des Bouches-du-Rhône, c'est le mistral ou vent de nord-ouest, qui est à la fois le plus commun et le plus violent.

Distribution des vents en France. — Sous le point de vue de la direction moyenne du vent, on peut, avec M. Fournet, diviser la France en quatre régions.

Région du vent de sud-ouest.	Côtes occidentales, de Bordeaux à Dunkerque. Massif central. Vallée du Rhin.
Région du vent du nord.	Vallée de la Saône et du Rhône de Dijon à Viviers.
Région du vent d'ouest.	Bassin de la Garonne et de l'Aude.
Région du vent de nord-ouest (mistral).	Bassin de l'Hérault et du Rhône jusqu'à Viviers.

Quand nous traiterons des diverses régions climatoriales de la France, nous trouverons une concordance frappante entre ces régions et la distribution des vents régnants.

Le vent de sud-ouest est le vent pluvieux dans toute la France, excepté au pied des Pyrénées et dans le bassin de la Saône et du Rhône.

§ 3. *Hygrométrie.*

Humidité relative et absolue.—L'air contient toujours une certaine quantité de vapeur d'eau : sa sécheresse ou son humidité exercent la plus grande influence sur la végétation, la santé de l'homme et des animaux. L'humidité de l'air, c'est en réalité la quantité de vapeur d'eau qu'il contient comparée à celle qu'il pourrait dissoudre. On l'appelle *humidité relative*, pour la distinguer de l'*humidité absolue*, qui est la quantité de vapeur d'eau contenue dans l'air sans avoir égard à sa température et par conséquent à celle qu'il pourrait dissoudre. L'humidité relative est la seule dont nous nous occuperons ; et quand on trouvera une notation telle que celle-ci : 73,4, cela voudra dire que l'air, pouvant à cette température dissoudre une quantité de vapeur d'eau égale à 100, en contient soixante-treize et quatre dixièmes pour cent.

Malheureusement nous avons très-peu d'éléments pour l'hygrométrie française. Cela tient à plusieurs causes :

1° Un petit nombre d'observateurs ont noté les indications de l'hygromètre en même temps qu'ils enregistraient celles du baromètre et du thermomètre ;

2° Les hygromètres à cheveu de Saussure, les seuls usités en France jusqu'à ce jour, sont des instruments capricieux, infidèles, à peine comparables entre eux et avec eux-mêmes à différentes époques.

Variations annuelles et diurnes.—Les variations diurnes et annuelles de l'humidité sont encore si peu connues qu'on ne saurait déduire d'un petit nombre d'observations des moyennes dignes de confiance. Il est à désirer que les observateurs, au lieu de lire un seul thermomètre comme ils l'ont fait jusqu'ici, en lisent toujours deux dont les boules soient du même diamètre et la marche bien comparée ; l'une de ces boules est entourée d'une gaze mouillée au moyen d'un siphon formé d'un morceau de linge qui trempe dans l'eau. De la différence des indications de ces deux thermomètres, on peut déduire, d'une manière suffisante pour les besoins de la météorologie appliquée, l'humidité relative de l'air. Cet appareil, connu sous le nom de psychromètre, a été imaginé par M. August de Berlin en 1828 (*Voyez* Kaemtz, *Cours complet de météorologie*, p. 78 ; Pouillet, *Éléments de physique*, t. II, p. 570, et pl. XXXI, fig. 382, et *Magasin pittoresque*, 1843, p. 75). Lorsque les consciencieux travaux que M. Regnault termine en ce moment auront fait connaître la valeur des indications de cet instrument, les observations faites par les météorologistes français pourront être calculées avec certitude.

Il est probable qu'en France l'humidité relative varie moyennement entre 40 et 85 pour cent. A Halle, en Allemagne, c'est le mois de décembre qui est le plus humide (86,2), et le mois d'août qui est le plus sec (66,1). Le vent le plus sec est l'Est, le plus humide celui du Nord. C'est le matin, avant le lever du soleil, que l'humidité est à son maximum ; puis elle diminue jusque dans l'après-midi et augmente de nouveau dans le courant de la nuit. Ces résultats, déduits d'observations faites dans l'Allemagne centrale et sur les bords de la Baltique, s'appliquent probablement à la France avec quelques modifications.

Humidité dans les régions supérieures de l'atmosphère. — Il résulte des observations faites sur le Faulhorn, en Suisse, à 2671ᵐ au-dessus de la mer, d'abord par M. Kaemtz, puis par M. Bravais et moi, qu'en moyenne l'humidité relative est plus forte sur les montagnes. Ce résultat est sans aucun doute applicable à la France, et nous explique un grand nombre de phénomènes atmosphériques.

§ 4. *Brouillards, rosée et gelée blanche.*

Ces trois phénomènes sont tellement subordonnés aux influences locales, qu'il serait difficile de donner à leur égard quelques généralités. Le voisinage de la mer, des rivières et des montagnes rend les brouillards plus communs. La fréquence des rosées et des gelées blanches dépend de la fréquence des nuits sereines combinées avec un air chargé de vapeur d'eau. Le petit nombre d'observations dont ces phénomènes ont été l'objet ne nous permet pas d'entrer dans de grands détails.

§ 5. *Pluie.*

La pluie est un des éléments les plus importants de la météorologie. C'est celui qui, après la température, exerce l'influence la plus puissante sur les animaux et les végétaux. On peut considérer la pluie sous deux points de vue principaux : 1° la quantité absolue d'eau (pluie et neige), qui tombe dans l'année, c'est la quantité de pluie annuelle ; 2° la distribution de la pluie dans les diverses saisons.

L'Europe, sous le point de vue de la distribution de la pluie dans les diverses saisons, se divise en trois zones bien distinctes. Celle à pluies d'hiver, comprend la pointe occidentale de la Péninsule ibérique, la pointe méridionale de la Sicile et le Péloponèse. La seconde, où la plus grande quantité de pluie tombe en automne, s'étend tout le long des côtes occidentales de l'Europe, depuis le cap Nord jusqu'à Coïmbre en Portugal, et sur tout l'archipel des Iles-Britanniques. La troisième région où les pluies d'été sont les plus abondantes, embrasse toute l'Europe continentale et forme une pointe qui s'avance au milieu de la France, jusqu'au 46ᵉ degré de latitude. Les provinces du nord-est et du centre appartiennent à cette région.

La quantité absolue de pluie qui tombe dans l'année varie beaucoup dans chacune de ces grandes régions. Elle augmente en général à mesure qu'on s'approche des côtes, et diminue à mesure qu'on s'en éloigne.

Quantité annuelle moyenne. — La France présente les plus grandes différences sous le point de vue de la quantité absolue de pluie qui tombe dans l'année. Ainsi, à Béziers, cette quantité n'est que de 442ᵐᵐ, d'après sept années d'observations de Bouillet et Andoque. A Bourg-en-Bresse, cette quantité annuelle s'élève à 1 172ᵐᵐ, et à Joyeuse elle atteint 1 300ᵐᵐ, d'après vingt-cinq années d'observations (1801-1829) de M. Tardy de la Brossy.

Entre ces quantités extrêmes, on trouve tous les nombres intermédiaires, mais ils sont irrégulièrement distribués sur la surface de la France. Ainsi, il pleut presque autant à Brest, qu'à Bourg en Bresse et au pied des Pyrénées; à Troyes, qu'à Poitiers; à Dijon, qu'à Toulouse.

Pluie dans les diverses saisons. — En étudiant la distribution de la pluie dans les diverses saisons, on voit que dans toute la France, le nord-est et le centre exceptés, la plus grande quantité d'eau tombe en automne. Si dans le nord du royaume on compare la région occidentale à la région orientale, on trouve les nombres suivants en désignant par 1 000 la quantité de pluie qui tombe dans tout le cours de l'année.

[63] *Quantités proportionnelles de pluie dans le nord de la France.*

SAISONS.	FRANCE occidentale.	FRANCE orientale.
Hiver.........	234	195
Printemps ...	183	231
Été..........	250	294
Automne......	333	273
Année........	1 000	1 000

Si maintenant on compare la quantité qui tombe en été à celle que la terre reçoit en hiver, et qu'on désigne celle-ci par 100, on aura pour les quantités qui tombent en été :

France occidentale. 107
France orientale. 154

Nombre des jours de pluie. — En comparant le nombre des jours de pluie, on trouve une différence analogue entre la France occidentale et orientale. Ainsi, sur les côtes de l'Océan, ils sont plus nombreux en automne; dans le centre et dans l'est ils se distribuent à peu près également entre l'été et l'automne.

Pluie dans les cinq régions climatoriales de la France. — Si nous avons égard à la division de la France en cinq régions climatoriales, dont nous donnerons plus loin les limites et les caractères météorologiques en tête du groupe des villes qui appartiennent à chacune d'elles, nous trouverons que la pluie est distribuée de la manière suivante dans ces régions. Nous avons rejeté pour ces calculs tous les points où le nombre des années d'observations était inférieur à dix.

[64] *Pluie dans les cinq régions climatoriales de la France.*

CLIMATS.	QUANTITÉ annuelle moyenne.	QUANTITÉ RELATIVE				ORDRE des saisons eu égard à la quantité de pluie.	NOMBRE des jours de pluie.
		Hiver.	Printemps.	Été.	Automne.		
	mm						
Vosgien..................	669	19	23	31	27	E. A. P. H.	137
Séquanien (les presqu'îles exceptées).............	548	21	22	30	27	E. A. P. H.	140
Girondin.................	596	25	21	23	34	A. H. E. P.	130
Rhodanien	915	20	24	23	34	A. P. E. H.	107
Méditerranéen...........	651	25	24	11	41	A. H. P. E.	53
Moyennes	681	22	23	23	33		113

Ce tableau donne lieu à quelques remarques intéressantes. On voit d'abord que la quantité annuelle moyenne de pluie varie beaucoup dans ces différentes régions, et l'on reconnaît que le voisinage des montagnes et celui de la mer tendent à accroître cette quantité annuelle. On reconnaît en même temps qu'il n'existe aucun rapport déterminé entre les quantités annuelles de pluie et le nombre des jours de pluie, ou, en d'autres termes, entre le volume et le nombre des précipitations aqueuses. Le nombre des jours de pluie va en diminuant du nord au sud ; au contraire, d'une manière générale, la quantité de pluie va en augmentant, mais le voisinage de la mer ou de chaînes de montagnes trouble la régularité de cette progression.

Considérant maintenant la distribution de la pluie dans les diverses saisons, on voit que c'est en automne que tombe la plus forte proportion de pluie ; l'été vient ensuite, puis le printemps, et enfin l'hiver. Mais dans les différentes régions de la France cet ordre varie singulièrement ; ainsi, dans les deux premières, c'est en été qu'il pleut le plus, en hiver le moins. Dans les trois autres, il tombe beaucoup plus d'eau en automne. Dans la région méditerranéenne, on observe une distribution qui rappelle celle du nord de l'Afrique, du Péloponèse et de l'Asie-Mineure, où l'hiver est la saison des pluies. En Provence en effet l'hiver est, après l'automne, la saison la plus pluvieuse, et en été, au contraire, il ne pleut presque point. C'est aussi dans cette région qu'on trouve deux saisons où la différence entre les quantités de pluie qui tombent dans chacune d'elles s'élève aux trois dixièmes de la quantité annuelle moyenne, différence qu'on ne trouve dans aucune autre partie de la France.

§ 6. *Grêle et grésil.*

En réunissant ces deux formes de précipitation aqueuse, on reconnaît que leur distribution dans les différentes saisons est la suivante en égalant à 1 000 le nombre total des grêles de l'année.

Distribution de la grêle et du grésil dans les quatre saisons.

Hiver	328	Été	70
Printemps	393	Automne	207

Ce mode de distribution n'est pas le même dans toutes les localités et on comprend de quelle importance il peut être pour l'avenir des récoltes. Ainsi les g.êles en hiver sont innocentes ; au printemps elles nuisent surtout aux arbres à fruit ; en été et en automne, à la vigne et aux céréales. La grêle et le grésil présentent ordinairement la forme d'une pyramide dont la base est formée par une surface courbe. En France les grêlons peuvent atteindre une grosseur considérable ; ainsi Parent assure qu'on ramassa au Perche, le 15 mai 1703, des grêlons qui avaient la grosseur du poing. Montignot et Tressan en mesurèrent à Toul, le 11 juillet 1753, dont la forme était celle de polyèdres réguliers et le diamètre de huit centimètres. Le 21 mai 1828, M. d'Hombres-Firmas vit tomber à Alais des grêlons de la grosseur du poing ; ils étaient recouverts de pointes mousses, et transparents vers les bords. Leur milieu offrait un noyau blanchâtre de deux centimètres de diamètre entouré de deux ou trois zones concentriques alternativement diaphanes et opaques. Deux grêlons furent pesés : le poids de l'un était de 153ᵍ, celui de l'autre de 130 grammes.

Des grêlons de ce volume sont heureusement fort rares ; quelquefois il tombe des averses de grêle telles qu'elles détruisent toutes les récoltes, témoin celle qui ravagea les environs d'Angoulême le 3 août 1812. On était à la veille de la récolte, et tout annonçait au cultivateur qu'elle serait aussi belle qu'abondante. La journée fut superbe, et le vent souffla plein nord jusqu'à trois heures après-midi, puis il tourna en un moment du côté opposé ; le ciel se couvrit de nuages, qui bientôt s'amoncelèrent d'une manière effrayante. Le vent, qui était assez violent depuis midi jusqu'à 5 heures, cessa tout à coup de souffler. Le tonnerre se fit entendre dans le lointain, mais bientôt ses éclats redoublèrent ; ils devenaient à chaque instant plus forts et plus fréquents ; le ciel s'obscurcit enfin tout à fait et d'épaisses ténèbres remplacèrent le jour. A 6 heures une grêle horrible se précipite sur la terre avec fracas ; les grêlons étaient gros comme des œufs. Plusieurs personnes en furent grièvement blessées, et un enfant fut tué dans l'arrondissement de Barbezieux. Le lendemain 4 août, la terre présentait le triste aspect de l'hiver le plus rigoureux ; les grêlons s'étaient accumulés dans les vallons et dans les chemins à une hauteur de 8 à 10 décimètres ; les arbres étaient entièrement dépouillés de leurs feuilles ; les vignes étaient comme hachées, les moissons écrasées ; les bestiaux et surtout les moutons et les porcs qu'on n'avait pas eu le temps de rentrer furent mutilés. Ces cantons restèrent dépeuplés de gibier et l'on trouva même des louveteaux que la grêle avait tués. En 1818, l'on se ressentait encore de ce désastre ; les vignes surtout n'avaient pas repris leur force productive, et on a été obligé d'en arracher une grande partie (Quénot, *Statistique du département de la Charente*, p. 52).

Certaines localités sont souvent désolées par la grêle : telle est la ville de Clermont et les villages de Blanzat, Chateaugué et Sayat, tandis que, dans la montagne, le curé de Vernet affirme que ces averses sont très-rares entre le mont Dore et le Puy-de-Dôme, et qu'il n'en a pas vu une seule dans l'espace de 23 ans. J'ai trouvé peu de documents sur la fréquence et la répartition de la grêle dans le cours de l'année et dans les différentes régions climatoriales de la France; mais elle doit correspondre sensiblement à celle des orages dont la grêle n'est qu'un épiphénomène.

En général, la grêle est un fléau qui ne désole qu'une localité restreinte. Néanmoins il existe quelques exemples de grêles qui ont parcouru rapidement une grande partie de la France. Telle est celle dont Tessier nous a laissé la description. Les points ravagés par la grêle formaient deux lignes parallèles dirigées du S. O. au N. E., l'une avait 700^{km}, l'autre 800^{km} de long. La largeur moyenne de la ligne occidentale était de 16^{km}, celle de la ligne orientale de 8^{km}. L'espace compris entre les deux lignes et dont la largeur était de 20^{km} fut épargné, il tomba seulement une pluie abondante. Il plut beaucoup à l'orient et à l'occident des deux lignes. L'orage était précédé d'un obscurcissement de la lumière du jour : il faisait environ 66^{km} à l'heure, et dans les deux zones sa vitesse était la même. Dans la zone occidentale la grêle tomba à la Rochelle après un orage qui avait duré toute la nuit; à 17^h 30^m en Touraine, près de Loches; à 18^h 30^m près de Chartres; à 19^h 30^m à Rambouillet; à 20^h à Pontoise; à 20^h 30^m à Clermont en Beauvoisis; à 21^h à Douai; à 23^h à Courtrai; à 30^m, et à Flessingue vers 1^h 30^m. Dans la zone occidentale, l'orage atteignait Artenay, près d'Orléans, à 19^h 30^m; Andouville, dans la Beauce, vers 20^h; le faubourg Saint-Antoine, à Paris, à 20^h 30^m; Crespy, en Valois, vers 21^h 30^m; Cateau-Cambresis, à 23^h; Utrecht, à 2^h 30^m. Sur chaque point, la grêle ne tomba que pendant sept à huit minutes, mais avec tant de force, que toutes les moissons furent hachées. De tous les grands orages de grêle, il n en est point sur lequel on ait des renseignements aussi exacts, et néanmoins ils sont encore insuffisants; car on n'a point indiqué la direction du vent ni celle des nuages avant et après l'orage, et des deux côtés de l'espace grêlé.

§ 7. *Pression atmosphérique.*

La connaissance de la pression atmosphérique et de ses variations est moins importante que celle des éléments que nous venons de considérer. Elle paraît être sans influence sur la santé des hommes et des animaux et sur l'activité de la végétation. Néanmoins elle intéresse le météorologiste, et peut avoir des applications utiles pour prévoir les changements de temps et mesurer des différences de niveau à l'aide du baromètre. Quand on s'élève au-dessus du niveau de la mer, la colonne barométrique se raccourcit d'un millimètre environ pour 10 à 11^m; mais nous ne considérerons que le baromètre au niveau de la mer ou à de faibles hauteurs. Nous supposerons aussi toujours que le mercure est à la température de zéro.

Hauteur du baromètre au bord de la mer. — Réduite à ce qu'elle serait au bord de la mer, la hauteur moyenne du baromètre n'est pas la même à différentes latitudes; elle va en diminuant d'une manière assez rapide, à mesure qu'on s'éloigne de l'équateur comme le prouve le petit tableau suivant. Mais, pour mettre la loi en évidence, il faudrait pouvoir soustraire la tension de la vapeur aqueuse de la pression totale, ce que le manque d'observations hygrométriques ne permet pas de faire. En estimant seulement la somme des deux pressions, on trouve pour la hauteur moyenne du baromètre au bord de la mer, dans les points où elle a été déterminée avec le plus de soin avec des instruments comparés entre eux et réduits à celui de l'Observatoire de Paris :

Hauteur moyenne du baromètre au niveau de la mer.

	mm		mm
Marseille.	762,14	Paris.	761,41
Avignon.	762,02	Dunkerque.	760,49

Pour obtenir des nombres rigoureusement exacts, il faudrait opérer sur des séries comprenant dix ans au moins, et faites avec d'excellents baromètres directement comparés entre eux, et dont la hauteur au-dessus du niveau de la mer fût parfaitement déterminée. Cependant ceux que je donne ici sont certainement exacts à un ou deux dixièmes de millimètre tout au plus.

Oscillation barométrique mensuelle moyenne. — Si dans une longue série d'observations barométriques, comprenant dix années ou plus, on cherche la différence moyenne entre la plus petite et la plus grande hauteur mensuelle du baromètre, on trouvera d'une manière générale que cette différence moyenne va en croissant avec la latitude. En faisant ce travail pour la France, j'ai trouvé que la loi était vraie si l'on suppose ce pays partagé par une ligne courbe passant par tous les points qui sont éloignés de trois degrés longitudinaux ou 230^{km} de la mer, et qui le divise en une région continentale et une région océano-méditerranéenne. En comparant les villes de Cusset et La Rochelle, Nantes et Chinon, Nantes et Dijon, Metz et Rouen, on remarquera qu'à latitude égale l'amplitude de l'oscillation mensuelle moyenne est bien plus faible dans l'est que dans l'ouest de la France. On reconnaîtra ainsi que c'est le voisinage de la mer qui masque l'influence de la latitude et trouble la régularité de l'accroissement de l'amplitude. Cela devient encore plus évident sur de grandes distances en longitude. Ainsi, à Londres, l'oscillation mensuelle est de 27mm,88, et seulement de 23mm,14 à Breslau, qui est sous le même parallèle.

On donne le nom de *lignes isobarométriques* aux courbes qui réunissent les points où l'amplitude de l'oscillation mensuelle moyenne est la même. La France est donc comprise entre la ligne isobarométrique de 17mm et celle de 25mm.

[65] *Amplitude de l'oscillation barométrique mensuelle moyenne.*

VILLES.	DÉPARTEMENTS.	OSCILLATION mensuelle moyenne.	NOMBRE des années d'observation.	OBSERVATEURS.
		mm		
Oleron............	Basses-Pyrénées.......	16,69	4	Leroy.
Marseille.........	Bouches-du-Rhône.....	17,69	9	Sylvabelle.
Montpellier.......	Hérault.............	18,02	11	Mourgues.
Toulouse.........	Haute-Garonne........	20,27	4	Petit.
Dax.............	Landes.............	18,20	5	Dufau.
Alais............	Gard...............	17,95	35	D'Hombres-Firmas.
Mezin...........	Lot-et-Garonne........	19,01	8	Gallé.
Bordeaux........	Gironde.............	21,26	10	Sarreau et Guyot.
La Rochelle......	Charente-Inférieure....	23,17	13	Seignette et Fleuriau.
Poitiers.........	Vienne.............	22,44	10	La Mazière.
Chinon..........	Indre-et-Loire........	22,10	9	Linacier.
Nantes..........	Loire-Inférieure......	22,92	6	Duplessis et Budan.
Chartres........	Eure-et-Loir.........	23,17	8	Horeau.
Paris...........	Seine..............	24,49	10	Observatoire.
Vire............	Calvados...........	23,68	6	Delapolinière.
Rouen..........	Seine Inférieure......	23,91	6	Le Pecq de la Clôture.
Cambray........	Nord..............	24,93	8	Trécourt.
Arras...........	Pas-de-Calais.......	23,46	7	Delezzé, Betz et Buissart.
Bruxelles.......	Belgique...........	25,65	14	Perledé et Mann.
Cusset..........	Allier.............	20,30	5	Desbrest.
Dijon...........	Côte-d'Or..........	19,13	7	Maret.
Montargis.......	Loiret.............	22,56	5	Gastellier.
Mulhouse.......	Haut-Rhin..........	20,64	6	Meyer.
Troyes..........	Aube..............	20,41	6	Bouthier et Rondeau.
Strasbourg......	Bas-Rhin...........	22,81	10	Herrenschneider.
Metz...........	Moselle............	20,38	10	Schuster.

Variation diurne du baromètre. — Examinons maintenant quelle est en France la variation diurne du baromètre, c'est-à-dire la différence moyenne entre sa hauteur le matin et dans l'après-midi. Cette différence va en diminuant, de l'équateur au pôle, et à mesure qu'on s'approche de la mer ou qu'on s'élève au-dessus de son niveau. Le tableau suivant présente l'ensemble des observations qui méritent la confiance des météorologistes.

[66] *Amplitude moyenne de la période barométrique diurne descendante.*

VILLES.	LATITUDE.	ÉLÉVATION au-dessus de la mer.	VARIATION.	NOMBRE des années d'observation.	OBSERVATEURS.
		m	mm		
Marseille............	43° 17'	47	0,80	20	Valz.
Toulouse............	43 36	164	1,16	12	Marqué-Victor et Petit.
Alais...............	44 8	132	1,12	35	D'Hombres-Firmas.
Clermont-Ferrand...	45 47	411	0,94	7	Ramond.
Viviers	47 29	57	1,13	20	Flaugergues.
Strasbourg.........	48 35	151	0,80	6	Herrenschneider.
Paris..............	48 50	65	0,75	25	Observatoire.
Metz	49 7	181	0,83	10	Schuster.
La Chapelle	49 5	149	0,36	»	Nell de Breauté.
Bruxelles...........	50 51	59	0,38	10	Quételet.

Antagonisme entre les lois de la variation diurne et des oscillations mensuelles moyennes du baromètre. — Si l'on compare entre elles la variation diurne du baromètre et l'oscillation mensuelle moyenne, on trouve un antagonisme complet entre les lois qui les régissent. Ainsi : 1° l'amplitude de la variation diurne va en diminuant de l'équateur vers le pôle ; car elle est de 1mm,16 à Toulouse, et seulement de 0mm,80 à Strasbourg. L'amplitude de l'oscillation mensuelle moyenne va au contraire en augmentant de l'équateur au pôle ; ainsi, à Alais, elle est de 17mm,95 ; à Strasbourg, de 22mm,81. 2° L'amplitude de la variation diurne diminue à mesure qu'on s'approche de l'Océan, ainsi que M. Arago l'a fait voir dernièrement (*C.-R. de l'Acad. des sciences*, t. XIII, p. 637, 1841). L'amplitude de l'oscillation mensuelle moyenne est au contraire plus grande sur les côtes que dans l'intérieur des terres. On peut s'en assurer en l'étudiant comparativement dans les villes de l'est et du littoral de la France, qui sont placées sensiblement sous le même parallèle, comme on le voit dans le tableau suivant.

[67] *Oscillation barométrique mensuelle moyenne.*

RÉGION CONTINENTALE.		RÉGION OCÉANIENNE.	
	mm		mm
Cusset.	20.30	La Rochelle..	23,17
Dijon.	18,97	Nantes.	22,79
Strasbourg. .	20,80	Paris.	23,91
Metz.	22,07	Rouen.	24,49

Cet antagonisme entre la variation diurne et l'oscillation mensuelle moyenne se maintient si l'on compare en France les oscillations du baromètre avec les oscillations correspondantes du thermomètre. Ainsi la variation diurne de la pression se lie à la variation diurne de la température. L'amplitude de l'une et de l'autre diminue à mesure qu'on se rapproche des côtes ; mais il n'existe aucun rapport entre les oscillations mensuelles du baromètre et les oscillations correspondantes du thermomètre. En effet, nous avons vu que l'amplitude de l'oscillation barométrique mensuelle moyenne allait en augmentant quand on se rapproche des côtes de France. L'oscillation thermométrique correspondante va au contraire en diminuant, comme le prouve le tableau 61 de la colonne 188.

Si l'on compare entre elles les oscillations barométriques et thermométriques dans un même lieu et pendant les mêmes mois, on voit qu'il n'existe aucune relation entre elles, ni dans les mois pris isolément ni dans les moyennes de plusieurs années. Ainsi, à une forte oscillation thermométrique correspond une faible oscillation barométrique, et l'inverse. Il y a plus : c'est en hiver que l'oscillation thermométrique mensuelle moyenne est le plus faible à Paris et à Strasbourg, et c'est dans cette même saison que l'oscillation barométrique est le plus forte. Le tableau suivant met cette vérité dans tout son jour.

[68] *Antagonisme entre les oscillations mensuelles moyennes du baromètre et du thermomètre.*

SAISONS.	PARIS (1833-1842).		STRASBOURG (1815-1824).	
	OSCILLATION		OSCILLATION	
	baro- métriq.	thermo- métriq.	baro- métriq.	thermo- métriq.
	mm		mm	
Hiver.	30,33	19°,23	30,21	17°,78
Printemps. . . .	23,20	21 ,33	24,23	20 ,59
Été.	17,71	22 ,55	14,33	19 ,05
Automne.	26,72	20 ,42	22,46	17 ,87
	mm		mm	
Année	24,49	20°,88	22,81	18°,82

Si l'on admet que les variations diurnes du baromètre dépendent des variations diurnes de la température, on comprendra pourquoi il existe un rapport entre la marche des deux instruments. Suivant M. Kaemtz, les grandes oscillations barométriques sont un effet de la différence qui existe entre la température du lieu où se trouve le baromètre et celle des *régions voisines* ; on voit dès lors qu'il n'y a aucun rapport nécessaire entre les oscillations mensuelles du baromètre et du thermomètre dans un même lieu. Mais cette explication ne me paraît pas solidement établie sur l'observation et l'expérience. Il me suffit donc d'avoir signalé quelques-unes des lois qui représentent en France les oscillations barométriques et thermométriques, sans chercher à les rattacher à une théorie générale.

Hauteur du baromètre suivant les différents vents. — La hauteur du baromètre varie suivant les différents vents. On peut dire d'une manière générale qu'il est bas par les vents de sud et haut par les vents du nord. Son minimum se trouve entre le sud et le sud-ouest ; le maximum, entre le nord et le nord-est. Aussi, dans toute la France, les présages sur les changements de temps, tirés de la hausse ou de la baisse du baromètre, sont dignes de confiance. Joints aux autres inductions météorologiques reposant sur l'état hygrométrique et thermométrique de l'air, ils réunissent en leur faveur une grande somme de probabilités.

Le tableau suivant donne l'indication de l'élévation de la colonne barométrique au-dessus (+), ou de son abaissement au-dessous (—) de la moyenne de l'heure d'observation. À Paris, ces nombres sont déduits de 10 années d'observations calculées par M. Kaemtz ; à Clermont, de 7 années calculées par Ramond ; à Toulouse, de 4 années calculées par M. Petit.

[69] *Rose barométrique des vents.*

VENTS.	PARIS.	CLERMONT.	TOULOUSE.
	mm	mm	mm
Nord.........	+2,99	"	"
Nord-Ouest...	+1,68	+0,33	+1,73
Nord-Est....	+3,39	"	"
Est..........	+1,14	—0,13	"
Sud-Est......	—2,07	"	—2,08
Sud..........	—1,43	—1,73	"
Sud-Ouest...	—2,58	"	"
Ouest........	—0,53	+0,35	+0,50

Les observations dont ces nombres sont déduits n'embrassent pas un assez grand nombre d'années pour qu'on puisse les regarder comme définitives. Les stations devraient être aussi plus nombreuses ; cependant on croit entrevoir que dans le midi de la France les vents d'ouest ne dépriment pas le baromètre comme dans le nord. Mais pour ceux du nord-ouest et du sud-est, on est frappé d'un accord remarquable entre Paris et Toulouse. Les faibles différences qu'on trouve pour Clermont tiennent probablement à sa grande élévation au-dessus du niveau de la mer.

§ 8. *Électricité atmosphérique.*

Parmi tous les phénomènes météorologiques, il n'en est point dont l'observation soit plus délicate que celle des manifestations électriques. Elle exige une grande habitude et des précautions infinies. Une vapeur, un nuage, un peu de brouillard suffisent pour changer toutes les indications. J'emprunte les résultats suivants à un mémoire manuscrit que M. Peltier a bien voulu me confier ; sa longue expérience et son habileté bien connues sont une garantie de leur exactitude.

Variation diurne de l'électricité. — Pour savoir quelle est la marche diurne de l'électricité atmosphérique, il faut choisir un jour pur et serein, lorsque le vent est froid et sec afin que rien ne vienne troubler les indications des électromètres. On a trouvé qu'il y avait alors deux maxima et deux minima diurnes. L'électricité dévoilée était toujours positive. Le premier minimum a lieu environ une heure avant l'apparition de l'aurore ; à mesure que le soleil s'approche de l'horizon l'intensité électrique augmente, et elle atteint son maximum vers 6ʰ à 7ʰ du matin en été ; 8ʰ à 9ʰ au printemps et en automne ; vers 11ʰ en hiver. La tension électrique diminue ensuite jusque vers 3ʰ, 4ʰ ou 5ʰ de l'après-midi, selon la saison ; il y a alors un second minimum, puis un second maximum vers 9ʰ ou 10ʰ du

[70] *Variation diurne de l'électricité pendant un jour serein.*

1842	HEURES.	BAROMÈTRE à zéro.	TEMPÉRATURE de l'air.	TENSION électrique en degrés proportionnels.	
		mm			
15 mars..	7 h. 15' mat.	769,60	5°,5	+ 74° positive.	Calme, beau ciel.
	11 00	770,05	12,0	0	Calme plat, vapeur sur le ciel.
	1 00 soir.	769,28	13,5	+ 23	Id., beau ciel, vapeur à l'horizon.
	3 20	768,68	14,0	+ 36	Id.
	9 30	769,00	10,0	+373	Id.
10 mai...	5 30 mat.	762,95	8,0	+ 22	O.-N.-O. faible, beau, vapeur à l'horiz.
	10 00	763,45	18,	0	Calme plat, beau, vaporeux.
	0 30 soir.	763.53	14 8	— 1	N.-E. Id.
	4 00	762.58	15,7	+ 1	Beau.
	7 00	762.88	14,0	+ 33	S.-E.
20 mai...	5 00 mat.	753.06	10,5	+244	O.
	0 30 soir.	753.74	20,0	0	S.-O.
	4 15	753,59	17,0	+ 30	S.-O., des cumuli se forment.
8 juillet.	6 10 mat.	761.32	16,0	+ 37	O., frais, très-beau, quelques cirrus.
	11 30	762,53	23,0	—382	S.-O., cumulus blanc.
	4 45 soir.	762,92	21,0	+ 8	O., beau.
	8 00	764,00	18,0	+537	O., frais, vapeur roussâtre à l'horizon.

soir. Pendant la nuit, la tension électrique diminue de nouveau jusqu'au premier minimum que nous avons signalé. Le tableau précédent peut donner une idée de la marche de l'électromètre à Paris pendant les journées sereines.

Dans les journées où l'atmosphère est agitée et parcourue par des nuages, les indications de l'électromètre sont on ne peut plus variables suivant la tension électrique des nuages et la nature de l'électricité dont ils sont chargés. Les nuages gris sont négatifs, les nuages blancs (*cumulus, cirrus*) positifs. A l'égard de la tension de l'électricité dont ces nuages sont chargés, on a observé en France tous les intermédiaires, depuis la tension qui fait diverger faiblement les feuilles d'or de l'électroscope jusqu'à celle qui enlève des hommes et déracine des arbres. Ainsi, le 8 juillet 1839, un orage éclata aux environs de Triel (Seine-et-Oise) ; la foudre tomba sur un gros chêne, dans lequel deux hommes s'étaient réfugiés : l'un fut tué ; l'autre, attiré comme un corps léger l'est par un plateau électrisé, fut enlevé et transporté à 23ᵐ de distance. Pendant un autre orage, la foudre tomba sur une église, à Châteauneuf. Neuf personnes furent tuées, les autres enlevées et transportées hors de l'église (*Ann. de chimie et de physique*, t. XII, p. 364).

Orages. — La fréquence et la distribution des orages dans les diverses saisons n'ont pas seulement un intérêt purement météorologique. Ces grandes perturbations atmosphériques étant accompagnées de pluies torrentielles et de grêle, la connaissance du nombre absolu des orages pendant l'année et de leur répartition entre les diverses saisons est de la plus grande importance pour l'ingénieur, le marin et le cultivateur. Si l'on jette les yeux sur la carte que M. Berghaus a donnée de la distribution géographique des orages à la surface de l'Europe, on reconnaît que l'Italie, entre Milan et Naples, la mer Adriatique, la Dalmatie et l'Albanie forment une région elliptique où les orages sont au nombre de 42 à 45 par an. A mesure qu'on s'avance vers le pôle, les orages deviennent plus rares, et au delà du 70ᵉ de latitude ils sont presque inconnus.

Dans le nord de la France, si l'on trace deux lignes, dont l'une passe par Brest, Cherbourg et Dunkerque, l'autre par La Rochelle, Orléans et Châlons-sur-Marne, toute la zone comprise entre ces deux lignes compte de 12 à 20 orages par an, le nombre des orages allant en croissant du nord au sud. Au sud de la seconde ligne, et à l'ouest de la chaîne des Cévennes, on compte 10 à 20 orages dans l'année, et d'autant plus qu'on s'avance

davantage du sud vers le nord. Enfin, dans une région comprise entre Lyon, Arles, les Cévennes et le Piémont, région qui embrasse tout le groupe des Alpes françaises, le nombre annuel des orages est en moyenne de 25 ; à Marseille il n'est que de 11.

On peut dire aussi d'une manière générale qu'à latitude égale, les orages sont plus communs à mesure qu'on s'avance de l'ouest à l'est.

La France appartient à la région des orages d'été, qui comprend presque toute l'Europe. En même temps le nombre relatif des orages d'été croît à mesure qu'on s'éloigne de l'Océan, tandis que celui des orages d'hiver diminue. Vers les côtes de la Méditerranée la proportion des orages d'automne tend à devenir prédominante. Ces généralités sont sujettes à des exceptions locales ; ainsi, en considérant un pays assez restreint, on y trouve souvent des différences notables pour le nombre absolu des orages. Les montagnes jouent ici un rôle immense ; aussi traiterons-nous ce sujet avec plus de détail à l'occasion de chacune des régions climatoriales que nous distinguons en France. La fréquence et la distribution des orages dans les diverses saisons nous fourniront d'excellents caractères différentiels. Comme point de comparaison, nous reproduisons le petit tableau que M. Kaemtz a donné de la distribution des orages dans les différentes parties de l'Europe, la Scandinavie exceptée. Il désigne par 1 000 le nombre total des orages de l'année.

[71] *Nombre relatif des orages dans les quatre saisons.*

RÉGIONS.	HIVER.	PRIN-TEMPS.	ÉTÉ.	AU-TOMNE.
Europe occidentale...	89	177	525	209
Suisse	4	206	630	160
Allemagne	14	244	660	82
Europe centrale......	0	157	793	50

Trombes. — Les trombes sont un autre phénomène qui se rattache étroitement à ceux de l'électricité. On a signalé en France un grand nombre de trombes ; mais les auteurs insistent plus sur les ravages qu'elles ont causés que sur les particularités météorologiques qui les ont accompagnées ; il en résulte qu'on est souvent dans le doute s'il s'agit d'un coup de vent, d'un orage, d'un ouragan ou d'une véritable trombe. J'ai réuni dans le tableau suivant une liste de trombes bien constatées que j'extrais de l'excellent ouvrage de M. Peltier sur ce sujet et des *C.-R. de l'Acad. des sciences.*. J'ai rangé ces trombes suivant les mois de l'année, afin de faire voir que c'est surtout pendant l'été et rarement en hiver qu'on a l'occasion de les observer. Il y a trop peu de temps qu'on s'occupe de ces phénomènes pour qu'on puisse hasarder quelques généralités sur leur distribution géographique.

[72] Trombes.

LOCALITÉS.	DÉPARTEMENTS.	DATES.
Nice.........	»	6 janv. 1789.
St-Urcisse...	Haute-Garonne.	29 janv. 1824.
Trebeurden..	Côtes-du-Nord.	30 janv. 1830.
Arcachon....	Gironde........	14 mars 1774.
Nice.........	»	19 mars 1789.
Nice.........	»	12 avril 1780.
Orbassan....	Haute-Garonne.	19 avril 1775.
Foix.........	Ariège.........	9 mai 1822.
Paris........	Seine.........	16 mai 1806.
Bocanbrey...	Normandie	30 mai 1725.
Courthezon .	Vaucluse......	30 mai 1841.
Mellerard ...	Orne	juin 1791.
Marliac	Haute-Garonne.	13 juin 1787.
Escale	Aude.........	15 juin 1785.
Regneville...	Manche	16 juin 1822.
Mirabaux....	B.-du-Rhône...	17 juin 1745.
Chatenay ...	Seine-et-Oise ..	14 juin 1839.
Anxerre	Yonne	18 juin 1818.
Chauffailles .	Saône-et-Loire.	25 juin.
Assouval	Pas-de-Calais ..	6 juil. 1822.
Soudron	Marne	milieu de juil.
Eu	Seine-Infér....	16 juil. 1775.
La Chartreuse	Côte-d'Or	20 juil. 1779.
Flaujagues...	Gironde........	28 juil. 1835.
Carcassonne .	Aude.........	3 août 1780. / 4 août 1776.
Montag^a d'Alaric......	Haute-Garonne.	6 août 1776.
Reims........	Marne	10 août 16 0.
En Brie.....	»	15 août 1687.
Capestan	Hérault	21 août 1727.
Rouvier.....	Eure-et-Loir ..	26 août 1823.
Carcassonne .	Aude	26 août 1826.
Cap Blanc-Nez.........	Pas-de-Calais ..	1er sept. 1822.
Mont-rouge..	Seine	1er sept. 1839.
Mornay	Vienne	sept. 1835.
Montpellier .	Hérault	2 nov. 1729.
Carcassonne .	Aude	8 nov. 1780.
Mezerai	Charente-Infér.	7 novembre.

CHAPITRE II.—RÉGIONS CLIMATORIALES DE LA FRANCE.

Partager en régions climatoriales un pays limité par la politique et non par la nature n'est point une tâche facile : la France surtout présente dans toute sa périphérie des caractères climatologiques qui appartiennent aux climats des pays qui l'environnent, sans qu'elle-même offre nulle part un climat propre et nettement tranché. Toutefois on a reconnu de tout temps que le climat de la France n'était pas uniforme comme celui de la Hollande ou de l'Allemagne centrale et qu'elle pouvait être subdivisée en régions climatoriales bien distinctes. Dans cet essai, je ne donnerai point une valeur égale à toutes les modifications atmosphériques qui peuvent servir à caractériser un climat. Toutes n'ont pas une influence égale sur la végétation, l'agriculture, la santé de l'homme et des animaux, la conservation des routes et des édifices, la navigation des canaux et des rivières. A l'exemple des naturalistes, je subordonnerai mes caractères les uns aux autres et crois pouvoir les ranger dans l'ordre suivant : la température, la pluie, les vents, les orages et les variations de la pression atmosphérique. Chacun de ces éléments, considérés sous tous les points de vue, me fournira des caractères différentiels importants. On comprend aussi très-bien que ces climats ne soient pas nettement circonscrits comme des bassins hydrographiques. On remarque au contraire de l'un à l'autre les transitions les plus ménagées, surtout s'ils ne sont pas séparés par des chaines de montagnes. Il y a plus, les progrès des sciences météorologiques, des observations faites avec suite et d'une manière uniforme modifieront ces circonscriptions et multiplieront probablement le nombre des divisions. Le centre de la France en particulier formera peut-être une région distincte, ou se réunira en partie ou en totalité aux régions limitrophes. On conçoit aussi que les moyennes données dans les généralités sur les régions climatoriales ne sont que des approximations ; car, pour qu'elles fussent exactes, il faudrait les déduire d'un grand nombre de séries faites uniformément et dans des stations très-rapprochées.

Les documents arrivés à ma connaissance permettent de distinguer en France cinq régions climatoriales ou climats différents, en donnant à ce dernier mot un sens plus restreint que celui qu'il a dans le langage de la météorologie générale.

Les deux premiers nous offrent l'exemple de climats assez froids ; mais l'un est continental, comme celui de l'Allemagne, et l'autre marin, comme celui de l'Angleterre. Les deux climats suivants présentent la même différence, mais ils sont beaucoup plus tempérés. Quant au dernier, il forme une exception en France et fait partie du groupe météorologique de la Méditerranée. Je propose de désigner ces climats sous les noms suivants :

1º LE CLIMAT VOSGIEN OU DU NORD-EST ;

2º LE CLIMAT SÉQUANIEN OU DU NORD-OUEST ;

3º LE CLIMAT GIRONDIN OU DU SUD-OUEST ;

4º LE CLIMAT RHODANIEN OU DU SUD-EST ;

5º LE CLIMAT MÉDITERRANÉEN OU PROVENÇAL.

[19] *Carte des régions climatoriales de la France.*

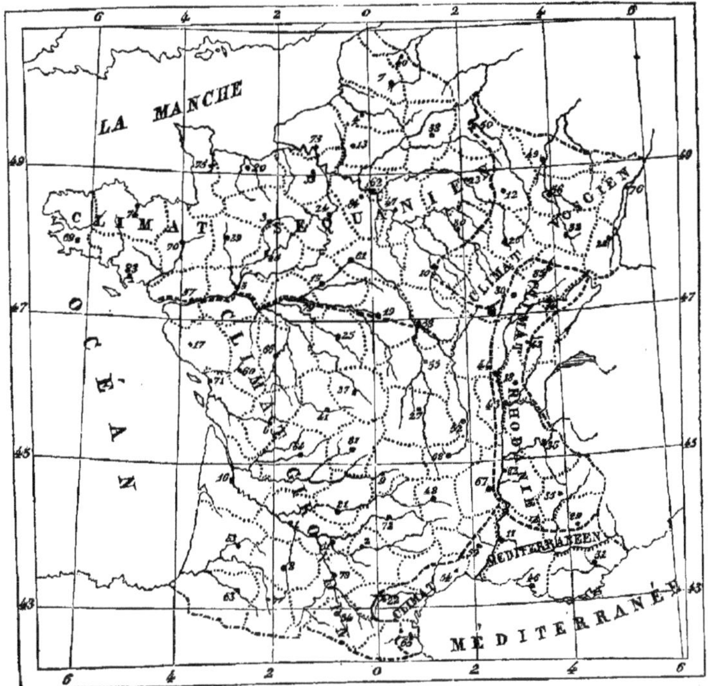

La légende de cette carte est la même que celle de la carte des éclipses, col. 4°-48. Les numéros se rapportent aux chefs-lieux des départements, chefs-lieux rangés par ordre alphabétique.

Dans les météorologies spéciales des différentes villes, j'ai toujours mis en tête celle qui me paraît être le type de la région et qui la représente le mieux par le nombre et la valeur des observations ; les autres sont ensuite rangées en allant du nord au sud, et en rapprochant autant que possible celles qui appartiennent à des départements limitrophes.

§ 1. *Climat du nord-est ou vosgien.*

Limites. — Le climat vosgien est celui de toute la région comprise entre le Rhin, la Côte-d'Or, les sources de la Saône et la chaîne qui s'étend de Mézières à Auxerre. C'est dans la vallée du Rhin qu'il présente ses caractères les plus tranchés ; vers l'ouest il prend peu à peu le caractère océanien, et vers le sud il passe par des transitions insensibles au climat rhodanien. Le pays de Gex, partie du département de l'Ain jetée dans le bassin du Léman, sur le versant oriental du Jura, rentre dans ce climat. Cette circonstance nous autorise à utiliser les belles séries météorologiques de la ville de Genève, qui touche à la frontière française. Les observations faites à Strasbourg, Mulhouse, Haguenau, Epinal, Metz, Nancy et Genève, nous serviront à caractériser le climat vosgien. Nous verrons qu'il est, avec le climat rhodanien, le plus excessif de la France, et rentre dans la grande classe des climats continentaux.

Température. — La température moyenne des villes de cette région, où le thermomètre a été convenablement observé, est de 9°,6 environ. Les hivers y sont plus rigoureux que dans aucune autre partie du royaume ; car leur moyenne pour les villes de Strasbourg, Mulhouse, Epinal et Genève ne s'élève pas au-dessus de 0°,6. Mais, d'un autre côté, les étés sont beaucoup plus chauds à latitude égale que dans les régions occidentales. Ainsi, l'été moyen de ces mêmes villes est de 18°,6, et, par conséquent, presque aussi

10

doux qu'à l'embouchure de la Loire, tandis que l'hiver est souvent aussi froid que celui du Holstein. La température du mois le plus froid égale souvent celle du même mois à Hambourg; et celle du mois le plus chaud correspond à la chaleur du même mois à La Rochelle.

Si l'on prend la différence moyenne entre l'hiver et l'été dans cette région d'après les observations de Strasbourg, Mulhouse, Metz, Épinal, Nancy et Genève, on trouve qu'elle est de 18°,0. Nous ne retrouverons une différence aussi forte dans aucune autre région, le sud-est excepté, et elle suffirait pour caractériser le climat vosgien, et le ranger dans la classe des climats excessifs ou continentaux. A Strasbourg, la différence moyenne entre les maxima et les minima de température (de 1811 à 1834) est de 44°,7, tandis qu'à Paris elle n'est que de 42°,5; ce qui confirme l'énoncé précédent, d'autant plus qu'à Paris le thermométrographe de l'Observatoire marque les vrais extrêmes de température, tandis qu'à Strasbourg le thermomètre donnait seulement des extrêmes approchés indiqués par l'instrument aux heures d'observation. Les plus grands froids notés à Mulhouse, Strasbourg, Épinal, Béfort et Metz sont en moyenne de — 23°,2; et dans les villes de Strasbourg, Épinal et Nancy, le nombre annuel moyen des jours de gelée s'élève à 70. A Paris, il n'est que de 56.

Pluie. — La quantité absolue de pluie qui tombe dans le cours de l'année est plus grande dans cette région que dans celle du nord-ouest, qui lui est contiguë. Ainsi, en éliminant toutes les villes où le nombre d'années d'observation est au-dessous de huit, et en prenant la moyenne des quantités de pluies tombées à Strasbourg, Mulhouse, Nancy, Metz et Genève pendant un nombre total de 116 ans pour l'ensemble de ces villes, je trouve qu'elle est annuellement de 669ᵐᵐ, c'est-à-dire supérieure à celle qui arrose annuellement les bassins de la Seine, de la Loire et de la Gironde. Non-seulement cette quantité est plus considérable, mais encore elle est autrement distribuée entre les diverses saisons de l'année que dans les quatre autres divisions climatoriales de la France, le nord-ouest excepté (voy. p. 202). Dans le climat vosgien, la quantité d'eau des pluies d'été l'emporte sur celle des pluies d'automne, tandis que c'est le contraire dans les climats girondin, rhodanien et méditerranéen, où la moyenne des eaux versées sur la terre par les pluies d'automne l'emporte beaucoup sur la moyenne de celles de l'été. Ainsi, à Strasbourg, à Mulhouse et à Metz, d'après quinze années d'observations dans la première de ces villes, huit années dans la seconde et dix dans la troisième, la **quantité** de pluie qui tombe en été est,

en moyenne, de 40ᵐᵐ. plus considérable qu'en automne.

A Genève, l'influence du climat rhodanien se fait encore sentir, et les pluies d'automne sont un peu plus abondantes que celles de l'été. Si nous désignons par 100 la quantité d'eau annuelle moyenne déduite de 63 années d'observation dans les villes de Strasbourg, Mulhouse, Metz et Genève, nous trouvons dans le climat vosgien les rapports suivants pour les diverses saisons :

Quantité de pluie relative.

Hiver	19	Été	31
Printemps	23	Automne	27

Jours de pluie. — Le nombre annuel moyen de jours de pluie, déduit de 114 années d'observation à Strasbourg, Mulhouse, Metz, Épinal et Genève, est de 137, et le nombre relatif des jours de pluie en été et en automne fait voir aussi que les pluies d'été sont prédominantes comme en Allemagne; car à Strasbourg, de 1806 à 1827, la moyenne est de 31 jours en été, et de 32 jours en automne. D'une manière générale, on peut dire que dans cette région les pluies d'été tendent à l'emporter sur celles de l'automne, quoique la différence ne se révèle d'une manière constante que dans les moyennes déduites d'un grand nombre d'années.

Vents. — Sauf un petit nombre d'exceptions locales, c'est le S.-O. et le N.-E. qui sont les vents dominants dans le climat vosgien. Dans quelques villes, c'est le S.-O. qui souffle le plus souvent; dans d'autres, c'est le N.-E. Leur direction est aussi modifiée par le relief du terrain. Ainsi, à Strasbourg, c'est plutôt le Sud que le S.-O. qui domine; à Épinal, le N.-N.-E. plutôt que le N.-E.

D'une manière générale, cette partie de la France est, comme la région séquanienne, sous l'empire du grand courant atmosphérique du S.-O.; mais elle s'en distingue en ce que le vent de N.-E. souffle presque aussi souvent que le S.-O.; ce qui n'a pas lieu à Paris, par exemple, où les vents de Nord, N.-E. et Est sont moitié moins communs que ceux de Sud, S.-O. et Ouest. C'est à la plus forte proportion de vents du N.-E., qui maintiennent la sérénité du ciel, qu'on peut attribuer en partie les froids intenses de l'hiver et les fortes chaleurs de l'été qui distinguent le climat oriental de la France.

Orages. — Le nombre annuel des orages est considérable dans cette région; car elle est comprise entre les lignes de 20 et de 25 orages annuels. De 1806 à 1827, il y a eu en moyenne 16,4 orages par an à Strasbourg ; 26 à Mulhouse (10 ans); 20 à Nancy (38 ans); 31 à Épinal (1823 à 1833), ce qui donne une moyenne de 24,1 orages par an ; tandis qu'elle n'est que de 16,8 dans l'ouest d'après les observations de Paris (52 ans), Denainvilliers (24 ans), et Dieppe (18 ans), que j'emprunte à la notice de M. Arago sur le tonnerre, insérée dans l'*Annuaire du bureau des longitudes pour* 1838.

Ces orages sont aussi distribués dans l'année d'une manière tout-à-fait caractéristique ; ainsi, si je désigne par 100 le nombre annuel total des orages à Strasbourg, celui des orages d'été sera de 62 ; tandis que dans la région du nord-ouest, d'après les localités citées, il n'est que de 54. Quant aux orages d'hiver, ils sont on ne peut plus rares à Strasbourg, puisqu'il n'y en a eu qu'un seul de 1806 à 1827, savoir, en décembre 1825. Sur les côtes occidentales de France, au contraire, le nombre des orages d'hiver est le sixième du nombre total des orages de l'année.

Pression atmosphérique. — L'amplitude de la variation diurne du baromètre, étudiée dans sa période descendante de 9ʰ du matin à 4ʰ du soir, est moindre dans la région vosgienne que dans le midi de la France loin de la mer, mais plus forte que dans la région occidentale à latitude égale. En moyenne, elle est de 0ᵐᵐ,82 à Metz et à Strasbourg. L'amplitude de l'oscillation mensuelle moyenne est, au contraire, plus faible, à latitude égale, que dans la région occidentale. En prenant pour base les années 1814 à 1824, je trouve qu'elle est à Strasbourg de 22ᵐᵐ,81, à Mulhouse de 20ᵐᵐ,64 (1779-1784), à Metz de 20ᵐᵐ,98 (1825-1834) ; cette dernière ville est à peu près sous le même parallèle que Rouen, où cette oscillation a un parcours de 23ᵐᵐ,91.

Résumé des caractères du climat vosgien. — Le climat du nord-est de la France, ou climat vosgien, est un climat excessif ou continental qui se caractérise de la manière suivante relativement au climat du reste de la France.

Étés chauds et hivers rigoureux.

Quantité de pluie annuelle plus considérable que dans le nord-ouest, le sud-ouest et le midi, et moindre que dans la vallée du Rhône. Les pluies d'été l'emportent sur celles de l'automne.

Les vents régnants sont le Sud-ouest et le Nord-est, qui soufflent à peu près aussi souvent l'un que l'autre dans le cours de l'année.

Orages fréquents, surtout en été ; à peu près inconnus en hiver.

Variation diurne du baromètre plus forte que dans l'ouest ; amplitude de l'oscillation mensuelle moyenne plus faible que dans l'ouest, et plus forte que dans le midi.

[73] STRASBOURG.

Sol de la cathédrale à 144ᵐ d'altitude (Δ).

| ANNÉES. | TEMPÉRATURE | | | NOMBRE des jours | | QUANTITÉ de pluie. |
	Moyenne.	Maximum.	Minimum.	de gelée.	de pluie.	
						ᵐᵐ
1811	11°,4	33°,0	—13°,1	48	115	671
1812	8 ,6	29 ,4	—15 ,0	16	118	646
1813	9 ,1	26 ,5	—12 ,5	67	106	705
1814	8 ,9	32 ,0	—15 ,0	65	92	593
1815	9 ,6	25 ,8	—13 ,4	62	114	652
1816	8 ,5	28 ,1	—17 ,5	70	134	793
1817	9 ,8	31 ,3	—10 ,0	30	141	787
1818	10 ,2	33 ,8	— 8 ,8	53	116	553
1819	10 ,4	34 ,1	— 8 ,8	46	117	750
1820	8 ,8	31 ,5	—17 ,1	85	105	584
1821	9 ,9	31 ,9	— 8 ,4	52	139	742
1822	11 ,9	32 ,5	—12 ,5	.2	121	675
1823	9 ,2	33 ,1	—13 ,8	51	135	677
1824	10 ,2	32 ,9	— 8 ,1	35	152	912
1825	10 ,5	34 ,4	— 7 ,5	43	110	665
1826	10 ,1	34 ,2	—14 ,4	58	108	582
1827	10 ,0	34 ,7	—21 ,0	64	126	747
1828	10 ,6	33 ,1	— 8 ,1	46	136	631
1829	9 ,3	30 ,0	—14 ,7	91	130	754
1830	9 ,1	31 ,2	—23 ,4	72	116	678
1831	9 ,5	29 ,4	—16 ,5	45	148	939
1832	10 ,5	31 ,9	—11 ,2	73	105	467
1833	10 ,2	33 ,1	—12 ,5	46	126	675
1834	12 ,4	32 ,8	— 5 ,0	46	102	570
						ᵐᵐ
Moyᵉ	9°,9	31°,7	—13°,0	57	121	685

Température. — (Heures d'observation : 6ʰ du matin, midi, 10ʰ du soir.)

Température annuelle moyenne déduite de 32 ans . . . . 9°,8

Hiver . . . . 1°,1 | Été . . . . . 18°,3
Printemps. . 10 ,0 | Automne. . . 10 ,0

Mois le plus froid, janvier. . . . —0°,4
Mois le plus chaud, juillet. . . . 18 ,8
Nombre annuel moyen des jours de gelée (1811-1834) 57

Températures mensuelles moyennes. (1806-1820.)

Janvier. . . —0°,2 | Juillet . . . 18°,5
Février. . . 3 ,0 | Août . . . . 18 ,1
Mars. . . . 5 ,5 | Septembre. 14 ,5
Avril . . . . 9 ,4 | Octobre. . . 9 ,8
Mai. . . . . 15 ,1 | Novembre.. 4 ,9
Juin . . . . 16 ,9 | Décembre.. 1 ,9

Oscillation mensuelle moyenne (1814-1824).

Décembre. . . . . . 19°,55 ⎫
Janvier. . . . . . . 18 ,73 ⎬ Hiver. 17°,78.
Février. . . . . . . 15 ,05 ⎭

Mars . . . . 18 ,90 ⎫
Avril . . . . 22 ,90 ⎬ Printemps 20°,59.
Mai . . . . 19 ,98 ⎭

Juin . . . . 19 ,23 ⎫
Juillet . . . . 19 ,34 ⎬ Été. 18°,04.
Août . . . . 18 ,57 ⎭

Septembre . . . . . 19 ,02 ⎫
Octobre . . . . 17 ,46 ⎬ Automne. 17°,87.
Novembre . . . . . 17 ,03 ⎭

Moyenne. . 18°,82

Oscillation mensuelle maximum (avril 1824). . . . . 29°,4

Oscillation mensuelle minimum (février 1817). . . . . 10°,8

Maximum de chaleur, le 13 juillet 1807. . . . . 35°,8

Minimum, le 3 février 1830. . —23°,4

Pluie. — Quantité annuelle moyenne (1806-1834). 695mm, 2

Pluie par saisons (1806-1820).

Hiver. . 113mm,47 | Été. . . 220mm,13
Printemps 159 ,24 | Automne. 175 ,41

Nombre annuel moyen des jours de pluie (1806-1834). 115

Jours de pluie par saison (1806-1820).

Hiver . . . . 23 j | Été 33j
Printemps . . 29 | Automne . . . 30

Nombre annuel moyen des jours { de neige. . . . 16 / de brouillard . 59 / couverts. . . 138 / sereins. 79

Mois les plus humides : novembre, janvier et décembre.

Mois les plus secs : mai, avril et juin.

Vents. — Fréquence relative, le nombre total étant égal à 1 000 (1806-1820).

Nord . . . . 97 | Sud. 268
N.-E . . . . 237 | S.-O 120
Est . . . . . 58 | Ouest. . . . 39
S.-E . . . . 87 | N.-O 94

Orages. — (1806-1827).

Nombre annuel moyen. 16,40

Orages { d'été . . . . 10,17 / d'hiver 0,04

Pression atmosphérique à 151m,5 au-dessus du niveau de la mer. (Δ) (Heures d'observation : 6h du matin, midi, 10h du soir.)

Hauteur moyenne du baromètre à zéro (1801-1820). 749mm,20

Amplitude de la baisse moyenne depuis le matin jusqu'à 4h du soir (1816-1821). 0mm,80

Ascension depuis 4h du soir jusqu'à 9h du soir 0mm,47

Oscillation mensuelle moyenne
(1814-1824).

mm.
Décembre . . . . . 30,04 ⎫
Janvier. . . . . . . 31,21 ⎬ Hiver. 30mm,21.
Février. . . . . . . 29,37 ⎭

Mars. . . . . 29,04 ⎫
Avril . . . . 24,79 ⎬ Printemps. 24mm,23.
Mai. . . . . 18,85 ⎭

Juin . . . . 14,61 ⎫
Juillet . . . . 14,34 ⎬ Été. 14mm, 33.
Août . . . . 14,05 ⎭

Septembre . . . . . 17,87 ⎫
Octobre. . . . . . . 23,57 ⎬ Automne. 22mm,46.
Novembre . . . . . 25,94 ⎭

Moyenne. . . 22mm,81

Oscillation mensuelle maximum (décembre 1821). 46mm,70

Oscillation mensuelle minimum (juillet 1815). 9mm,47

Oscillation mensuelle moyenne (1811-1824). 22mm,47

Hauteur maximum du baromètre réduit à zéro (1800-1824), le 6 février 1821. . . . . 772mm,88

Hauteur minimum, le 25 décembre 1821 . . . . 714mm,93

Différence. 57mm,95

Bibliographie. — Herrenschneider, Résumé des observations météorologiques faites à Strasbourg de 1811 à 1820, *Mémoires de la Société des sciences, agriculture et arts de Strasbourg*, t. 11, 1823. C.-R. annuels de 1821 à 1827 dans les volumes suivants : ceux de 1828 à 1834 se trouvent dans les *Annuaires du département du Bas-Rhin*. — Morin, *Correspondance pour l'avancement de la météorologie*, 6e et 7e mémoires. — Ch. Martins, sur l'antagonisme entre les variations diurnes du baromètre et ses oscillations mensuelles moyennes, *C.-R. de l'Acad. des sciences*, 11 mars 1844.

HAGUENEAU.

Pluie. (1780-1784.) — Quantité annuelle moyenne. 678mm

Hiver. . . . 127mm | Été. 189mm
Printemps. 143 | Automne. . 219

Nombre moyen des jours de pluie. { Hiver. . . . . 37 / Printemps . . . . . 43 / Été . . . . 44 / Automne . . . . . . 49 / Année. 173

Bibliographie. — Cotte, *Mémoires sur la météorologie*, t. 11, p. 377.

MULHOUSE.

(1777-1784.)

Température. — Moyenne probable de l'année . . . . 10°

Hiver. . . . . 1°,0 | Été. . . . . . 19°,6
Printemps. . 10 ,0 | Automne. . 11 ,5

Oscillation mensuelle moyenne.

Janvier.	20°,0	Juillet.	22°,9
Février.	21 ,9	Août.	21 ,6
Mars.	22 ,6	Septembre.	25 ,0
Avril.	23 ,9	Octobre.	18 ,9
Mai.	25 ,9	Novembre.	17 ,9
Juin.	22 ,0	Décembre.	14 ,3

Oscillation mensuelle moyenne de l'année. 21°,4

Extrêmes de température.

Maximum (1754-1782). . . . . . . 36°,6
Minimum (1759-1782). . . . . . —22 ,4
Le 3 février 1830, le thermomètre descendit à. . . . . —28°,1

Pluie. — Quantité annuelle moyenne d'eau recueillie. 754mm

Hiver.	146mm	Été.	220mm
Printemps.	191	Automne.	197

Maximum de pluie annuelle. . . 988
Minimum de pluie annuelle. . . 645

Nombre annuel moyen des jours de pluie, neige et giboulées (11 ans). . . 164

Hiver	35 j.	Été.	40 j.
Printemps.	45	Automne	44

Minimum annuel . . . . 148 j.
Maximum annuel 181
Jours couverts 130
Jours sereins 170

Vents. — Fréquence relative.

Nord.	112	Sud.	184
N.-E.	199	S.-O.	265
Est.	84	Ouest.	61
S.-E.	184	N.-O.	11

Orages. — Nombre annuel moyen (10 ans). 26

Pression atmosphérique à 240m environ sur la mer. — Hauteur moyenne du baromètre à midi, réduit à zéro. 739mm,69
Oscillation mensuelle moyenne. 20mm,66
En hiver. . 27mm,75 | En été. . . 13mm,02

Bibliographie. — Cotte, *Mém. sur la météorologie*, t. II, p. 469. — *Statistique du Haut-Rhin*, par M. A. Penant. — Kaemtz, *Cours complet de météorologie*, p. 297.

METZ.

Pavé de la place Sainte-Croix à 187m ,9 au-dessus du niveau de la mer (Δ).

(1825-1834).

Température. — Moyenne annuelle déduite de la température de 9h du matin, corrigée d'après les observations de Paris. . . . . 9°,7

Températures horaires.	9h matin.	10 ,2
	midi.	12 ,8
	3h soir.	13 ,6

Maximum, 3 août 1826. . . . . 36°,1
Minimum, 31 janvier 1830. . . — 20 ,5

Pluie. — Quantité annuelle moyenne d'eau tombée. 584mm,7
Maximum (1831). 738
Minimum (1826) 416

Pluie par saisons.

	mm		mm
Hiver.	114,16	Été.	192,67
Printemps.	126,89	Automne.	151,01

Nombre annuel moyen des jours de pluie. 149

Nombre	Maximum (1828)	192 j.
	Minimum (1834)	105

En été . . . . 35 j. | En automne. 38

Pluie suivant les vents.

	mm		mm
N. à O.-N.-O.	584,5	S. à E.-S.-E.	97,1
O. à S.-S.-O.	431,3	E. à N.-N.-E.	192,5

Vents dominants (1779-1785), S.-O., Nord et Ouest.

Pression atmosphérique à 181m,5 au-dessus du niveau de la mer (Δ).

Hauteur moyenne du baromètre réduit à zéro. 745mm,96

Hauteur moyenne à	9h matin.	746,35
	midi.	746,02
	3h soir.	745,52

Période descendante, de 9h matin à 3h soir. 0mm,83

Oscillations mensuelles moyennes.

	mm	
Décembre.	25,85	Hiver. 24mm,27.
Janvier.	26,15	
Février.	24,81	
Mars.	24,74	Printemps. 21mm,58.
Avril	23,71	
Mai.	16,29	
Juin.	17,42	Été. 16mm,03.
Juillet.	13,36	
Août.	17,32	
Septembre	20,51	Automne. 22mm,03.
Octobre.	23,08	
Novembre.	22,51	
Année.	20,98	

Hauteur maximum du baromètre le 6 janvier 1825. . . . . 764mm,04
Hauteur minimum du baromètre le 20 octobre 1825. . . . . 717mm,77

Bibliographie. — Résumé des observations faites de 1825 à 1834, par M. Schuster, *Mém. de l'Acad. royale de Metz*, t. XV, p. 404 (1835). — Cotte, *Mémoires sur la météorologie*, t. II, p. 424.

VERDUN.

Sol du télégraphe à 314m,3 d'altitude (Δ).
(1806-1842.)

Température. — Moyenne annuelle probable. . . . . 9°,7

Pluie. — Nombre annuel moyen des jours de pluie . . . . 149 j.
Nombre maximum 207
Nombre minimum. 100

Bibliographie. — Résumé des observations météorologiques faites de 1806-1842 par M. Varaigne, par M. L. Neucourt. *Mém. de la Société philomatique de Verdun*, t. II, p. 259.

NANCY.
(1782-1820.)

Température. — Moyenne annuelle par la demi-somme du maximum et du minimum absolu de chaque année . 9°,5
Maximum, le 26 juillet 1782. . . 37 ,6
Minimum le 3 février 1830. . . — 26 ,3
Nombre annuel moyen des jours de gelée 68

Pluie. — Quantité annuelle moyenne d'eau recueillie. 568mm,5
Nombre annuel moyen des jours de pluie et de neige. . . . . : . . 114
Jours sereins 94
En 1784, la neige séjourna du 27 décembre au 27 février; elle atteignit l'épaisseur de 42cm.

Vents. (1820-1833.)
Nombre de fois qu'ils soufflent dans l'année.

Nord. . . . . . . 32 | Sud. 53
Nord-est. . . . 65 | Sud-ouest . . . 70
Est. . . . . . . 21 | Ouest. 70
Sud-est. . . . . 8 | Nord-ouest . . 21

Orages. — Nombre annuel moyen . 20
Il tonne surtout en mai, juin et juillet.

Pression atmosphérique. — Hauteur moyenne du baromètre à zéro. . 735mm17

Bibliographie. — Notice sur la météorologie du département de la Meurthe, par le docteur Simonin père, d'après les observations faites de 1782 à 1820 par l'abbé Vaultrin, dans la *Statistique historique du département de la Meurthe*, par Henri Lepage, 1843.

ÉPINAL.
(Deux observations : au lever du soleil et à 2h du soir.) (1823-1832.)

Température. — Moyenne très-probable de l'année . . . . 9°,5
Hiver . . . — 0°,4 | Été . . . . . 18°,3
Printemps . . 10 ,2 | Automne. . . 9 ,7
Extrêmes de température.
(1800-1830.)
Maximum, le 1er juillet 1826 . . 36°,5
Minimum, le 3 février 1830 . — 25 ,6
Nombre annuel moyen des jours de gelée. 86,6

Pluie. — Nombre annuel moyen des jours de pluie. 123
Jours de brouillard 28
Jours sereins 111

Vents régnants : S.-O. et N.-N.-E.
Voyez Parisot. *Mémoires de la Société d'émulation du département des Vosges, mai 1841.*

GENÈVE.
Observatoire à 407m d'altitude (A).

Température. (1816-1841.) — Moyenne annuelle par la demi-somme des maxima et des minima diurnes . . . . 9°,56
Hiver . . . . 0°,73 | Été . . . . . 18°,13
Printemps. . 9 ,28 | Automne . . 9 ,94
Températures mensuelles par la demi-somme des maxima et minima diurnes.
(1826-1841.)

Janvier. . — 0°,86 | Juillet. . . 18°,91
Février . . . 1 ,54 | Août. . . . . 18 ,34
Mars. . . . . 5 ,32 | Septembre. . 14 ,75
Avril. . . . . 8 ,77 | Octobre. . . 10 ,13
Mai . . . . . 13 ,74 | Novembre. . 4 ,92
Juin . . . . . 17 ,10 | Décembre. . 1 ,59

[74] *Extrêmes de température notés par le thermométrographe.*

ANNÉES.	MAXIMA.		MINIMA.	
1826	34°,6	2 août.	— 2 ,°6	13 janvier.
182	36 ,2	30 juillet.	— 18 ,7	25 janvier.
1828	31 ,1	4 juillet.	— 7 ,7	7 janvier.
182	30 ,5	10 août.	— 16 ,5	25 décembre.
1830	32 ,7	5 août.	— 21 ,7	26 décembre.
1831	29 ,6	23 juin.	— 14 ,0	31 janvier. 1er février.
1832	35 ,2	22 août.	— 10 ,5	31 janvier.
1833	32 ,1	26 juin.	— 9 ,5	30 janvier.
1834	31 ,5	14 juillet,	— 9 ,5	21 décembre.
1835	32 ,5	16 juillet.	— 12 ,0	11 et 12 déc.
1836	33 ,4	12 juillet.	— 17 ,2	27 décembre.
1837	32 ,7	16 juin.	— 15 ,0	3 janvier.
1838	31 ,0	5 août.	— 25 ,3	15 janvier.
1839	33 ,9	15 juillet.	— 13 ,3	3 février.
1840	31 ,2	22 juin.	— 12 ,0	16 et 17 déc.
1841	28 ,9	21 juin.	— 17 ,8	10 janvier.

Pluie. — (1801-1831.) Quantité moyenne annuelle. 758mm,0
Hiver . . . 154mm,2 | Été 219mm,3
Printemps. 159 ,8 | Automne . 224 ,7
Nombre annuel moyen des jours de pluie 156

Bibliographie. — Résumé météorologique pour la température, par G. Picot. *Mém. de la Société de physique et d'histoire naturelle de Genève*, t. X, p. 369, 1843. — Schouw, *Climat de l'Italie*, p. 165.

§ 2. *Climat du nord-ouest ou séquanien.*

Limites. — Le climat séquanien règne dans toute la partie de la France comprise entre la frontière du nord depuis Mézières jusqu'à la mer, le contrefort du plateau qui règne de Mézières à Auxerre et le cours de la Loire et du Cher. Assez nettement distinct du climat vosgien, auquel l'éloignement de la mer, la configuration et l'élévation du sol impriment une partie de ses caractères, il se confond insensiblement avec le climat du sud-ouest. Tracer une ligne de démarcation bien tranchée est ici chose impossible ; car prenant pour limite méridionale la Loire depuis son embouchure jusqu'à Tours, et le Cher depuis Tours jusqu'à sa source, nous n'avons eu égard en grande partie qu'à la température et aux modifications qu'elle imprime à la végétation et aux formes des habitations. De même que le climat vosgien est surtout bien caractérisé dans la vallée du Rhin, de même le climat séquanien l'est principalement tout le long de la côte qui s'étend de Nantes à Dunkerque. Le climat vosgien a la plus grande analogie avec celui de l'Allemagne continentale. Le climat séquanien ressemble beaucoup à celui de l'Angleterre et de la Hollande. Le climat vosgien est un climat excessif ou continental ; le climat séquanien est un climat égal ou marin. Il l'est d'autant plus qu'on s'approche davantage des côtes de l'Océan, et à l'extrémité des deux presqu'îles qui s'avancent dans la mer, il revêt tous les caractères d'un climat insulaire.

Température. — La moyenne annuelle des villes de cette région est d'environ 10°,9. La différence entre la température moyenne de l'hiver et celle de l'été est bien moins forte que dans le nord-est de la France ; et cette différence devient d'autant plus faible qu'on s'avance davantage vers l'ouest, comme le montre le tableau suivant.

[75] *Différences entre les moyennes de l'hiver et de l'été.*

VILLES.	DIFFÉRENCES.	NOMBRE des années d'observation.
Bruxelles........	14°,3	10
Arras..........	15 ,3	9
Denainvilliers ..	16 ,5	31
Montmorency...	15 ,7	14
Paris	14 ,1	34
Abbeville.......	13 ,6	3
Angers	12 ,2	7
Saint-Malo.....	13 ,2	5
Cherbourg	10 ,8	3
Brest..........	10 ,8	4
Moyenne.......	13°,6	12

On voit que la différence moyenne entre les saisons extrêmes est bien inférieure à celle de la région vosgienne, où elle s'élève à 18°. Cette moindre différence tient à la fois à ce que les étés sont moins chauds et les hivers moins rudes. Le grand courant océanien appelé *Gulfstream* réchauffe les côtes de France pendant l'hiver, et les rafraîchit pendant l'été. On peut s'en assurer en comparant les maxima et les minima de température à Strasbourg, de 1820 à 1832, par exemple, avec ceux des années correspondantes observés à La Chapelle, près Dieppe, par M. Nell de Breauté, p. 246.

A Dieppe le maximum moyen a été de 29°,0 ; le minimum moyen de — 11°,1.

A Strasbourg le maximum moyen a été de 32°,3 ; le minimum moyen de — 13°,6.

Les hivers, eu égard à leur température, sont intermédiaires entre les hivers rigoureux du climat vosgien et les hivers doux dont on jouit dans le midi de la France. Ainsi, je trouve 3°,95 pour la moyenne de l'hiver des villes du tableau précédent, la dernière exceptée. Dans la vallée du Rhin nous avions 1°,0, et nous trouverons 5°,0 dans le climat girondin. Le nombre des jours de gelée est aussi beaucoup moindre que dans le climat du nord-est, comme nous l'avons déjà vu en analysant ce dernier. Mais il est plus considérable que dans les trois autres régions climatoriales de la France. Annuellement, il s'élève en moyenne à 50 pour les villes de Paris, Bruxelles, Abbeville et Bourges.

Les étés ne sont pas très-chauds dans le nord-ouest ; ainsi, dans la vallée du Rhin, entre Bâle et Strasbourg, leur moyenne est de 18°,5 environ ; elle n'est que de 17°,6 dans la région séquanienne, en prenant la moyenne des villes de Dunkerque, Arras, Abbeville, Paris, Denainvilliers, Cherbourg et Angers. Il est infiniment probable, quoique nous n'ayons pas d'observations directes sur ce sujet, que les variations diurnes du thermomètre vont en diminuant comme son oscillation mensuelle moyenne à mesure qu'on s'approche des côtes.

Pluie. — D'après les observations de Paris, Bruxelles, Cambray, Lille, Troyes, Denainvilliers, Chartres et Bourges, la quantité absolue de pluie qui tombe dans le cours de l'année est de 548ᵐᵐ environ ; elle est moindre que dans la région des Vosges ; mais elle va en augmentant à mesure qu'on marche vers l'ouest. Dans les départements de la Manche, des Côtes-du-Nord et du Morbihan, elle s'élève probablement à 800ᵐᵐ, et à 900 dans celui du Finistère. En même temps, tout le long du littoral les pluies d'automne l'emportent sur les pluies d'été. Dans l'ensemble de la région séquanienne, les presqu'îles exceptées, la quantité d'eau qui tombe en été n'est plus que le cinquième ou le quart de la quantité annuelle. En désignant par 100 la quantité de pluie que la terre reçoit dans tout le cours de l'année, nous trouvons, par 120 ans d'observations à Paris,

Bruxelles et Denainvilliers, les relations suivantes :

Quantité de pluie relative.

Hiver.	21	Été.	30
Printemps	22	Automne.	27

Paris est à peu près sur la limite des deux régions, quoique les pluies d'été l'emportent encore de 20ᵐᵐ sur celles de l'automne. Dans toute la région, c'est en hiver qu'il tombe le moins d'eau, ce qu'on n'observe pas dans le sud-ouest et sur les bords de la Méditerranée.

Jours de pluie. — Nous sommes dans l'impossibilité de donner des détails plus circonstanciés sur ce sujet, parce que l'on manque de renseignements sur la distribution des pluies dans les diverses saisons le long du littoral de la France depuis Nantes jusqu'à Dunkerque. Nous en possédons davantage sur le nombre des jours de pluie que nous extrayons en grande partie des mémoires sur la météorologie de Cotte. Leur nombre annuel moyen est moindre que dans le nord-est. En prenant la moyenne des villes de Cambray, Chartres Denainvilliers, Dunkerque, Lille, Maubeuge, Montargis, Nantes, Orléans, Paris, Rouen, Saint-Brieuc, Saint-Malo, Troyes et Vire, d'après un ensemble de 157 années d'observation, ce nombre ne s'élève qu'à 140 jours. Ce qui prouve la prédominance du nombre des pluies d'automne sur celui des pluies d'été, c'est que le nombre moyen des jours de pluie est de 31 en été, de 37 en automne. A Paris les deux nombres sont égaux (36 et 37), mais sur le littoral le nombre des jours pluvieux en automne l'emporte de beaucoup sur celui des jours pluvieux en été : en effet, à Dunkerque, Abbeville, Rouen, Saint-Brieuc, Saint-Malo et Nantes, il y a en moyenne dix jours de pluie de plus en automne qu'en été.

Vents. — Le vent dominant dans cette région, c'est le S.-O. ; suivant les localités, sa direction se rapproche plus du sud ou de l'ouest, mais c'est toujours dans le quadrant compris entre le sud et l'ouest que le vent souffle pendant un tiers de l'année. Après le sud-ouest, la direction la plus habituelle du vent se trouve dans le quadrant compris entre le nord-ouest et le nord-est. Toutefois les vents de N.-E. et de Nord sont les plus communs, et l'on peut dire avec Howard que le S.-O. et le N.-E. sont les moussons de l'Europe occidentale.

En calculant la moyenne du nombre de fois relatif que les vents d'Ouest et de S.-O. ont soufflé dans les villes de Bruxelles, Paris et Denainvilliers, on trouve que leur rapport de fréquence au nombre total des vents pris pour unité est de 0 ,387 et qu'ils soufflent plus sou-vent que chacun des six autres vents pris deux à deux.

Orages. — Le nombre annuel des orages est moins grand que dans le nord-est, car il varie de 12 à 20, tandis que dans cette dernière région il est de 16 à 24. La plupart de ces orages éclatent en été ; et si l'on prend pour unité leur nombre annuel total, celui des orages d'été est de 0,54 et celui des orages d'hiver de 0,17. Ainsi donc les orages sont moins communs en été que dans le climat vosgien, mais moins rares en hiver. Aussi sous ce double point de vue les deux climats se distinguent-ils nettement l'un de l'autre.

Pression atmosphérique. — Au bord de la mer elle est de 761ᵐᵐ,40. L'amplitude de l'oscillation moyenne de 9ʰ du matin à 3ʰ du soir est moindre que dans le midi et diminue à mesure qu'on s'approche de la mer ; elle est de 0ᵐᵐ,75 à Paris ; de 0ᵐᵐ,38 à Bruxelles ; de 0ᵐᵐ,40 à Cherbourg, et 0ᵐᵐ,36 à La Chapelle (149ᵐ sur la mer, près Dieppe) ; elle est aussi moindre que dans le nord-est et dans le midi de la France loin des côtes.

L'amplitude de l'oscillation barométrique mensuelle moyenne est plus forte que dans l'est et dans le midi, comme le prouve le tableau des col. 207 et 208, dans lequel les huit dernières villes de la région océano-méditerranéenne appartiennent au climat séquanien.

Résumé des caractères du climat séquanien. — Le climat du nord-ouest ou séquanien est un climat égal ou marin, dont les caractères se prononcent d'autant plus qu'on s'approche davantage du bord de la mer. Vers l'est, il prend les caractères d'un climat continental, vers l'ouest ceux d'un climat insulaire ; dans les presqu'îles, dont Cherbourg et Brest occupent les extrémités, il a la plus grande analogie avec celui de l'Angleterre et de l'Irlande.

Les hivers sont moins rigoureux que dans l'est, plus froids que dans le midi. Les étés sont moins chauds que dans l'est et dans le midi : de là une température relativement uniforme dans le cours de l'année, du mois et du jour.

La quantité annuelle de pluie est moindre dans l'est de la région séquanienne que dans la région vosgienne, mais elle est probablement plus forte dans les deux presqu'îles.

Dans l'est de la région, la plus grande quantité de pluie tombe en été ; à l'ouest de Paris, les pluies d'automne commencent à l'emporter sur les pluies d'été, et d'autant plus qu'on se rapproche davantage de l'Océan. La moyenne du nombre des jours de pluie est aussi plus grande en automne qu'en été. Sous ce dernier point de vue, le climat séquanien se rapproche des autres régions climatoriales de la France, celle du nord-est exceptée,

Le nombre annuel des orages paraît être moindre que dans toutes les autres régions de la France; un peu plus de la moitié des orages éclatent en été, les autres au printemps, en automne et en hiver.

L'oscillation diurne du baromètre va en diminuant de l'est à l'ouest; l'oscillation mensuelle en augmentant, et l'amplitude de cette dernière est plus grande que dans l'est et le midi de la France.

[76] PARIS.

Le zéro placé au pont de la Tournelle est à 26ᵐ,2 d'altitude (Δ).

ANNÉES.	TEMPÉRATURE.						NOMBRE DES JOURS		QUANTITÉ de pluie sur l'Observat.
	MOYENNE.	MAXIMUM.			MINIMUM.		de gelée.	du pluie.	
									mm
1806	12°,08	35°,6	11 juillet.		—12°,5	18 décembre.	20	127	489
1807	10 ,76	33 ,6	11 juillet.		— 7 ,4	8 décembre.	58	120	473
1808	10 ,35	36 ,2	15 juillet.		—12 ,2	21 décembre.	72	132	434
1809	10 ,64	31 ,2	17 août.		— 9 ,6	18 janvier.	41	140	490
1810	10 ,62	30 ,7	2 septembre.		—12 ,3	31 janvier.	54	131	437
1811	11 ,97	31 ,0	19 juillet.		—10 ,3	2 janvier.	57	143	597
1812	9 ,89	32 ,8	14 juin.		—10 ,6	9 décembre.	91	133	497
1813	10 ,24	29 ,7	30 juillet.		— 7 ,0	21 janvier.	74	151	502
1814	9 ,80	33 ,8	28 juillet.		—12 ,5	24 février.	70	122	382
1815	10 ,49	30 ,0	5 août.		—10 ,3	20 janvier.	72	141	451
1816	9 ,40	27 ,9	20 juillet.		—10 ,8	11 février.	71	157	546
1817	10 ,41	31 ,0	20 juin.		— 9 ,4	31 décembre.	50	158	573
1818	11 ,39	34 ,5	24 juillet.		— 6 ,4	27 décembre.	62	129	508
1819	11 ,12	31 ,3	5 juillet.		— 6 ,3	8 décembre.	58	145	615
1820	9 ,81	32 ,2	31 juillet.		—14 ,6	11 janvier.	69	112	379
1821	11 ,06	31 ,0	24 août.		—13 ,0	31 décembre.	79	161	584
1822	12 ,10	33 ,8	10 juin.		— 8 ,8	27 décembre.	43	143	424
1823	10 ,40	31 ,3	26 août.		—14 ,6	14 janvier.	50	171	457
1824	11 ,15	35 ,2	14 juillet.		— 4 ,8	14 janvier.	45	193	572
1825	11 ,67	36 ,3	19 juillet.		— 8 ,0	31 décembre.	50	135	464
1826	11 ,44	36 ,2	1ᵉʳ août.		—11 ,5	17 janvier.	51	128	410
1827	10 ,70	33 ,8	2 août.		—11 ,3	23 janvier.	59	143	511
1828	11 ,46	32 ,0	29 juin.		— 7 ,8	10 janvier.	38	163	587
1829	9 ,39	31 ,3	24 juillet.		—17 ,0	24 janvier.	86	160	562
1830	10 ,00	31 ,0	29 juillet.		—17 ,2	17 janvier.	68	160	553
1831	11 ,88	29 ,5	8 juillet.		—10 ,2	31 janvier.	31	163	531
1832	10 ,84	35 ,0	13 août.		— 5 ,9	1ᵉʳ janvier.	50	135	442
1833	10 ,89	29 ,8	2 juin.		— 8 ,5	10 janvier.	45	164	487
1834	11 ,73	32 ,6	12 et 18 juillet.		— 4 ,0	2 février.	43	121	421
1835	10 ,64	34 ,0	23 juillet.		— 9 ,6	22 décembre.	50	134	440
1836	10 ,76	34 ,3	1ᵉʳ juillet.		— 9 ,8	28 décembre.	38	177	607
1837	9 ,94	31 ,1	19 août.		— 8 ,9	2 janvier.	69	154	552
1838	9 ,48	34 ,3	13 juillet.		—19 ,0	20 janvier.	74	159	514
1839	10 ,88	33 ,3	17 juin.		— 8 ,1	1ᵉʳ février.	42	161	580
1840	10 ,28	33 ,0	6 août.		—13 ,2	17 décembre.	74	147	411
1841	11 ,00	33 ,8	26 mai.		—13 ,1	8 décembre.	41	204	557
									mm
Moyennes ...	10°,74	32°,5	19 juillet.		—10°,5	8 janvier.	56	148	502
Écart moyen.	0 ,60	1 ,81	18,2		2,65	14,2	12,8	16,7	57.5

Température. — (Heures d'observation, 9ᵘ matin, midi, 3ᵘ soir, 9ᵘ soir.)

Température moyenne de l'année par la demi-somme des extrêmes journaliers (1806-1841). . . . . 10°,74

La moyenne la plus haute, observée dans cet espace de temps, est celle de 1806, 12°,08 ; la plus basse, celle de 1829, 9°,39. En moyenne, la température d'une seule année diffère de la moyenne générale, 10°,74, de 0°,6.

Température par saisons (33 ans).

Hiver. . .	3°,3	Été.	18°,1
Printemps. .	10 ,3	Automne. . .	11 ,2

Températures mensuelles moyennes (1806-1826).

Janvier. . .	2°,05	Juillet. . . .	18°,61
Février.. . .	4 ,75	Août. . . .	18 ,44
Mars. . . .	6 ,48	Septembre. .	15 ,76
Avril. . . .	9 ,83	Octobre. .	11 ,35
Mai.	14 ,55	Novembre. .	6 ,78
Juin.	16 ,97	Décembre. .	3 ,96

[20] *Variations horaires et mensuelles de la température à Paris.*

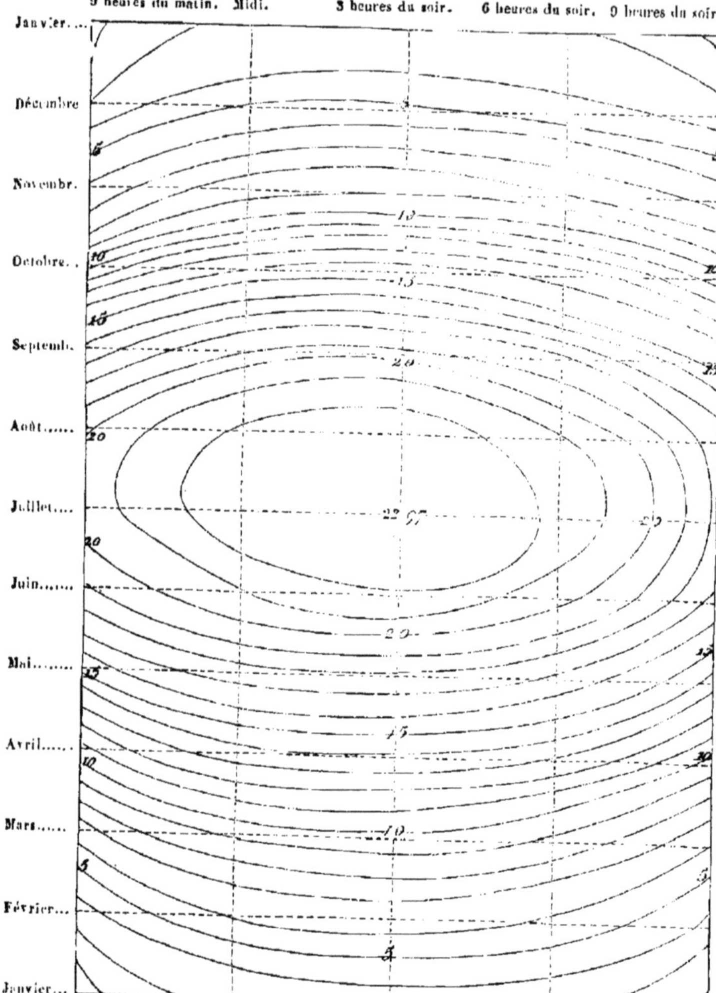

La figure que nous donnons ici est une espèce de *plan topographique* des lignes d'égale température suivant les mois et les heures. Ce plan a été construit sur les résultats de vingt-cinq années d'observation (1816-1840) de l'Observatoire, d'après le système de représentation graphique exposé dans l'appendice à la traduction française de la *Météorologie* de Kaemtz et appliqué là, pour la première fois, aux résultats météorologiques. Pour en comprendre l'usage, il suffit de remarquer, que : 1° les courbes sont numérotées de 5 en 5, et que leur rang exprime des degrés; 2° la température d'un instant déterminé est exprimée par le n° de la courbe sur laquelle on tombe, lorsqu'on suit l'horizontale correspondant à un mois jusqu'à la rencontre de la verticale correspondant à une heure. Ainsi, l'horizontale du mois de mars coupant la verticale de midi un peu après la courbe 9, à un dixième et demi environ de l'intervalle entre les courbes 9 et 10, on en conclut que la moyenne température du mois de mars, à midi, est à peu près 9°,15. L'observation exacte donne 9°,13. Voir aussi la note ci-après, col. 287-288.

Mois le plus froid, janvier (moyenne de 33 ans) . . . . 1°,8

Mois le plus chaud, juillet (moyenne de 33 ans). . . . . 18 ,9

Nombre annuel moyen des jours de gelée (1806-1841). 56

Maxima de froid.

1709, 13 janvier. . . . . . . — 23°,1
1788, 31 décembre. . . . . . . — 22 ,3
1793, 25 janvier. . . . . . . — 23 ,5
1820, 11 janvier. . . . . . . — 14 ,3
1830, 17 janvier. . . . . . . — 17 ,2
1842, 20 janvier. . . . . . . — 19 ,0

Maxima de chaleur.

1793 { 8 juillet. . . . . 38°,4
{ 16 août. . . . . 37 ,3
1802, 8 août. . . . . 36 ,4
1842, 18 août. . . . . 37 ,2

En moyenne, le 8 janvier est le jour où le thermomètre descend le plus bas, et le 19 juillet celui où il s'élève le plus haut. Suivant M. Arago, la Seine ne gèle jamais sans que le thermomètre descende au-dessous de — 9°.

[77] *Températures horaires moyennes.*

MOIS.	TEMPÉRATURES horaires (1816-1840).			DIFFÉRENCE entre les températures extrêmes de la journée (1816-1825).
	9 h. matin.	Midi.	3 h. soir.	
Janvier...	1° 40	3°,35	3°,72	4°,0
Février....	3 ,36	6 ,00	6 ,44	5 ,4
Mars......	6 ,56	9 ,13	9 ,41	6 ,9
Avril	10 ,79	13 ,34	13 ,79	9 ,4
Mai.......	15 ,13	17 ,50	17 ,90	9 ,4
Juin......	18 ,83	20 ,94	21 ,30	9 ,8
Juillet....	20 ,23	22 ,56	22 ,97	9 ,6
Août......	19 ,73	22 ,06	22 ,41	9 ,5
Septembre	16 ,11	18 ,95	19 ,22	9 ,8
Octobre ..	10 ,95	13 ,95	14 ,46	7 ,3
Novembre.	5 ,99	8 ,51	8 ,83	4 ,8
Décembre.	3 ,13	4 ,97	5 ,16	3 ,9
Année....	11°,06	13°,48	13°,86	7°,4

Oscillation mensuelle moyenne,
(Observations thermométrographiques)
(1833-1842).

Décembre. . . . . . 18°,54 }
Janvier. . . . . 20 ,98 } Hiver. 19°,23.
Février. . . . . 18 ,16 }

Mars. . . . . 18 ,79 }
Avril. . . . . 22 ,60 } Printemps 21°,33.
Mai. . . . . 22 ,60 }

Juin. . . . . 23 ,15 }
Juillet. . . . . 21 ,99 } Été. 22°,55.
Août. . . . . 22 ,50 }

Septembre. . . . . . 22 ,24 }
Octobre. . . . . 19 ,48 } Automne. 20°,42.
Novembre. . . . . . 19 ,48 }

Année. . . . . 20°,88

Jour moyen où cette différence atteint son maximum , 29 juillet.

Jour moyen où cette différence atteint son minimum , 29 décembre.

Pluie. — Quantité annuelle moyenne sur la plate-forme de l'Observatoire, à 28ᵐ au-dessus du sol (95 ans). 471ᵐᵐ

Années.	Quantité de pluie.
1689-1698.	527ᵐᵐ
1699-1708.	485
1709-1718.	493
1719-1728.	358
1729-1738.	389
1739-1748.	424
1749-1754.	514
1689-1754.	456ᵐᵐ

Cette quantité annuelle varie beaucoup, car la différence moyenne, entre la moyenne de 1806-1841, et la quantité de pluie qui est tombée dans chacune de ces vingt-cinq années est de 57ᵐᵐ,5. En 1820, on a mesuré 379ᵐᵐ de pluie, c'est le minimum. En 1819, 615ᵐᵐ, c'est le maximum.

Annuellement il est tombé en moyenne une quantité de pluie égale à 86ᵐᵐ de plus entre 1806 et 1841 qu'entre 1709 et 1748.

La quantité recueillie dans la cour de l'Observatoire est plus considérable que celle qui tombe sur la plate-forme, élevée de 28ᵐ au-dessus. La différence moyenne (1817-1842) est de 74ᵐᵐ,59, ou de 0,16 de la quantité totale, ce qui élève à 546ᵐᵐ la quantité annuelle moyenne qui mouille le sol de la cour de l'Observatoire.

Cette quantité est distribuée de la manière suivante entre les diverses saisons, d'après un relevé de 63 années comprises entre 1764 et 1827, dû à M. de Gasparin (Voy. Kaemtz, *Lehrbuch der Meteorologie*, t. I, p. 457).

	mm		mm
Hiver. . . .	116,40	Été.	171,89
Printemps..	140,76	Automne...	134,45

La quantité qui tombe en un jour est en moyenne de. 3ᵐᵐ,61

De 1689 à 1824, il y a eu trois mois sans pluie mesurable, savoir : janvier 1691, février 1725 et janvier 1810 (1).

(1) Eisenlohr a calculé la quantité de pluie qui est tombée par saison, de 1819 à 1840 sur la terrasse de l'Observatoire ; voici ses résultats :

	mm
Hiver.	100 ,64
Printemps.	128 ,25
Été.	140 ,93
Automne.	142 ,30
Année.	511 ,12

Nombre annuel moyen des jours de pluie (1773-1841). 144,5

Extrêmes (1806-1841).

Nombre maximum (1841). 204
Nombre minimum (1820). 112

Nombre annuel moyen des jours de pluie dans les diverses saisons (1806-1826).

Hiver. . . 34 j. | Été . . . . . 36 j.
Printemps . 35 | Automne . . 37

Nombre annuel moyen des jours.
- de neige (1773-1824). 12
- couverts (1806-1826). 184
- nuageux. 181
- de brouillards. . . . 180
- de grêle. 9

[73] **Vents.**

FRÉQUENCE relative (1806 - 1826).	TEMPÉRATURE (11 années) à midi.	HAUTEUR moyenne du baromètre.
		mm
Nord 127	. . . . . 12°,08	. . . . . . 759 ,09
Nord-Est . . 106	. . . . . 11 ,76	. . . . . . 759 ,49
Est. 64	. . . . . 13 ,50	. . . . . . 757 ,24
Sud-Est 65	. . . . . 15 ,25	. . . . . . 754 ,03
Sud 173	. . . . . 15 ,43	. . . . . . 753 ,15
Sud-Ouest . . 181	. . . . . 14 ,93	. . . . . . 753 ,52
Ouest 190	. . . . . 13 ,64	. . . . . . 755 , 7
Nord-Ouest. 94	. . . . . 12 ,39	. . . . . . 757 ,78
		mm
Somme . . . 1000	Moy° 13°,61	Moy° 756 ,22

[21] *Rose thermométrique des vents.*

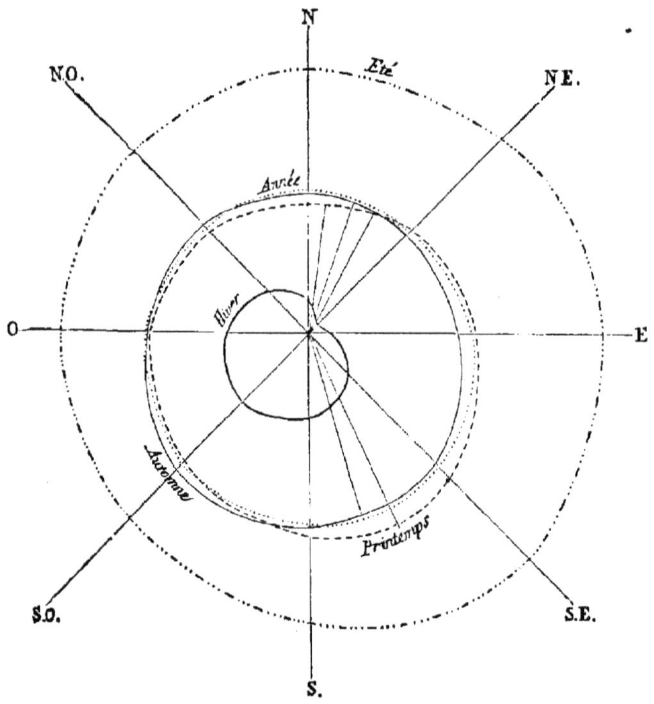

Les degrés du thermomètre correspondant aux différents vents ont été comptés sur les directions de ces vents à l'échelle de 1mm,5 par degré centigrade. Ce nouveau mode de représentation a été aussi donné pour la première fois dans l'*appendice*, à la *météorologie* de Kaemtz, déjà citée.

Le minimum de la rose des vents thermométrique, ou la direction moyenne du vent le plus froid, est N. 18° E. Celle du vent le plus chaud, S. 17° E.

[22] *Rose barométrique des vents.*

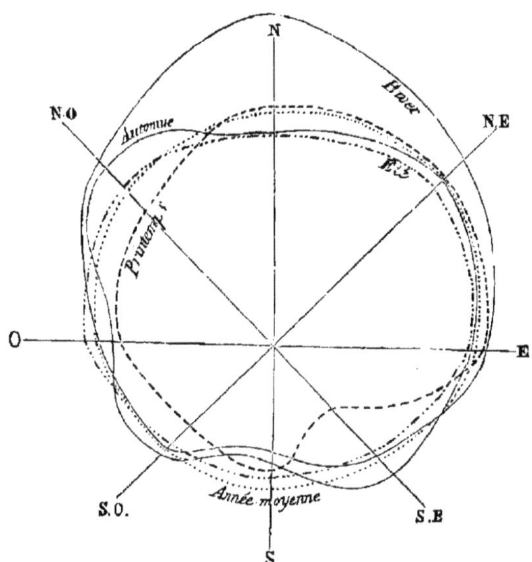

Les hauteurs barométriques ont été comptées à partir du centre de la Rose sur les directions correspondantes des vents, à raison du double après avoir retranché constamment 745 millimètres de toutes ces hauteurs. Voir encore l'*appendice* à la Météorologie de Kaemtz.

Le maximum de la rose des vents barométrique, ou la direction moyenne du vent avec lequel le baromètre se tient le plus haut, est **N.** 24° E. Celle par laquelle il se tient le plus bas est de S. 5° O. Sa hauteur moyenne correspond aux azimuts de S. 76° E. et **N.** 75° O.

Direction moyenne du vent dans chaque saison.

Hiver. . . S. 48° O. | Été. . . . N. 88° O.
Printemps. N. 88 O. | Automne . S. 48 O.

Orages. (1785-1837.) — Nombre annuel moyen. 13,6

Orages par saisons.

Hiver . . . . . 0,3 | Été. 7,6
Printemps. . . 3,8 | Automne. . . . 1,9

Extrêmes.

Nombre { maximum (1811). 25
{ minimum (1823). 6

Pression atmosphérique à 65ᵐ,8 au-dessus du niveau de la mer (Δ).

Hauteur moyenne du baromètre par les observations de 9ʰ matin, midi et 3ʰ soir (1816-1840). 756ᵐᵐ,03

Hauteurs moyennes horaires du baromètre.

(9ʰ matin, midi et 3ʰ soir 1816-1840; 9ʰ soir 1816-1826.)

	à 9ʰ du matin. . . . 756ᵐᵐ,37
Hauteur	à midi. . . . . 756 ,10
moyenne	à 3ʰ soir. . . . . . . 755 ,62
	à 9ʰ soir. . . . . . . 756 ,71

Variation diurne.

9ʰ matin à 3ʰ soir. . . . 0ᵐᵐ,75
3ʰ soir à 9ʰ soir. . . . . 0 ,27

Si nous retranchons la tension de la vapeur d'eau, nous aurons pour la pression de l'air sec, dans les différents mois, les valeurs suivantes (Kaemtz, *Lehrbuch der Meteorologie*, t. 1, p. 333; et t. II, p. 297).

Pression de l'air sec (1816-1826).

	mm		mm
Janvier. . .	753 ,42	Juillet. . .	747 ,60
Février. . .	753 ,01	Août. . . .	746 ,83
Mars. . . .	750 ,98	Septembre.	747 ,36
Avril. . . .	749 ,78	Octobre. . .	746 ,81
Mai.	748 ,18	Novembre.	749 ,92
Juin	749 ,11	Décembre .	750 ,06

Pression moyenne de l'année. . 749 ,42

En hiver, le baromètre se tient plus haut qu'en été de 0ᵐᵐ,50.

Oscillation mensuelle moyenne (1833-1842).

	mm	
Décembre.	26 ,38	} Hiver.
Janvier	32 ,17	} 30ᵐᵐ,33.
Février	32 ,45	}

Mars . . . . 27 ,31 ⎫ Printemps.
Avril. . . . . 23 ,53 ⎬ 23ᵐᵐ,20.
Mai . . . . 19 ,77 ⎭

Juin. . . . . 17 ,07 ⎫ Été.
Juillet. . . . . 16 ,64 ⎬ 17ᵐᵐ,71.
Août. . . . . 19 ,43 ⎭

Septembre . . . . . 22 ,51 ⎫ Automne.
Octobre . . . . 27 ,76 ⎬ 26ᵐᵐ,72.
Novembre. . . . . . 29 ,90 ⎭

Année . . . . 24 ,49

En parcourant vingt années, comprises
entre 1816 et 1826 d'un côté, 1833 et 1842,
de l'autre on trouve que le maximum et
le minimum de la hauteur barométrique
ont été observés dans la même année.

Maximum ⎫ 1821 ⎰ Février . . . 780ᵐᵐ,89
Minimum ⎭ ⎱ Décembre. . 713 ,26

Différence. 67ᵐᵐ,63

La différence moyenne entre le maximum et le minimum annuels est de 42ᵐᵐ,50
d'après M. Eisenlohr, qui a comparé les
années 1819 à 1840.

M. Dove (*Annales de Poggendorff*, t. XIII,
p. 305) a étudié la relation qui existe à
Paris entre la hauteur barométrique et la
pluie. Il est arrivé à cette loi générale que
le baromètre baisse quand il pleut par
des vents d'Est, mais qu'il monte quand
il pleut par des vents d'Ouest.

Bibliographie. — *Mém. de l'Acad. des
sciences*, de 1713 à 1754, et de 1786 à 1789.
— *Connaissances des temps*, de 1788 à 1844 ;
Cotte, *Mém. sur la Météorologie*, t. II,
p. 489 ; — Arago, Résumés des années 1816
à 1830, *Ann. de chimie et de physique*,
t. III à XLV, et *Annuaires* pour 1822, 1824,
1825 et 1838. — Bouvard, Mémoire sur
les observations météorologiques faites à
l'Observatoire de Paris, *Mém. de l'Acad.
des sciences*, t. VII, p. 266 (1827). — *C.-R.
de l'Acad. des sciences*, 1836-1843, t. IV,
p. 659 et 822 ; t. XIII, p. 638. — Kaemtz,
Lehrbuch der Meteorologie, t. I, p. 127,
222, 243, 457 et 491 ; t. II, p. 11, 13, 28,
35, 297, 300, 353, 354, 361 ; *Cours complet
de météorologie*, traduction française,
p. 171 et 182. — Eisenlohr Untersuchungen
über das Klima von Paris, *Ann. de Poggendorff*, t. LX, p. 161, 1843.

DUNKERQUE.
(1781-1783.)

Température. — Moyenne annuelle,
environ . . . . 9°, 4
Hiver. . . . 3°,35 | Été . . . . . 17°, 6
Nombre annuel moyen des jours de
pluie 126
Vents dominants : S.-O., Nord, N.-O.
et N.-E.

Bibliographie. — Cotte, *Mém. sur la
météorologie*, II, p. 332, et *Traité de météorologie*, p. 359. — Kaemtz, *Cours complet de
météorologie*, p. 171. — Delezenne, *Mém.*

de la Société des sciences, de Lille, 1848.

BRUXELLES.
(1833-1842.)

Température. — Moyenne annuelle
générale, par la formule de Kaemtz. (*Cours
complet de météorologie*, p. 22). . . 10°,0

Températures moyennes annuelles par
la même formule.

1833	10°,0	1838	8°,9
1834	11 ,8	1839	10 ,3
1835	10 ,3	1840	9 ,4
1836	10 ,4	1841	10 ,2
1837	9 ,5	1842	9 ,9

Températures par saisons.

Hiver. . . .	3°,3	Été.	17°,3
Printemps . .	8 ,8	Automne. . .	10 ,6

Maximum de froid . . . . — 18°,8
Maximum de chaleur . . . . 33 ,1
Nombre annuel moyen des jours de ge-
lée. 50

Pluie. — Quantité annuelle moyenne de
pluie et de neige 700ᵐᵐ
Hiver. . . 154ᵐᵐ,3 | Été 192ᵐᵐ,2
Printemps. 152 ,8 | Automne. . 200 ,6

Nombre annuel ⎧ pluie 176
moyen ⎨ neige 20
des jours de ⎪ grêle 8
⎪ brouillard 50
⎩ tonnerre. 11

Vents. — Fréquence relative.
Nord . . . . . 63 Sud 104
N.-E. . . . . 164 S.-O. 285
Est . . . . . . 71 Ouest 181
S.-E. . . . . . 46 N.-O. 86
Direction moyenne du vent par la for-
mule de Lambert. . . . . S. 75° O.

Pression atmosphérique à 59ᵐ sur la
mer. — Hauteur moyenne du baromètre à
midi. 756ᵐᵐ22
Amplitude de la variation diurne de 9ʰ
mat. à 4ʰ soir. 0ᵐᵐ,38

Bibliographie. — Je dois ces précieux
renseignements à l'obligeance du savant
directeur de l'Observatoire, M. Quételet.
Voy. aussi les *Mémoires de l'Acad. royale
de Bruxelles* et le *Bulletin des séances* de
cette société savante.

LILLE.

Sol du dôme de la Madeleine à 23ᵐ,7
au-dessus du niveau de la mer (A).

Température. — Moyenne de l'année
conclue de 516 observations à 9ʰ du matin, au moyen de la différence qui existe à
Paris entre la moyenne de cette heure et
la moyenne de la journée. . . . . . 9°,7
Pluie. (1777-1784.) — Quantité annuelle
moyenne 571ᵐᵐ,7
Été. . . . 171ᵐᵐ,75 | Automne . 171 ,7
Nombre annuel moyen des jours de
pluie 169

Vents dominants : S.-O., Sud et N.-E.

Bibliographie. — Cotte, *Mém. sur la météorologie*, II, p. 402. — Delezenne, Rapport de la commission de météorologie, *Mém. de la Société des sciences, de Lille*, 1844.

CAMBRAY.

Sol de la tour de St-Géry à 53^m,4 au-dessus de la mer. (1777-1784.)

Pluie. — Quantité par saisons.

Hiver . . . 55^{mm},49 | Été. . . . 149^{mm},60
Printemps. 82 ,35 | Automne. 134 ,30

Nombre annuel moyen des jours de pluie 122

Bibliographie. — Cotte, *Mém. sur la météorologie*, t. II, p. 292.

ABBEVILLE.

Température. — Moyenne annuelle par la demi-somme de maxima et minima diurnes de 1840 et 1841. . . . . 9°,4
Hiver (1839-1842) . . . . 3 ,0
1840 (Printemps . . . . 11 ,8
et) Été . . . . 15 ,4
1841 (Automne. . . . . 7 ,4

Nombre annuel moyen des jours de gelée (1833-1841). 66

Pluie. — (1833-1841.) Nombre annuel moyen des jours pluvieux. 175

Hiver . . . . 39 j. | Été . . . . . 45 j.
Printemps. . 39 | Automne . . 52 j.

Ce tableau suffit pour montrer la prédominance des pluies automnales.
Jours de neige. 25
Grêle ou grésil 22

Vents. — Nombre de jours pendant lesquels chaque vent souffle dans l'année.

Nord. . . . . 31 j. | Sud . . . . . 32 j.
N.-E. . . . . 64 | S.-O. 75
Est . . . . . 30 | Ouest 47
S.-E. . . . . 31 | N.-O. 56

Orages. — Nombre annuel moyen des jours de tonnerre 25

Hiver . . . . . 1,9 | Été 10,5
Printemps. . . 6,4 | Automne . . . 6,2

Bibliographie. — Brion, Observations pour servir à la météorologie d'Abbeville, *Mémoires de la Société royale d'émulation d'Abbeville*, 1841-1842.

LA CHAPELLE.

A 149^m d'altitude, près Dieppe.

Température. — Moyenne de l'année par 9^h mat. et 9^h soir . . . . 9°,32
Moyennes horaires (12000 observations).

9^h mat. . . . 10°,05 | 3^h soir. . . . 12°,26
Midi. . . . . 12 ,39 | 9^h soir. . . . 8 ,58

[79] *Extrêmes annuels de température.*

ANNÉES.	MAXIMUM.		MINIMUM.	
1820	26 juin . . .	26°,7	15 janvier.	—17°,7
1821	24 août . . .	29 ,4	1er janvier	—13 ,8
1822	21 août . . .	30 ,7	30 décemb.	— 9 ,9
1823	25 août . . .	27 ,5	22 janvier.	—11 ,1
1824	14 juillet..	32 ,9	13 janvier.	— 5 ,6
1825	18 juillet..	33 ,5	29 décemb.	— 3 ,1
1826	2 août . . .	30 ,1	10 janvier.	—13 ,2
1827	2 août . . .	30 ,3	18 février.	—11 ,4
1828	3 juillet. .	28 ,2	10 janvier.	— 7 ,5
1829	14 juillet..	27 ,8	23 janvier.	—13 ,3
1830	28 juillet..	28 ,3	3 février .	—19 ,8
1831	7 juillet..	24 ,0	31 janvier.	— 7 ,0
1832	9 août . . .	27 ,7	1er janvier	— 7 ,5

Vents. — Nombre de jours que chaque vent souffle dans l'année.

Nord. . . . . 36 j. | Sud. . . . . . 37 j.
N.-E. . . . . 41 | S.-O. 93
Est. . . . . . 23 | Ouest 48
S.-E. . . . . 31 | N.-O. 52

Pression atmosphérique. — Amplitude de la période barométrique descendante de 9^h mat. à 3^h soir . . . . 0^{mm},36

Orages. — (10 années.) Nombre annuel moyen. 16
Hiver . . . . . 1,4 | Été 7,3
Printemps. . . 4,2 | Automne . . . 2,8

Bibliographie. — Nell de Breauté dans *l'Almanach indicateur de Dieppe* pour 1835. — Arago, *Comptes-rendus de l'Académie des sciences*, XIII, p. 638, et *Annuaire* pour 1838, p. 411.

LAON.

Sol de la tour de l'Horloge à 180^m,5 au-dessus de la mer (A). (1750 à 1781 et 1784.)

Nombre moyen des jours de (pluie. 110
  (neige. 15
  (gelée. 60
  (brouillards. . . 35
  (tonnerre. . . . 36

Bibliographie. — Cotte, *Mém. sur la météorologie*, t. II, p. 388.

ROUEN.
(1778-1780 et 1783-1785.)

Température. — Maximum. . 32°,3
           Minimum . . — 10°,3

Pluie. — Nombre annuel moyen des jours de pluie. 121
Été . . . . 21 j. | Automne. 39 j.

Orages. — Nombre annuel moyen des jours de tonnerre (1824-1829). 15

Bibliographie. — Cotte, *Mém. sur la météorologie*, II, p. 531 ; Morin, *Correspondance météorologique* (1824-1834), 5e mémoire, p. 48 et 60 ; 6e, p. 82, et 7e, p. 42.

CHERBOURG.
(1838-1840 et 1842.)

Température. — Moyenne annuelle probable. . . . . 11°,1
Hiver (1838-1840). . . . . 5°,7
Été id. . . . . 16°,5
Pression atmosphérique. — Amplitude de l'oscillation barométrique de 9ᵘ mat. à 3ᵘ soir 0ᵐᵐ,4
Bibliographie. — Arago, *C.-R. de l'Acad. des sciences*, XIII, p. 637. — Lamarche, *ibid.*, t. XVI, p. 512.

VIRE.
(1775-1780.)

Température. — Minimum absolu en 1776. . . . . —15°,0
Maximum absolu en 1780. . . 33°,1
Pluie. — Nombre annuel moyen des jours de pluie. 135
Bibliographie. — Cotte, *Mém. sur la météorologie*, t. II, p. 593.

SAINT-BRIEUC.
(1778-1785.)

Température. — Minimum absolu en 1783 et 1784. . . . . —8°,8
Maximum absolu en 1783 . . . . 31 ,3
Pluie. — Nombre annuel moyen des jours de pluie. 122
Bibliographie. — Cotte, *Mém. sur la météorologie*, t. II, p. 533.

CHALONS-SUR-MARNE.
(1825 et 1827-1829.)

	Maxim.	Minim.
Température. 1827	33°,7	— 17°,5
1828	35 ,3	— 5 ,0
1829	32 ,5	— 15 ,0

Pluie. — Quantité annuelle moyenne d'eau recueillie 475ᵐᵐ

Bibliographie. — *Mém. de la Société d'agriculture, sciences et arts de la Marne.*

CHARTRES.
Sol de la cathédrale à 157ᵐ d'altitude (A).
(1777-1784.)

Pluie. — Quantité annuelle moyenne, d'après M. de Gasparin. 541ᵐᵐ
Nombre annuel moyen des jours de pluie 139
Cotte, *Mém. sur la météorologie*, t. II, p. 305.

DENAINVILLIERS, près Pithiviers.
À 120ᵐ au-dessus de la mer.
(Heures d'observat. 8ᵘ mat., 2ᵘ soir, 9ᵘ soir. 1748-1778.)

Température. — Moyenne de l'année par les heures d'observation . . . . 11°,1
Hiver. . . . 2°,85 | Été. . . . . 19°,32
Printemps. 10 ,05 | Automne. . 10 ,68
Mois le plus froid janvier. . . — 1°,5

Mois le plus chaud, juillet. . . 20 ,0
Minimum, le 29 janvier 1776. . — 17°,5
Maximum, le 25 juillet 1778. . 36 ,9
Minimum moyen. . . . . — 10°,6
Maximum moyen. . . . . 33 ,8
Pluie. — Quantité annuelle moyenne d'eau recueillie 480ᵐᵐ,7

	mm		mm
Hiver. . . .	105,2	Été.	152,6
Printemps .	99,0	Automne . .	123,9

Nombre annuel moyen des jours de pluie. 115
Vents. — Fréquence relative.

Nord.	181	Sud.	221
N.-E.	193	S.-O.	311
Est.	40	Ouest.	13
S.-E	11	N.-O.	30

Direction moyenne. . . . . . S. 30°O.
Orages. — Nombre annuel moyen. 21
Bibliographie. — Cotte, *Mém. sur la météorologie*, II, p. 323. — Kaemtz, *Lehrbuch der Meteorologie*, I, p. 222 et 252; II, p. 61. Schouw, *Climat de l'Italie*, p. 172.

AUXERRE.
(1767-1772.)

Température. — Maximum absolu en 1772 . . . . 35°,8
Minimum absolu en 1768. . . — 19 ,3
Pluie. — Quantité annuelle moyenne d'eau recueillie 628ᵐᵐ,0
Bibliographie. — Lettre de M. Pasumot au *Journal de Physique*, t. VII, p. 38, 1776.

ORLÉANS.
Sol de l'église de Sainte-Croix à 116ᵐ,3 d'altitude (A). (1780-1782.)

Pluie. — Nombre annuel moyen des jours de pluie. 124
Orages. — Ils viennent entre le sud et l'ouest-nord-ouest; il y en a eu 64 de 1811 à 1827. Le terrain ravagé par la grêle est allongé dans le sens de la route de l'orage.

Bibliographie. — Cotte, *Mém. sur la météorologie*, t. II, p. 486. — Tristan, *Sur la marche des orages dans le département du Loiret, Annales de la Société royale des sciences, d'Orléans*, t. IX, p. 1, 1829.

PONT-LE-VOY, près de Blois.
Température. (1838-1840.) — Moyenne annuelle par les observations de 6ᵘ mat., 10ᵘ mat., 2ᵘ soir et 6ᵘ soir. . . . 12°,2
Hiver. . . . . 4°,3 | Été . . . . . 20°,9
Printemps . . 11 ,3 | Automne . . 12 ,4
Pluie. — (58 mois compris entre 1837 et 1843.)
Quantité annuelle moyenne. 936ᵐᵐ,1
Hiver . . . 207ᵐᵐ,2 | Été 222ᵐᵐ,3
Printemps. 201 ,0 | Automne . 305 ,6

N. Je dois ces observations à l'obligeance de M. Noel, professeur de physique au collége de Pont-le-Voy.

BOURGES.

Sol de l'église de Saint-Étienne à 156^m,3 d'altitude (A).

Température. — Maxima de froid.

1789. . . . — 23°,1	1820. . . . — 17°,5
1795. . . . — 20 ,0	1829. . . . — 20 ,0
1798. . . . — 18 ,8	1838. . . . — 19 ,4

Les maxima de chaleur dépassent rarement 32° à 35°.

Le nombre annuel moyen des jours de gelée est de 25 environ.

Pluie. (19 ans.) — Quantité annuelle moyenne. . . . . 515^{mm}

Hiver . . . 92^{mm},5	Été . . . . 162^{mm},4
Printemps. 92 ,5	Automne . 169 ,2

Nombre annuel moyen des jours de pluie. 101
Jours screins. 135

Vents. — Nombre de jours ou de demi-jours que chaque vent a soufflé.

Nord. . . . . 44 j.	Sud . . . . . 35 j.
N.-E. 34	S.-O. 58
Est. 36	Ouest 97
S.-E. 34	N.-O. 74

Orages. — Leur nombre annuel est de 15 à 16 environ.

Bibliographie. — *Mémoire pour servir à la statistique du département du Cher*, par M. J.-M. Fabre.

ANGERS.

Sol de la cathédrale à 47^m d'altitude (A).

Température. — Moyenne annuelle de 1820 à 1825 et 1842. . . . . . . 12°,31

Hiver. . . . 5°,98	Été. . . . . 18°,12
Printemps . 11 ,57	Automne. . 13 ,13

Pluie. — Quantité annuelle moyenne (3 ans). . . . . 520^{mm}

Vents dominants : S.-O., Ouest et Nord.

Bibliographie. — *Statistique du département de Maine-et-Loire*, par le docteur Guépin.

NANTES.

Sol de la cathédrale à 18^m,8 d'altitude (A). (1777-1782.)

Température. — Moyenne annuelle probable . . . . 12°,6

Hiver . . . . 4°,9	Été . . . . . 20°,9
Printemps. . 12 ,5	Automne . . 13 ,1

Oscillation mensuelle moyenne.

Hiver . . . . 13°,1	Été . . . . . 17°,3
Printemps. . 18 ,0	Automne . . 15 ,0

Températures extrêmes (1824-1834).

Maximum. . . 40°1 | Minimum. . — 15°6.

Pluie. — Nombre annuel moyen des jours de pluie. 122
Vents dominants : S.-O., Est, Nord-Est.

Pression atmosphérique. — (1777-1782.) Oscillation mensuelle moyenne.

Hiver . . . 28^{mm},81	Été . . . . 15^{mm},34
Printemps, 22 ,21	Automne . 24 ,82

Bibliographie. — Cotte, *Mém. sur la météorologie*, t. II, p. 476. — Morin, *Correspondance météorologique*, 5e, 6e et 7e mémoire.

§ 3. *Climat du sud-ouest ou girondin.*

Limites. — Ce climat est celui de toute cette grande région qui s'étend depuis la Loire et le Cher jusqu'aux Pyrénées. Le manque total d'observations empêche de tracer ses limites à l'ouest et de dire s'il règne aussi sur le plateau central de l'Auvergne. Cette dernière opinion est la plus probable, car le climat rhodanien parait être limité à la vallée de la Saône et du Rhône depuis Dijon jusqu'à Viviers. Le climat girondin participe à la fois du climat séquanien et du climat rhodanien, tandis qu'il a moins d'analogie avec les climats du nord-est et de la Provence. Tout ce que nous dirons de ce climat est surtout applicable à la partie méridionale du bassin de la Loire et à celui de la Garonne, de la Gironde et de l'Adour.

Température. — La température moyenne générale des localités où elle a été bien observée est de 12°,7 et par conséquent plus élevée de deux degrés environ que dans le nord-ouest de la France. Ce climat est plus continental que le climat séquanien, car la différence moyenne entre l'hiver et l'été est de 16° et par conséquent supérieure de deux degrés et demi à la même différence dans le climat séquanien (*voyez* col. 229). Cette particularité s'explique fort bien si l'on réfléchit que les deux presqu'îles de l'Armorique et du Cotentin qui s'avancent dans l'Océan, impriment au climat séquanien tous les caractères des climats insulaires ou marins. La région du sud-ouest, au contraire, est limitée par un rivage presque rectiligne dirigé du nord au sud, de l'embouchure de la Loire à celle de l'Adour, sans presqu'îles, sans promontoires qui s'avancent dans l'océan : de là cette prédominance du caractère continental. Ainsi donc, sous ce point de vue, le climat girondin forme le passage entre ceux de l'est et celui du nord-ouest. La différence plus grande qui existe entre les deux saisons extrêmes tient surtout à ce que les étés deviennent plus chauds. En effet, la moyenne des étés de la région du sud-ouest (20°,6) est supérieure de trois degrés à celle des étés du nord-ouest, tandis que la différence des hivers n'est que d'un degré en faveur du climat girondin où leur moyenne est de 5° environ. Les hivers n'étant guère plus doux que dans le nord-ouest de la France, et les étés étant plus chauds, le climat devient nécessairement plus excessif.

La considération du nombre des jours de gelée est d'accord avec les inductions tirées de l'observation du thermomètre. Ainsi à Toulouse et à Pau le nombre des jours de gelée est encore égal à la moitié de celui de Paris. Cette circonstance suffit pour expliquer pourquoi l'olivier et la plupart des plantes qui l'accompagnent ne se retrouvent pas dans le sud-ouest de la France. Le thermomètre y descend souvent assez bas ; en effet le minimum moyen des villes de Poitiers, La Rochelle, Agen, Toulouse et Pau est de — 12° environ. Les chaleurs y sont aussi quelquefois très-fortes, car la moyenne des maxima est de 35°. On aurait tort de comparer ces moyennes, qui ne sont que des approximations, aux nombres rigoureux que présente le résumé de trente-six ans pour le climat de Paris. Cependant elles suffisent pour établir que la température du sud-ouest est en moyenne plus élevée que celle du nord-ouest, mais qu'elle est en même temps plus extrême, parce que les étés sont plus chauds sans que les hivers soient infiniment plus doux, surtout dans le voisinage du massif de l'Auvergne et de la chaîne des Pyrénées.

Pluie. — La quantité absolue de pluie qui tombe dans l'année, mais surtout sa distribution dans les diverses saisons, va nous fournir d'excellents caractères pour distinguer le climat girondin de tous les autres climats de la France.

Examinons d'abord la quantité annuelle moyenne, en excluant toutes les séries qui ne comprennent pas au moins dix ans. Nous nous trouvons ainsi réduits à cinq points, Poitiers, La Rochelle, Saint-Maurice-le-Girard, Bordeaux et Espalais, où l'ensemble des années d'observations est de 177 ans. La quantité annuelle moyenne tombée sur ces points est de 586ᵐᵐ, quantité à peu près égale à celle qui tombe dans la région du nord-ouest, en faisant abstraction des presqu'îles armoricaines et du Cotentin. Vers les Pyrénées, la quantité de pluie augmente beaucoup, et cette chaîne de montagnes produit ici un effet analogue à celui de l'Océan. Ainsi donc, en résumé, la terre reçoit au moins autant de pluie dans le sud-ouest que dans le nord-ouest, mais elle en reçoit moins que dans le nord-est, la vallée du Rhône et la région méditerranéenne.

La distribution dans les saisons est aussi fort différente. Quoique dans son excellent Atlas de géographie physique, pl. 10, M. Berghaus prolonge au delà de la Loire, jusqu'à Clermont, la région des pluies d'été, on peut dire d'une manière générale que dans le sud-ouest la plus grande quantité de pluie tombe en automne. En prenant les cinq villes déjà citées, et désignant par 100 la quantité de pluie que la terre reçoit dans toute l'année, je trouve en nombres ronds, pour les quatre saisons, les relations suivantes :

Quantité de pluie relative.

Hiver.	25	Été.	23
Printemps. . .	21	Automne. . . .	34

Dans cette région, les saisons doivent donc être rangées dans l'ordre suivant, eu égard aux quantités de pluie : automne, hiver, été et printemps. Tandis que dans le nord de la France nous avions trouvé, un ordre différent, savoir : été, automne, printemps et hiver. Remarquons aussi que dans le sud-ouest la prédominance des pluies d'automne est bien plus grande que celle des pluies d'été dans le nord.

Jours de pluie. — D'après un ensemble de 146 années d'observations à Poitiers, La Rochelle, Saint-Maurice-le-Girard, Bordeaux et Toulouse, le nombre annuel moyen des jours de pluie est moindre que dans le nord-ouest, puisqu'il ne s'élève qu'à 130. Ce résultat est d'autant plus probable qu'il se trouve parfaitement d'accord avec cette loi générale que les pluies sont d'autant plus abondantes qu'on s'approche davantage de l'équateur. Aussi nous voyons que la quantité d'eau annuelle restant à peu près la même, le nombre des jours de pluie diminue. On peut s'assurer en consultant, p. 254, le relevé de 50 années fait par M. Fleuriau de Bellevue pour La Rochelle, que le nombre relatif des jours de pluie dans les diverses saisons correspond assez bien aux quantités de pluie saisonnières, quoiqu'il laisse apercevoir qu'en automne, par exemple, les pluies sont plus abondantes qu'en hiver, résultat conforme à l'expérience universelle.

Vents. — La fréquence relative des vents ne nous fournira point de caractères bien tranchés pour distinguer le climat girondin du climat séquanien. La région que nous étudions est aussi sous l'empire des vents de S.-O. Néanmoins, à mesure qu'on s'avance vers le sud, les Pyrénées forment une barrière qui arrête ces vents, et ceux d'Ouest deviennent alors prédominants. Ainsi, dans le nord de la France, à Bruxelles, Paris et Denainvilliers, sur un nombre total de 1 000 fois que le vent a soufflé, il venait 259 fois du S.-O.; à La Rochelle, 274 fois; mais à Toulouse ce nombre tombe à 56, tandis que la fréquence des vents d'Ouest, qui, au nord de la Charente, soufflent en général moins souvent que les vents de S.-O., l'emporte à Toulouse sur celle des vents de S.-O. Du reste, dans cette ville, ce sont les vents de S.-E. et de N.-O. qui prédominent, d'après M. Kaemtz. Suivant M. Fournet, ce seraient ceux d'Ouest, de N.-O. et de S.-E. Toujours est-il que ceux de S.-O. ne sont plus dominants comme dans le centre et le nord de la France. À Pau, les vents dominants paraissent être le Nord et le N.-O.

Orages. — Plus communs que dans le nord-ouest de la France, les orages le sont moins que dans le nord-est et le sud-est. Leur nombre varie entre 15 et 20, et la plupart éclatent pendant l'été. On trouvera plus loin l'indication de leur fréquence à La Rochelle et à Poitiers.

Pression atmosphérique. — Au bord de la mer le baromètre est un peu plus haut que dans le nord de la France; mais la différence n'a pas encore été suffisamment étudiée. La variation diurne est en général plus forte, surtout dans l'intérieur des terres, et l'amplitude de l'oscillation mensuelle moyenne moindre que dans le nord (voy. p. 207).

Résumé des caractères du climat girondin. — Une température moyenne plus élevée que dans le nord, moindre que dans la Provence et le Languedoc; un climat plus excessif que dans le nord-ouest, plus égal que dans le nord-est et le sud-est; la prédominance des pluies d'automne et d'hiver, celle des vents de S.-O. et de N.-E. dans le nord de la région, de N.-O. ou de S.-E. dans le sud; 15 à 20 orages annuels, voilà ce qui caractérise spécialement le climat girondin, qu'on peut appeler à juste titre le climat moyen de la France, tandis que les climats vosgien et méditerranéen sont ses climats extrêmes.

POITIERS.

Sol de l'église de Saint-Porchaire, à 118^m d'altitude (4).

(Heures d'observat. Lever du soleil : 2^h soir, 9^h soir.)

Température. (1809-1813.)—Moyenne annuelle par les heures d'obs. . . 11°,62

Hiver	4°,4	Été	18°,5
Printemps	11 ,2	Automne	12 ,4

Mois le plus froid, janvier. . . 1°,5
Mois le plus chaud, juillet. . . 19 ,0

Extrêmes de température.

Minimum, le 26 janvier 1812. — 12°,4
Maximum, le 5 juillet 1813. . . 31 ,5

Pluie (1778-1818). — Quantité annuelle moyenne . . . . 580^{mm},46

	mm		mm
Hiver	116 7	Été	125,0
Printemps	134,3	Automne	174 6

Vents. (1809-1813.) — Nombre annuel moyen de jours pendant lequel chacun d'eux a régné.

Nord	54.3 j.	Sud	81,9 j.
N.-E.	32,3	S.-O.	46,1
Est	45,9	Ouest	84 5
S.-E.	2,4	N.-O.	17,6

Orages. (1809-1813.) — Nombre annuel moyen. 20

Hiver	1,6	Été	8 6
Printemps	5 8	Automne	3,8

Bibliographie. — Pour les vents, la température et les orages, cette notice a été rédigée d'après un relevé comprenant les années 1809 à 1813, que M. Allard, ingénieur des ponts et chaussées, a eu l'obligeance de faire sur le registre météorologique manuscrit du docteur de La Mazière, et d'après dix an nées du même observateur consignées dans Cotte, *Mém. de météorologie*, t. II, p. 510. — Pour les quantités de pluie, M. Bienaymé a bien voulu me communiquer le relevé de 41 années d'observation qu'il a fait sur les mêmes manuscrits.

LA ROCHELLE.

Sol de la Lanterne, à 24^m,9 au-dessus de la mer (4).

Température. (1777-1793.)— Moyenne annuelle calculée par Mahlmann, d'après Seignette . . . . 11°,6

Hiver	4°,2	Été	19°,4
Printemps	10 ,6	Automne	11 ,5

Mois le plus froid, décembre. . 2°,9
Mois le plus chaud, juillet. . . 20 2
Minimum absolu. . . . . —16 ,5
Maximum absolu. . . . . 34 ,4
Oscillation thermométrique mensuelle moyenne. . . . . 16°,10

Pluie. — (1777-1793 et 1810-1842.)
Quantité annuelle moyenne de ces 50 années. . . . . 656^{mm}

Hiver	175^{mm}	Été	126^{mm}
Printemps	132	Automne	223

Nombre annuel moyen des jours de pluie. 139

Hiver	37	Été	31
Printemps	33	Automne	38

Vents. (1783-1790.) — Fréquence relative.

Nord	91	Sud	104
N.-E.	270	S.-O	274
Est	57	Ouest	89
S.-E.	31	N.-O.	81

Direction moyenne . . . . . N. 72° O.

Orages. (1783-1790.) — Fréquence relative.

Hiver	17,3	Été	42,3
Printemps	14,3	Automne	26,1

Grêle. — Fréquence relative.

Hiver	40,5	Été	85,5
Printemps	40,5	Automne	20,7

Bibliographie. — *Ephemerides societatis meteorologicæ palatinæ*, t. I à VII, 1782 à 1787 — Kaemtz, *Lehrbuch der Meteorologie*, t. I, p. 135, 222, et t. II, p. 46, 48, 455 et 508. — *Cours complet de météorologie*, p. 176. — Fleuriau de Bellevue, Notice sur les quantités de pluie tombées pendant 50 ans à La Rochelle, *C.-R. de l'Acad. des Sciences*, t. XVII, p. 581, 1843.

CHINON.
Sol de la tour de l'Horloge à 82^m,4 d'altitude (Δ) (1777-1784).

Température. — Minimum absolu en 1783. . . . . — 18°,8
Maximum en 1782. . . . . 35°,0

Pluie. — Nombre annuel moyen des jours de pluie 124

Bibliographie. — Cotte, *Mém. sur la météorologie*, t. II, p. 307.

SAINT-MAURICE-LE-GIRARD
(Vendée).

Pluie. (1776-1785.) — Quantité annuelle moyenne . . . . 626^{mm}
Hiver . . . 207^{mm},8 | Été . . . . 123^{mm},2
Printemps. 67 ,7 | Automne . 227 ,4

Nombre annuel moyen des jours de pluie 144
Hiver . . . . 23 j. | Été . . . . . 24 j.
Printemps. . 28 | Automne . . 26

Bibliographie. — Cotte, *Mém. sur la météorologie*, t. II, p. 537.

ANGOULÊME.
Sol de l'église de St-Pierre, à 96^m,5 au-dessus de la mer (Δ).

Température. — Moyenne de 9^h du matin en 1820 et 1821. . . . . . 13°,5

Bibliographie. — *Statistique du département de la Charente*, par J.-P. Quenot, p. 50.

CLERMONT.
Sol de la cathédrale, à 407^m,2 au-dessus de la mer (Δ).

Pression atmosphérique à 411^m sur la mer.—Hauteur moyenne du baromètre à midi . . . . 726^{mm},74

Hauteur par les différents vents.

Vents du nord . . . . 727^{mm},07
— de l'est . . . . 726 ,61
— de l'ouest . . . . 727 ,09
— du sud. . . . . 725 ,01
Amplitude de la période diurne de 9^h mat. à 3^h soir du baromètre. . . 0^{mm},98

Bibliographie.—Ramond, *Instruction élémentaire et Mém. sur la formule barométrique*.

BORDEAUX.
Sol de la cathédrale, à 6^m,6 d'altitude (Δ).

Température.—(1775-1784.) Moyenne de l'année d'après Berghaus. . . 13°,6 (1).

---

(1) M. Abria trouve, en calculant les maxima et minima par la formule de Kaemtz, pour mai 1842 à avril 1843, 13°,0.

Hiver . . . . 5°,6 | Été . . . . . 21°,6
Printemps. . 13 ,6 | Automne . . 13°,5

Pluie. (1714-1770 et 1776-1784.) — Quantité annuelle moyenne . . 558^{mm},54
Hiver. . . 182^{mm},05 | Été. . . . 158 ,59
Printemps 140 ,76 | Automne. 176 ,40

Nombre annuel moyen des jours de pluie 150

Bibliographie. — Cotte, *Mém. de météorologie*, t. II, p. 268. — Berghaus, *Physikalische Atlas*. — Abria, Résumé des observations météorologiques faites à Bordeaux du 1er mai 1842 au 30 avril 1843.

AGEN.

Température. — Moyenne annuelle probable . . . . 13°,7
Hiver. . . . . 6°,20 ⎫
Printemps . . . . . 13 ,71 ⎬ (1841-1843).
Été. . . . . 22 ,42 ⎭
Automne . . . . . . 12 ,38 (1843).

Extrêmes.
Minimum, le 16 janvier 1842 . — 12,0
Maximum, le 4 juillet 1842 37,0
Je dois ces observations à l'obligeance de M. Bartayrès.

ESPALAIS.
A 109^m sur la mer.
(Lot-et-Garonne.)

Pluie. (1833-1843.) — Quantité annuelle moyenne. . . . . 608^{mm},5
Hiver . . . 125^{mm},5 | Été. . . . 140 ,8
Printemps. 144 ,8 | Automne. 194 ,7

Observateur, M. Graulhié.

MARMANDE.
A 33^m sur la mer.

Pluie (1838-1843). — Quantité annuelle moyenne. . . . . 762^{mm},4
Hiver . . . 180^{mm},5 | Été. . . . 153 ,1
Printemps. 224 ,1 | Automne. 204 ,7

Je dois cette communication intéressante à M. Baumgarten, ingénieur des ponts et chaussées.

TOULOUSE.
Seuil de la porte de l'Observatoire, à 146^m,6 d'altitude (Δ).

Température. — Moyenne annuelle par 14 années d'observation (1814-1822 et 1838-1842) (1). . . . . 12°,50
Même moyenne par les eaux des fontaines publiques (1841-1842). . . 12°,77
Même moyenne par le puits de l'Observatoire, dont la profondeur totale est de 8 mètres, et celle de l'eau d'un mètre (1841-1842). . . . . 12°,57

---

(1) (1814-1822.) Observations par MM. d'Aubuisson et Assiot à l'Observatoire; 1838-1842, par M. Petit, qui a calculé sa moyenne, 13°,22, en prenant la demi somme des maxima et des minima diurnes.

Température par saisons. (15 années.)

Hiver. . . . 4°,73 | Été. . . . . 20°,35
Printemps. 11 ,94 | Automne. . 13 ,51

Mois le plus froid de l'année (1839-1842).
Janvier. . . . . 4°,12
Mois le plus chaud. Août. . . . 21 ,99
Nombre annuel moyen des jours de ge-
lée (1839-1842) 25,2

Extrêmes absolus (1839-1842).

Minimum, 1842, janvier. . . — 11°,5
Maximum, 1839, juin. . . . 38 ,5
Le 12 janvier 1820, le thermomètre des-
cendit à. . . . . — 13°,8

Oscillations mensuelles moyennes.

Hiver. . . . 19°,23 | Été. . . . . 23°,40
Printemps. 22 ,97 | Automne. . 20 ,28

Différence moyenne entre les maxima
et les minima de chaque jour, ou variation diurne de la température. . . 8°,37

Pluie à 167^m,6 sur la mer. (1839-1842.)

Quantité annuelle moyenne. . 561^{mm},07

[80] *Pluie et beau temps dans les quatre saisons.*

SAISONS.	QUANTITÉ de pluie.	NOMBRE DES JOURS	
		de pluie.	de beau temps.
	mm		
Hiver........	100 ,7	34 ,7	23 ,0
Printemps. ..	192 ,4	36 ,5	29 ,7
Été..........	122 ,1	21 ,7	35 ,4
Automne....	145 ,8	39 ,7	19 ,2

Nombre annuel moyen des jours de pluie
(1813-1824). 118

Vents. — Fréquence relative (20 ans).

Nord. . . . . . 77 | Sud. 31
N.-E. . . . . . 25 | S.-O. 56
Est. . . . . . 38 | Ouest. . . . 161
S.-E. . . . . . 295 | N.-O. . . . 317

Dans les mois chauds c'est le N.-E. qui
domine ; dans les mois froids ou tempérés
c'est le S.-E.

Orages. (1784-1790 et 1839-1842.) —
Nombre annuel moyen. . . . . . . 16°,2

Pression atmosphérique. — À 163^m,6
sur la mer (1839-1842).

Hauteur moyenne du baromètre réduit
à celui qu'on lisait à l'Observatoire de Paris en 1838 (1). . . . . 747^{mm},95

Hauteur moyenne du baromètre à midi
avec un baromètre de 9^{mm} de diamètre,

(1) Voyez sur le baromètre de Paris : Comparai-
sons barométriques faites dans le nord de l'Europe,
par A. Bravais et Ch. Martins, *Mém. de l'Acad.
roy. de Bruxelles*, t. XIV.

d'après 8 années d'observation et à 153^m
sur la mer. . . . . 748^{mm},98

Extrêmes.

Hauteur maximum. . . . . . 764^{mm},88
Hauteur minimum. . . . . . 723 ,95

Oscillation mensuelle moyenne.
(1839-1842.)

Janvier. . 22^{mm},75 | Juillet. . 14^{mm},69
Février. . 27 ,70 | Août. . . 13 ,50
Mars. . . 18 ,96 | Sept. . . 18 ,02
Avril. . . 18 ,95 | Octobre . 22 ,71
Mai. . . . 18 ,07 | Novem. . 26 ,33
Juin. . . 14 ,65 | Décem. . 26 ,96

Oscillation moyenne mensuelle de l'année. . . . . 20^{mm},27
Amplitude de la variation diurne, de 9^h
mat. à 3^h soir. . . . . 0 ^{m},987

Hauteur moyenne du baromètre par
les vents dominants.

S.-E. . . . . 746^{mm},08
Ouest . . . . 748 ,90
N.-O. . . . . 749 ,73

Bibliographie. — Cet article a été rédigé en partie d'après les précieux documents que je dois à l'obligeance de M. Petit, directeur de l'Observatoire de Toulouse.
Voyez aussi : Notice sur les travaux de
la classe des sciences physiques de l'Acad.
de Toulouse, de 1807 à 1822, par M. de
Carney, *Histoire et Mémoires de l'Acad.*,
t. I, p. 93 (1827). Cette notice renferme
l'analyse des observations de M. Marqué-
Victor, qui a fait des observations horaires de 6^h mat. à minuit, en 1817 et 1818 ;
trihoraires, de 6^h mat. à 9^h soir, en 1819,
1820 et 1821 ; — *C.-R. de l'Acad. des sciences de Paris*, t. XVI, p. 490. — Arago, Notice sur le tonnerre, *Annuaire pour 1838*,
p. 411.

PAU.
Escalier de la tour du château, à 235^m
au-dessus de la mer.

Température. — Moyenne de l'année,
déduite de 51 mois (1837-1842). . 13°,59
Moyennes mensuelles. (Mai et juin sont
les moyennes de 6 ans ; janvier, février,
mars et avril, de 5 ans ; juillet et août,
de 4 ans ; septembre, octobre et novemb. e
de 3 ans.)

Janvier. . . 3°,98 | Juillet. . . 21°,65
Février. . . 7 ,69 | Août. . . . 23 ,47
Mars. . . 11 ,13 | Septembre . 18 ,93
Avril. . . 11 ,38 | Octobre. . . 14 ,16
Mai. . . . 16 ,61 | Novembre . 7 ,84
Juin. . . . 20 ,07 | Décembre . 5 ,89

Extrêmes.

Minimum, le 8 janvier 1842. . —12°,3
Maximum, le 4 août 1838. . . 33°,8
Nombre annuel moyen des jours de ge-
lée (1837-1840). 25

Pluie. — (39 mois, de 1837 à 1841.)
Quantité annuelle moyenne . . 1085^{mm}

Hiver. . . . **287**ᵐᵐ | Été. 151ᵐᵐ
Printemps . 322 | Automne. . 325

Le 30 mai 1841 il tomba 48ᵐᵐ d'eau en 2ʰ 30′.

Nombre annuel moyen des jours de. . . . . (1837-1839.) { pluie. . . 125 grêle. . . 4

Pression atmosphérique. (1837-1840) — Hauteur moyenne du baromètre réduit à zéro, à midi 745ᵐᵐ,3

Bibliographie. — Résumés des observations météorologiques faites à Pau pendant les années 1837, 1838 et 1839, par M. Mermet, dans l'*Observateur des Pyrénées*. J'ai calculé les maxima et minima diurnes observés par le même professeur en mai, juin, juillet et août 1840, et de janvier à juin 1841, ainsi que des observations faites 8 à 15 fois par jour, par M. Housseau, de décembre 1841 à mai 1842.

§ 4. *Climat du sud-est ou rhodanien.*

Limites. — Le climat rhodanien ou du sud-est règne dans toute la vallée de la Saône et du Rhône, depuis Dijon et Besançon jusqu'à Viviers. Il comprend aussi le massif des Hautes-Alpes; mais le manque d'observations ne permet pas de déterminer rigoureusement ses limites dans les Basses-Alpes, où il se trouve en contact avec le climat méditerranéen.

Température — Ce climat n'offre pas de caractère tranché sous le point de vue de la température moyenne, qui est de 11° environ dans la vallée de la Saône et du Rhône, de Dijon à Viviers. Les différences entre l'hiver et l'été sont aussi fortes que dans le climat vosgien; car elles s'élèvent en moyenne à 18°,6 dans les villes de Besançon, Dijon, Mâcon, Lyon, Vienne et Viviers. Les hivers sont plus doux que dans le nord-est, car dans les villes précédentes, Mâcon excepté, leur moyenne est de 2°,5; mais les étés sont aussi beaucoup plus chauds (moy. 21°,3). Le climat rhodanien nous offre donc l'exemple d'un climat excessif ou continental tempéré, tandis que le climat vosgien est un climat continental froid, si on le compare aux autres climats de la France.

Pluie. — La quantité de pluie annuelle moyenne est supérieure à celle qu'on observe dans toute la France. Peut-être faut-il excepter les deux presqu'îles; c'est ce que des observations ultérieures permettront de décider. Cent quinze ans de mesures udométriques, faites dans les villes de Dijon, Mâcon, Lyon, Bourg, Joyeuse et Viviers, nous apprennent qu'il tombe annuellement 946ᵐᵐ d'eau dans cette région. En désignant par 100 la quantité annuelle moyenne, cette quantité se partage dans les diverses saisons de la manière suivante :

Quantité de pluie relative.

Hiver. . . . . . 20 | Été. 23
Printemps. . . 21 | Automne. . . . 34

Les saisons se rangent donc, sous le point de vue hyétographique, dans l'ordre suivant : automne, printemps, hiver et été, ordre différent de celui des autres régions de la France. Nous ferons toutefois remarquer qu'à Joyeuse et Viviers les pluies d'été sont proportionnellement beaucoup moins abondantes, comparées aux pluies d'automne, que dans le bassin de la Saône, ce qui tient au voisinage de la région méditerranéenne.

Jours de pluie. — Le long de la Saône, le nombre annuel des jours de pluie est de 120 à 130; le long du Rhône, de Lyon à Viviers, il varie entre 100 et 115. Ces nombres étant moindres que dans les régions du sud-ouest, du nord-ouest et du nord-est, nous voyons que les pluies prises isolément doivent être beaucoup plus abondantes, ce qui se vérifie, pour ainsi dire, chaque année dans le bassin du Rhône. Ainsi, à Joyeuse il tomba, le 9 août 1807, 250ᵐᵐ, et le 9 octobre 1827, pendant un orage, 792ᵐᵐ de pluie en 22 heures. A Cuisaux (Jura), on recueillit 270ᵐᵐ d'eau en 68 heures avant les inondations de 1841. Suivant M. Puvis, il tombe toujours plus d'eau dans cette localité que dans le reste du bassin de la Saône.

Vents. — Le Nord et le Sud sont les vents dominants dans ce bassin, qui n'appartient pas à la grande région des vents de S.-O. comme l'ouest et le nord-est de la France, ni à celle du N.-O. ou mistral, comme la Provence. Après les vents de Nord et de Sud, ce sont ceux du N.-O. et de l'Ouest qui soufflent le plus souvent; ceux de S.-O. et de N.-E. sont assez rares, contrairement à ce qu'on observe dans tout le reste du royaume, la Provence exceptée. Suivant M. de Gasparin, les vents de S.-E. qui amènent la pluie sont la cause principale des débordements du Rhône.

Orages. — Cette région est une de celles où les orages sont le plus fréquents. Quinze ans d'observations à Berzé-la-Ville près Mâcon, donnent un nombre annuel moyen de 28 jours de tonnerre, et, d'après la carte de M. Berghaus, ce nombre doit osciller dans toute la région, entre 25 et 30. Le climat vosgien seul offre une moyenne presque aussi élevée, et il est probable, comme le montre la carte de Berghaus, que de Lyon à Viviers ce nombre doit être plus considérable encore. Cette fréquence tient à deux causes : 1° la proximité de l'Adriatique, qui est la région la plus orageuse de l'Europe; 2° le voisinage des montagnes qui bordent le cours de la Saône et du Rhône.

Tremblements de terre. — La physique du globe nous fournit un dernier caractère du climat rhodanien : c'est la fréquence et la violence des tremblements de terre de cette région, qui, sous ce point de vue, ne saurait être comparée à aucune des autres parties de la France.

Pression atmosphérique. — La différence entre les oscillations mensuelles ou diurnes du baromètre étant surtout sensible quand on suit les méridiens, on comprend que la région rhodanienne, dont le grand diamètre va du nord au sud, ne présente pas de caractères bien uniformes si on la compare sous ce point de vue aux autres régions de la France? Tout ce que l'on peut dire, c'est que l'amplitude de la variation diurne n'est pas diminuée par le voisinage de la mer, et que l'oscillation mensuelle moyenne y est moindre, à latitude égale, que dans l'ouest, et plus petite aussi que dans le nord-est entre les mêmes méridiens.

Résumé des caractères du climat rhodanien. — La température moyenne des villes est intermédiaire entre celle du nord-ouest et celle du sud-ouest ; la différence entre l'hiver et l'été est aussi forte que dans le nord-ouest ; elle tient surtout à l'élévation de la moyenne des étés. C'est donc un climat continental tempéré.

La quantité de pluie est plus considérable que dans aucune autre région : elle tombe surtout en automne et au printemps. Le nombre des jours de pluie est moindre que dans toutes les autres provinces, la Provence et le Languedoc exceptés. Parmi les vents, c'est le Nord et le Sud qui dominent ; les orages et les tremblements de terre sont plus communs que dans le reste de la France.

LYON.

Confluent du Rhône et de la Saône, à 162ᵐ d'altitude (Δ).

Baromètre de l'Observatoire à 194ᵐ.

Température. — Moyenne annuelle déduite par comparaison avec Genève et Paris, des années 1838 et 1839, par M. Bravais. 11º,8

Hiver. . . . 2º,3 | Été. 21º,11
Printemps. . 10º,9 | Automne. . 12 ,84

Pluie. (1765-1780.) — Quantité annuelle moyenne. 776ᵐᵐ 6

Hiver. . . 130ᵐᵐ,8 | Été. . . . 226ᵐᵐ,3
Print. . . 184 ,6 | Automne . 234 ,6

Vents. (1766-1780.) — Fréquence relative.

Nord. . . . . 334 | Sud. 179
N.-E. . . . . . 45 | S.-O. 48
Est. . . . . . 77 | Ouest. 98
S.-E. . . . . . 51 | N.-O. 168

Je dois la plupart de ces renseignements à mon ami M. Bravais, professeur d'as-tronomie à la Faculté des sciences de Lyon ; voyez aussi Fournet, *Recherches sur la distribution des vents dominants en France.*

BESANÇON.

À 236ᵐ d'altitude.

Température. (1779-1784.)

Moyenne de { l'hiver. . . . 2º,0
{ l'été. . . . . 20 ,3

Minimum (1784). . . . . —16º,9
Maximum (1779). 35º,0

Bibliographie. — Cotte, *Mém. sur la météorologie,* t. II, p. 263.

DIJON.

À 263ᵐ d'altitude.

Température. — Moyenne de sept années, d'après Morin. 11º,5

Hiver. . . 1º,9 | Été. 20º,8
Printemps. . 11 8 | Automne. . . 11 8

Extrêmes. (1777-1783.)

Minimum. . . . . — 11º,9
Maximum. . . . . 33 ,8
Oscillation thermométrique mensuelle moyenne. 18º,0

Hiver. . . 18º 4 | Été. 17º,5
Printemps. . 18 ,7 | Automne. . . 17 ,3

Pluie. (1763-1785 et 1838-1842.) — Quantité annuelle moyenne. . . 678ᵐᵐ,7

Pluie par saisons. (1777-1783 et 1838-1842.)

Hiver. . . . 123ᵐᵐ | Été. 160ᵐᵐ
Printemps. 138 | Automne. . 250

Nombre annuel moyen des jours de pluie. 117

Hiver. . . 28 j. | Été . . . . . 25 j.
Printemps. . 29 j. | Automne . . 36

Vents. — Nombre des jours pendant lesquels ils ont régné en moyenne (1838-1842).

Nord. . . . 131 j. | Ouest. . . . 80 j.
Est. . . . . 31 | Sud. 123

Pression atmosphérique. (1777-1783) — Oscillation barométrique mensuelle moyenne 18ᵐᵐ,97

Hiver. . . 25ᵐᵐ,49 | Été. . . . 11ᵐᵐ,44
Print. . . 18 ,95 | Automne. 20 ,30

Bibliographie. — Cotte, *Mém. sur la météorologie,* t. II, p. 330 ; — Morin, Correspondance météorologique, 8ᵉ *Mémoire,* p. 18 ; — Quantités de pluies tombées de 1831 à 1835, par M. Bonnetat, ingénieur du canal de Bourgogne. *Mém. de l'Acad. de Dijon.* 1835, p. 125. J'ai mis en outre à profit les observations météorologiques faites de 1838 à 1842 par M. Delarue, qui a bien voulu me les envoyer.

MACON.

Pavé de l'église Saint-Vincent à 184,5 au-dessus de la mer (Δ).

Les observations météorologiques que nous allons analyser ont été faites par M. Benon de Chânes, à Berzé-la-Ville, village situé à 13ᵏᵐ au nord-ouest de Mâcon, et 183ᵐ au-dessus du niveau de la Saône.

Température. — Moyenne de 9ʰ du matin (13 ans). . . . . 11°,31

Moyenne de 9ʰ mat.	Hiver	2°,47
	Printemps. . . .	11 ,01
	Été	20 ,27
	Automne.	11 ,49

En 16 ans le maximum de température a été —38°, le minimum — 18°,6.

Pluie. (1820-1835.) — Quantité annuelle moyenne. 875ᵐᵐ,9
Hiver . . . 166ᵐᵐ,8 | Été 240ᵐᵐ,0
Printemps. 206 ,7 | Automne . 234 ,0
(A Mâcon même 16 années ont donné pour la quantité annuelle moyenne de pluie 846ᵐᵐ.)

Nombre annuel moyen des jours de (19 ans).	pluie.	128
	neige.	18
	pluie et neige . . .	7
	grésil.	2
	grêle.	4

Le dommage causé par la grêle de 1822 à 1833 s'est élevé à 10 229 369 francs; le dommage annuel moyen a été de 852 447 francs.

Orages. (1820-1835.) — Distribution des jours d'orages dans les différents mois.

Avril. . . . . . 2 j. | Juillet. . . . . 6 j.
Mai. . . . . . 5 | Août. 5
Juin. . . . . . 5 | Septembre. . . 4
Octobre. . . 1

Vents. (17 ans.) — Fréquence relative.

Nord . . . . . 243 | Sud. 290
N.-E. . . . . . 49 | S.-O 39
Est. . . . . . 28 | Ouest. 300
S.-E . . . . . 8 | N.-O 43

Les vents pluvieux sont l'Ouest, le Sud, puis le S.-O. dans le rapport de 83 à 24 et à 8.

Bibliographie. — *Statistique du département de Saône-et-Loire*, par M. Ragut, 1838.

BOURG.
A 270ᵐ d'altitude.

Pluie. (9 ans.) — Quantité annuelle moyenne. 1172ᵐᵐ,13

Hiver . . . 243,36 | Été 286,40
Printemps. 268,56 | Automne. . 353,80

Bibliographie. — Schouw, *Climat de l'Italie*, p. 163.

VIENNE.
A 148ᵐ d'altitude.

Température. (1777-1782.)

Moyenne de { l'hiver . . . . . 3°,8
{ l'été . . . . . . 22 ,1

Pluie. — Nombre annuel moyen des jours de pluie. 114

Bibliographie. — Cotte, *Mém. sur la météorologie*, t. II, p. 590.

JOYEUSE.
A 147ᵐ d'altitude.

Température. — Moyenne de l'année par la demi-somme des maxima et des minima diurnes (1811-1820). . . . . 9°,8
Maximum le 8 juillet 1829 . . . . 31°,5
Minimum le 29 décembre. . . — 15°,6
Nombre annuel moyen des jours de gelée (1804-1829) . . . . 80 j.
Nombre maximum en 1829 . . 83
Nombre minimum en 1828. . . 35

Pluie. (1804-1829.) — Quantité annuelle moyenne 1300ᵐᵐ
Minimum en 1825 . . . . . . 893ᵐᵐ,3
Maximum en 1827. . . . . . 2197ᵐᵐ,2

Hiver . . . 284,01 (mm) | Été . . . . 209,12 (mm)
Printemps. 302,96 | Automne. . 521,55

Le 9 août 1807, il tomba en un jour 250ᵐᵐ,40 d'eau, et le 9 octobre 1827 pendant et après un violent orage 791ᵐᵐ,80 d'eau en 22 heures.
Nombre annuel moyen des jours de pluie. 97,5
Nombre minimum en 1817. . . . 73
Nombre maximum en 1806. . . . 117

Bibliographie. — Tardy de la Brossv, *Bibliothèque universelle*, t. XLIII. p. 150, 1830. — Kaemtz, *Lehrbuch der Meteorologie*, p. 421, 469, 500 et 503.

VIVIERS.
A 57ᵐ d'altitude.

Température. (1777-1780.)

Moyenne de { l'hiver. . . . . . 2°,6
{ l'été. . . . . . . 22°,4

Pression atmosphérique. — Hauteur moyenne du baromètre, déduite de 4 294 observations 755ᵐᵐ,80

Variation diurne. Le baromètre baisse, de 9ʰ du matin à 3ʰ du soir, de 1ᵐᵐ,129; monte, de 3ʰ du soir à 8ʰ du soir, de 0ᵐᵐ,805, et de 4ʰ du matin à 8ʰ du matin, de 0ᵐᵐ,524. L'oscillation moyenne diurne est de 0ᵐᵐ,84.

Pluie. — Quantité annuelle moyenne (de 1778 à 1817) 900ᵐᵐ

Pluie par saisons (30 ans).

Hiver . . . 178ᵐᵐ,5 | Été 243ᵐᵐ,0
Printemps. 237 ,1 | Automne. . 341 ,4

[84] *Quantité de pluie et nombre des jours pluvieux pendant quarante ans.*

ANNÉES.	QUANTITÉ de pluie.	NOMBRE des jours de pluie.	ANNÉES.	QUANTITÉ de pluie.	NOMBRE des jours de pluie.
	mm			mm	
1778	811 ,4	86	1798	927 ,1	104
1779	558 ,7	63	1799	770 ,7	109
1780	904 ,6	74	1800	1251 ,2	110
1781	636 ,6	71	1801	1307 ,6	141
1782	770 ,7	78	1802	821 ,8	94
1783	925 ,6	96	1803	689 ,5	101
1784	1061 ,0	83	1804	938 ,4	109
1785	918 ,8	74	1805	603 ,0	104
1786	912 ,9	114	1806	1100 ,1	114
1787	921 ,9	85	1807	853 ,4	72
1788	963 ,2	90	1808	1172 ,3	112
1789	1055 ,7	98	1809	1035 ,4	110
1790	1003 ,1	96	1810	1203 ,9	109
1791	988 ,8	95	1811	1014 ,3	106
1792	1150 ,4	95	1812	976 ,8	106
1793	894 ,8	76	1813	1051 ,9	104
1794	820 ,4	88	1814	1045 ,1	110
1795	570 ,0	81	1815	824 ,9	100
1796	826 ,4	112	1816	1024 ,0	122
1797	695 ,5	116	1817	774 ,4	103

Nombre annuel moyen des jours de pluie (1778-1817) 98

Hiver. . . . . . 26 | Été. 19
Printemps . . . 26 | Automne. . . . 29

Bibliographie. — Cotte, *Mém. sur la météorologie*, t. II, p. 595. — Flaugergues, *Journal de physique*, t. LXXXI, p. 104 et 110. — *Bibliothèque universelle*, t. VIII, p. 139, t. XL, p. 280. — Arago, *Annales de chimie et physique*, t. XXVII, p. 402. — Kaemtz, *Cours complet de météorologie*, p. 260.

§ 5. *Climat du midi, méditerranéen ou provençal.*

De tous les climats de la France, celui-ci est certainement le plus nettement tranché. De tout temps les météorologistes et les botanistes l'avaient séparé des autres, avec lesquels il forme un contraste qui se traduit dans la végétation et dans les habitudes du pays. Ainsi, tandis que les nuances des autres climats échappent presque toutes à l'observateur superficiel, chacun est frappé des différences qui distinguent le climat de la Provence de celui du reste de la France.

Limites. — Viviers forme la limite septentrionale de la région méditerranéenne et appartient déjà au climat rhodanien. Dans le triangle dont cette ville occupe un des angles, et Marseille et Montpellier les deux autres, les caractères climatologiques de cette région sont parfaitement dessinés. Ils le sont moins lorsqu'on s'avance vers Nice, le long de la côte, ou quand on descend dans la vallée de l'Aude. C'est à la configuration du sol qu'il faut attribuer ces différences. La bande comprise entre Toulon et Antibes est abritée au nord par le massif des Alpes maritimes. Le bassin de l'Aude est limité au sud par la chaîne des Pyrénées : de là des différences que nous indiquerons sans pouvoir les examiner en détail, car nous manquons d'observations suffisantes sur le climat de Carcassonne et de Perpignan.

Température. — La température moyenne de cette région est plus élevée que celles du reste de la France. Ainsi, en réunissant les moyennes annuelles des villes d'Alais, Avignon, Marseille, Montpellier, Nice, Orange, Toulon et Perpignan déterminées d'après un nombre total de 182 années d'observations, je trouve 14°,8 pour la moyenne générale de ces villes. Elle est par conséquent supérieure de deux degrés à celle des villes du climat girondin que nous avons considérées; mais la différence entre l'hiver et l'été paraît être la même que dans le sud-ouest, parce que la moyenne des étés n'est pas abaissée par le voisinage de la Méditerranée, et la barrière des Alpes et des Cévennes protége contre les vents du nord toute la partie de la région qui ne fait pas partie de la vallée du Rhône. L'élévation de la moyenne annuelle tient donc à la fois à ce que les étés sont plus chauds et les hivers moins froids que dans le climat girondin. En effet la moyenne de l'été dans les villes déjà citées, la dernière exceptée, est de 22°,6 ; celle de l'hiver de 6°,5.

Malgré la douceur habituelle des hivers de la Provence, le thermomètre y descend quelquefois fort bas, et l'on a vu que le Rhône gelait environ deux ou trois fois par siècle. La moyenne des minima de température des villes d'Alais, Arles, Avignon, Hyères, Marseille, Montpellier, Orange et Nice est — 11°,5 : celle des maxima 36°,3. Ces deux résultats sont d'accord avec les précédents. Comparés aux mêmes éléments dans le climat girondin, ils prouvent aussi la moindre rigueur des hivers et la plus grande chaleur des étés.

Les hivers les plus froids qui aient été notés en Provence depuis le commencement du siècle, sont les suivants. Le degré marqué en regard est le minimum que le thermomètre ait atteint à Marseille.

Années.	Minimum.	Années.	Minimum.
1800	— 8°,8	1810	— 7°,5
1803	— 6 ,3	1811	— 3 ,8
1806	— 3 ,8	1814	— 6 ,3
1808	— 5 ,0	1820	— 17 ,5

Les années qui suivent se trouvent à l'article de la ville de Marseille. Si nous remontons dans les siècles précédents, les indications thermométriques nous manquent bientôt ou sont peu dignes de confiance. Il m'a paru curieux néanmoins de donner ici la liste des hivers mémorables observés en Provence. Cette province étant celle où la civilisation grecque et romaine a pénétré d'abord, ce document est important pour l'histoire météorologique de ce climat. Toutefois je dois mettre le lecteur en garde contre une espèce d'illusion d'optique dont il ne faut pas être dupe. En considérant ce tableau, on pourrait croire que les hivers rigoureux étaient plus communs jadis qu'aujourd'hui; mais, en y regardant de près, il verra que leur nombre est toujours de cinq à huit par siècle.

Hivers rigoureux.

Ve SIÈCLE.

Ann'és,

400. Le Rhône est gelé dans toute sa largeur.
462. Le Var est couvert de glace.

VIIIe SIÈCLE.

763. Beaucoup de neige.
791. Les vignes souffrent beaucoup en Provence.

IXe SIÈCLE.

822. Le Rhône et l'Adriatique gèlent.
860. Le Rhône gèle.
874. Beaucoup de neige en septembre et en mars.
893. Le Rhône gèle, les vignes souffrent.

Xe SIÈCLE.

991. Les arbres fruitiers souffrent.

XIe SIÈCLE.

1044.
1067. } Les arbres fruitiers souffrent.

XIIe SIÈCLE.

1124. Les arbres fruitiers souffrent.
1133. Le Rhône gèle, ainsi que le vin dans les caves.

XIIIe SIÈCLE.

1210. Neige abondante.
1216. Le Rhône et le Pô gèlent.
1234. Même phénomène.
1281. Beaucoup de neige.

XIVe SIÈCLE.

1302. Le Rhône gèle.
1323. Même phénomène.
1334. Tous les fleuves de la Provence sont couverts de glace.
1358. Beaucoup de neige.
1364. Le Rhône gèle à Arles à la profondeur de 5m; les arbres périssent.
1392. Les arbres fruitiers souffrent.

XVe SIÈCLE.

1450. Les arbres fruitiers souffrent beaucoup.
1460. Le Rhône gèle.
1468. Les vignes souffrent beaucoup.

1493. Le port de Gênes est gelé les 25 et 26 décembre.

XVIe SIÈCLE.

1507. Le port de Marseille est gelé. Un mètre de neige; les arbres périssent.
1548. Grands froids.
1565. Le Rhône est pris dans toute sa largeur à Arles; tous les Oliviers périssent.
1569. Le 11 décembre, les charrettes traversent le Rhône sur la glace, la débâcle n'a lieu que le 21.
1570. Froid à Arles, depuis la fin de novembre jusqu'à la fin de février 1571.
1591. Neige. Les arbres fruitiers souffrent.
1594. La mer gèle à Marseille et à Venise.
1599. Des arbres fruitiers périssent.

XVIIe SIÈCLE.

1601. Les Oliviers périssent.
1603. Les charrettes passent le Rhône sur la glace.
1608. Beaucoup de neige.
1621. Froid intense.
1638. L'eau du port de Marseille gèle autour des galères.
1658. Froid rigoureux. Mortalité des Oliviers.
1659. Les Oliviers qui avaient repoussé périssent presque tous.
1680. Les Oliviers périssent.

XVIIIe SIÈCLE.

1709. Année dite du *gros hiver.* Tout périt; les ports de la Méditerranée sont pris de glace.
1740. Les Oliviers souffrent.
1768. Même phénomène.
1776. Hiver froid.
1789. Grand froid. Les Oliviers périssent presque tous.
1799. Les Oliviers souffrent beaucoup.

Pluie. — La quantité annuelle moyenne, déduite des observations faites à Arles, Avignon, Alais, Nimes, Arquettes (Corbières), Montpellier, Toulon, Marseille et Hyères pendant un nombre total de 273 ans, est de 651mm. La série la plus courte comprend 10 ans. On voit que cette quantité est plus considérable que dans le sud-est et le nord-ouest. Berghaus, dans la 10e carte de son Atlas, a figuré graphiquement les mêmes résultats; mais je les énonce toujours avec quelque doute. D'un côté, le nombre des points où l'on a observé dans le nord-ouest et le sud-ouest n'est pas assez considérable, et nous manquons surtout d'observations faites dans le voisinage des montagnes. D'un autre côté, il faut des séries d'années très-longues pour obtenir de bonnes moyennes, et il en résulte qu'il est fort difficile de dire quelque chose de précis sur ce sujet; mais, ce que nous pouvons affirmer, c'est que la distribution des pluies dans les diverses saisons est très-différente de ce qu'elle est dans les quatre autres climats de la France. Désignant par 100 la quantité qui tombe annuellement à Alais, Nimes, Montpellier, Orange, Marseille, Toulon et Hyères, nous obtenons en nombres entiers les rapports suivants :

Quantité relative de pluie.

Hiver	25	Été	11
Printemps	24	Automne	41

Les pluies d'automne sont donc encore plus prédominantes que dans le sud-ouest, et les pluies d'été de moitié moins abondantes; au contraire, les pluies au printemps sont plus abondantes, et la quantité de pluie qui tombe en hiver est relativement la même dans les deux régions.

Sous le point de vue hyétographique, les saisons se rangent dans l'ordre suivant : l'automne, l'hiver, le printemps et l'été, arrangement différent de tous ceux que nous avons observés. Les pluies diluviales ne sont pas rares dans le midi de la France, et tous les ans les feuilles publiques en rapportent quelques exemples remarquables.

Jours de pluie. — Le nombre annuel moyen des jours de pluie est de 53 dans les villes d'Alais, Arles, Carcassonne, Montpellier, Nimes, Marseille, Hyères et Nice, et par conséquent plus de moitié moindre que dans le sud-ouest : or, la quantité de pluie étant à peu près la même dans les deux régions, il faut que les pluies soient plus abondantes sur les bords de la Méditerranée. Nous avions déjà fait la même remarque en comparant le nord au sud-ouest, et on voit que la quantité moyenne d'eau fournie par une pluie en particulier augmente très-rapidement à mesure qu'on s'avance vers le sud.

Vents. — La prédominance du vent de N.-O., ou mistral, caractérise le climat provençal. Sa violence est extrême; il déracine les plus gros arbres et enlève les toitures les plus solides. Le 30 octobre 1782, M. Burel lui ayant opposé une surface de 104^{mm} carrés (1 pied carré), le vent souleva un poids de 5^k,6. L'abbé Portalis fut emporté par ce vent par-dessus la terrasse du mont Sainte-Victoire, et se tua dans sa chute. De Saussure rapporte aussi (*Voyages dans les Alpes*, § 1567), que les carreaux de la façade septentrionale du château de Grignan étaient si souvent brisés par les cailloux enlevés des terrasses voisines qu'on avait renoncé à les remettre. Ce vent parcourt quelquefois jusqu'à 20^m par seconde.

Les Grecs désignaient le mistral sous le nom de σχρων, les Latins sous celui de *circius*. Aulu-Gelle (lib. II, cap. 22), Sénèque (*Quest. natural.*, lib. V, cap. 17),

Pline (lib. II, 46, et lib. XVII, cap. 2), Diodore de Sicile (*Bibl. hist.*, lib. V, p. 304), et Strabon (*Géograph.*, lib. IV), ont parlé de ce vent. Voici le passage de ce dernier. « La Crau est ravagée par le vent appelé *melamborcas*, vent violent, terrible, qui déplace et renverse des rochers, précipite des hommes du haut de leurs chars, brise leurs membres et les dépouille de leurs vêtements et de leurs armes. » Le mistral ne règne souvent que dans les régions inférieures de l'atmosphère; quand il souffle, le ciel est clair et parsemé de cirro-cumulus.

A Marseille, le mistral souffle aussi souvent en été qu'en hiver. A Toulon, il ne se fait sentir qu'en hiver et en automne, il est rare en été. A Avignon, suivant M. Guérin, il règne principalement en hiver.

Sa fréquence n'est pas la même dans toutes les parties du climat méditerranéen. C'est dans la vallée de la Durance qu'il souffle avec le plus de force et le plus souvent, puis à Arles, à Aix et à Marseille. Il est beaucoup moins fort et moins fréquent dans le Bas-Languedoc, à Nimes, Arles et Montpellier. Enfin, dans la vallée de l'Aude, il perd son caractère de violence. Cette région, comme le fait remarquer M. Fournet, est soumise au même régime anémométrique que le bassin de la Garonne, car sur le canal du Midi le point de partage des eaux qui se rendent à l'Océan et à la Méditerranée n'est élevé que de 189^m au-dessus de leur niveau et ne forme pas une barrière suffisante pour arrêter les vents d'Ouest qui sont prédominants dans toute cette dépression.

M. Fournet assimile le mistral aux brises ascendantes et descendantes des vallées; le courant ascendant est déterminé par l'échauffement des cimes de montagnes lorsqu'elles sont frappées par les rayons du soleil, le courant descendant par celui des plaines. On a remarqué en effet que le mistral tombait vers le soir pour recommencer le lendemain (Voyez sur ce sujet : Kaemtz, *Cours complet de météorologie*, p. 34). Après le N.-O., c'est en général le S.-E. qui est le vent le plus commun dans la région méditerranéenne et qui amène la pluie; mais il y a une foule d'exceptions locales dues au voisinage des chaînes de montagnes et de la mer, qui éteint la violence du mistral.

Orages. — C'est toujours en été et au printemps que la plupart des orages éclatent dans l'atmosphère. Toutefois ils sont moins rares en hiver que dans le nord-est et le sud-ouest, et l'on s'aperçoit que la Provence touche à la zone des orages d'automne et d'hiver, dont la limite septentrionale passe par Naples, le sud de la Corse et Valence en Espagne. Leur nombre annuel moyen est de 11 à 25.

Pression atmosphérique. — La hauteur moyenne du baromètre au bord de la mer, à Marseille réduit à zéro et à celui de l'Observatoire de Paris ou au Fortin de M. Delcros, est de 762ᵐᵐ,14

La variation diurne est moins forte que ne le comporte la latitude à cause du voisinage de la mer, ainsi qu'on peut le voir dans le tableau, p. 207. Pour les villes de Marseille et d'Alais, comparées à Toulouse l'oscillation mensuelle moyenne est aussi beaucoup moindre que dans les régions occidentales de la France. Le mistral fait baisser le baromètre; ainsi pendant le coup de vent du 30 octobre 1782, dont nous avons parlé, le baromètre descendit de 7ᵐᵐ,89 au-dessous de la moyenne.

Résumé des caractères du climat méditerranéen. — Le climat méditerranéen est le plus chaud de la France. Il tient le milieu entre les climats marins et continentaux. Très-probablement la quantité annuelle de pluie est à peu près aussi grande que dans le nord-est et le sud-ouest; mais elle l'est moins que dans la vallée de la Saône et du Rhône, et plus que dans celle de la Seine. Le nombre annuel des jours de pluie est moindre que dans tout le reste de la France. Les pluies tombent principalement en automne en hiver et au printemps. L'été est d'une sécheresse extrême. Le vent dominant, comme force et comme fréquence, c'est le N.-O. dans la moitié orientale, l'Ouest dans la moitié occidentale. Les orages sont plus communs en automne et en hiver que dans le reste de la France. Les variations diurnes et mensuelles du baromètre s'y comportent comme dans la partie méridionale du climat girondin.

MARSEILLE

Température (1823-1812). — Moyenne par la demi-somme des extrêmes diurnes de 20 ans . . . . 14°,08

Hiver . . . . 7°,42		Été . . . . 21°,11
Printemps . 12 ,80		Automne . . 14 ,96

Variation diurne de la température.

En hiver . . . . 4° | En été . . . . . 6°

Le port a été gelé en 1493, 1507, 1591, 1638 et 1709.

Pluie. (1772-1815.) — Quantité annuelle moyenne 512ᵐᵐ

Hiver 132,8		Été 55,1
Printemps . . 118,5		Automne . . . 205,6

En 1772, une seule averse a fourni 325ᵐᵐ d'eau.

Nombre annuel moyen des jours de pluie 55

Hiver . . . . 17 j.		Été . . . . . . 8 j.
Printemps . . . 17		Automne . . . 17

Vents. — Nombre de jours pendant lesquels ils ont soufflé (1823-1812).

Vents. — Nombre de jours pendant lesquels ils ont soufflé (1823-1812).

Nord . . . . . 6 j.		Sud . . . . . 28 j.
N.-E 3		S.-O 22
Est 36		Ouest 60
S.-E 50		N.-O 176

[82] *Climat de Marseille.*

ANNÉES.	TEMPÉRATURE			NOMBRE des jours		QUANTITÉ de pluie.
	Moyenne.	Maximum.	Minimum.	de gelée.	de pluie.	
						ᵐᵐ
1823	14°,3	28°,6	— 2°,4	5	73	462 ,2
1824	14 ,4	30 ,5	— 1 ,7	8	57	413 ,9
1825	14 ,5	30 ,0	— 1 ,8	17	42	432 ,1
1826	14 ,4	30 ,2	— 4 ,2	13	37	536 ,3
1827	13 ,9	31 ,5	— 5 ,3	5	49	620 ,5
1828	15 ,1	29 ,9	— 3 ,3	2	53	484 ,3
1829	13 ,0	28 ,3	—10 ,1	19	81	637 ,4
1830	14 ,0	31 ,2	— 9 ,8	22	49	304 ,0
1831	14 ,9	30 ,3	— 3 ,9	14	34	354 ,5
1832	14 ,3	34 ,4	— 2 ,5	3	43	339 ,2
1833	14 ,2	24 ,2	— 2 ,0	3	51	399 ,4
1834	15 ,0	31 ,4	— 0 ,8	5	50	540 ,4
1835	13 ,4	31 ,9	— 4 ,0	21	75	417 ,0
1836	13 ,4	32 ,8	— 7 ,1	13	75	722 ,3
1837	13 ,1	31 ,4	— 7 ,2	19	63	268 ,2
1838	13 ,4	31 ,4	— 6 ,9	12	73	489 ,8
1839	14 ,2	31 ,5	— 4 ,5	13	67	906 ,4
1840	13 ,8	29 ,9	— 5 ,0	10	71	538 ,1
1841	14 ,4	31 ,1	— 4 ,5	8	62	605 ,8
1842	13 ,8	29 ,8	— 5 ,0	11	79	745 ,3
						ᵐᵐ
Moyᵉ	14°,8	30°,7	— 4°,6	11	59	511,9

Orages. — Nombre annuel moyen. 11,2
Fréquence relative.

Hiver 1,0		Été 4,0
Printemps . . 2,2		Automne 4,2

Pression atmosphérique à 46ᵐ,6 au-dessus de la Méditerranée (*A*). — Hauteur moyenne du baromètre, à midi, réduit à celui de Paris 757ᵐᵐ,62

Hauteur maximum en 1834. 775 ,81
Hauteur minimum en 1823. 723 ,18
Variation diurne . . . . . . 0 ,73

Bibliographie. — Cet article a été rédigé presque en entier, d'après les précieuses observations communiquées à l'auteur par M. Valz, directeur de l'observatoire de Marseille. Voyez aussi Arago, *Ann. de chimie et physique*, t. XVII, p. 423. — *Statistique des Bouches-du-Rhône*, par M. de Villeneuve.

ALAIS.

Température. — Moyenne annuelle (1802-1837) . . . . 15°,1

[83] *Climat d'Alais* (1802-1837).

| MOIS. | TEMPÉRATURE | | PRESSION ATMOSPHÉR. | QUANTITÉ DE PLUIE. | NOMBRE DES JOURS de tonnerre. |
	Moyenne.	Oscillation mensuelle.	Oscillation mensuelle.		
			mm	mm	
Janvier.	5°,00	16°,0	24 ,97	86 ,91	0,14
Février	7 ,00	15 ,9	22 ,05	61 ,39	0,07
Mars...	10 ,05	16 ,3	23 ,31	61 ,27	0,40
Avril. .	14 ,00	16 ,1	20 ,17	84 ,31	1,50
Mai....	18 ,05	13 ,6	11 ,94	90 ,16	3,40
Juin...	22 ,06	14 ,3	11 ,23	45 ,43	3,50
Juillet..	25 ,03	12 ,7	11 ,59	52 ,22	4,0
Août...	25 ,05	13 ,6	11 ,44	44 ,04	3,20
Septem.	21 ,00	14 ,2	14 ,35	132 ,35	3,00
Octobre	15 ,05	14 ,4	18 ,49	140 ,43	1,29
Novem.	10 ,00	14 ,6	19 ,02	111 ,44	0,35
Décem.	6 ,02	11 ,6	26 ,82	81 ,10	0,07
			mm	mm	
Année .	15°,16	14°,7	17,95	991 ,07	20,83

Températures extrêmes.

1818. Août. . . . . 36°,5
1822. Juin. . . . . 36 ,5
1820. Janvier.. . . . . . — 12°,25
1829. Février.. . . . . . — 10 ,75
1830. Janvier.. . . . . . — 9 ,75

Nombre annuel moyen des jours de gelée. 43
Nombre annuel moyen des jours de pluie (51 ans). 68
Nombre annuel moyen des jours de grêle. 3,05

Vents. — Nombre de fois qu'ils soufflent dans l'année.

Nord. . . . . . . 118 | Sud. 51
N.-E. . . . . . . 17 | S.-O. 16
Est. . . . . . . 6 | Ouest. 8
S.-E. . . . . . 10 | N.-O. 22

Pression atmosphérique à 132ᵐ au-dessus de la Méditerranée.

Hauteur moyenne d'un baromètre de 6ᵐᵐ,5 de diamètre intérieur. . 751ᵐᵐ,80
Hauteur moyenne, à midi. 751 ,60
Hauteur maximum absolue, le 6 février 1821. . . . . 769ᵐᵐ,82
Hauteur minimum absolue, le 2 février 1823 . . . . 713 ,21

Bibliographie. — D'Hombres-Firmas, Récapitulation générale de 35 ans d'observations faites à Alais; *Recueil de mémoires et d'observations de physique, de météorologie, d'agriculture et d'histoire naturelle,* t. II, p. 264.

ORANGE.

A 47ᵐ au-dessus de la mer.

Température (1813-1843). — Moyenne de l'année. . . . . 13°,3

Hiver. . . . . 5°,0 | Été. . . . . . 21°,5
Printemps. . . 12 ,0 | Automne. . . 13 ,5

Extrêmes (1825-1843).

Minimum en 1826. . . . . — 15,0
Maximum en 1830. 40,2

Pluie (1818-1843). — Quantité annuelle moyenne. 695ᵐᵐ,6

Hiver. . . . . 106,7 | Été. 103,1
Printemps. . 177,8 | Automne. . . 308,7

Je dois ces précieux renseignements à l'obligeance extrême de M. de Gasparin.

ARLES.

Température. (1806-1815.) — Maximum le 20 août 1806. . . . . 37°,5
Minimum février 1810. . . . . — 6 ,2
Nombre annuel moyen des jours de gelée. 5

Pluie. — (1806-1815 et 1829-1833.) Quantité annuelle moyenne. 423ᵐᵐ
Nombre annuel moyen des jours de pluie. 45

Vents. — Nombre des jours de vents forts. 44

Orages. — Nombre annuel moyen. 11

Bibliographie. — Tableau des observations météorologiques faites dans les régions climatoriales du département des Bouches-du-Rhône. *Statistique du département des Bouches-du-Rhône,* par M. de Villeneuve, p. 216. — Morin, *Correspondance météorologique,* 8ᵉ mémoire, p. 85.

NIMES.

A 44ᵐ au-dessus de la Méditerranée.

Température. — Moyenne annuelle par les eaux de la fontaine, situées à 10ᵐ sous le sol. . . . . 13°,7

Extrêmes (1743-1825.)

Maximum . . . . 36°,9
Minimum. . . . . — 14°,6

Pluie. (17 ans.) — Quantité annuelle moyenne. 642ᵐᵐ,0

Hiver . . . 143ᵐᵐ,5 | Été 89ᵐᵐ,3
Printemps. 154 ,4 | Automne. . 256 ,1

Nombre annuel moyen des jours de pluie. 42

Vents. — Nombre de jours que chaque vent a soufflé dans l'année.

Nord . . . . . 22j. | Sud. . . . . . 73j.
N.-E. . . . . 88 | S.-O. 12
Est. . . . . . 24 | Ouest. 17
S.-E. . . . . . 19 | N.-O. 111

Bibliographie. — Résumé des observations météorologiques de 1743 à 1825, par Baux et Valz, *Statistique du département du Gard,* par Hector Rivoire, p. 135, 1842.

[84] AVIGNON.

(Heures d'observation. Lever du soleil et 2ᵉ soir.) | Place de l'Hôtel-de-ville à 36ᵐ au-dessus de la Méditerranée.

ANNÉES.	TEMPÉRATURE						QUANTITÉ ANNUELLE de pluie.
	MOYENNE (1).	MAXIMUM.		MINIMUM.			mm
1802	14°,4	38°,1	14 août.	—10°,4	17 janvier.		»
1803	15 1	38 ,1	16 août.	— 8 ,8	9 février.		»
1804	14 ,2	35 ,3	6 juillet.	— 8 ,8	2 mars.		»
1805	13 ,9	35 ,0	2 juillet.	0 ,0	10 janvier.		»
1806	14 ,0	36 ,9	15 juillet.	— 1 ,2	6 mars.		487 ,7
1807	15 ,0	35 ,7	30 juillet.	— 3 ,8	2) janvier.		738 ,8
1808	13 ,6	37 ,0	16 juillet.	— 6 ,3	26 février.		576 ,2
1809	13 ,6	31 ,9	1ᵉʳ août.	— 0 ,6	1ᵉʳ janvier.		759 ,1
1810	14 ,1	28 ,7	14 juillet.	— 9 ,4	22 février.		606 ,0
1811	15 ,9	35 ,0	27 juillet.	—10 ,9	3 janvier.		770 ,4
1812	13 ,6	35 ,6	8 juin.	— 8 ,4	2 janvier.		604 ,5
1813	13 ,9	33 ,1	30 juillet.	— 5 ,0	25 janvier		452 ,0
1814	13 ,4	35 ,5	2 août.	— 7 ,5	24 janvier.		527 ,8
1815	14 ,3	31 ,5	21 juillet.	— 3 ,7	17 janvier.		575 ,4
1816	13 ,5	30 ,0	14 août.	— 6 ,7	31 janvier.		262 ,5
1817	14 ,9	32 ,5	3 juillet.	— 1 ,0	11 janvier.		517 ,0
1818	15 ,4	34 ,0	27 juillet.	+ 1 ,0	27 janvier.		414 ,6
1819	15 ,0	33 ,5	7 juillet.	— 1 ,3	7 janvier.		400 ,8
1820	14 ,2	33 ,6	11 août.	—11 ,3	11 janvier.		814 ,4
1821	14 ,8	31 ,5	4 août.	— 3 ,5	2 janvier.		508 ,2
1822	15 ,4	33 ,3	14 juillet.	— 1 ,8	17 janvier.		513 ,2
1823	14 ,2	31 ,5	29 août.	— 6 ,2	15 janvier.		359 ,7
1824	14 ,6	38 ,0	13 juillet.	— 4 ,0	15 janvier.		442 ,3
1825	14 ,3	35 ,0	21 juillet.	— 2 ,0	18 mars.		668 ,1
1826	14 ,0	33 ,0.	2 juillet.	— 6 ,5	16 janvier.		516 ,3
1827	13 ,6	34 ,1	29 juillet.	—11 ,3	21 janvier.		746 ,4
1828	14 ,7	33 ,3	3 juillet.	— 2 ,3	15 décembre.		758 ,2
1829	13 ,3	33 ,5	15 juillet.	—13 ,0	27 décembre.		»
1830	13 ,8	36 ,5	16 juillet.	—11 ,5	2 février.		»
1831	15 ,2	34 ,5	9 juillet.	— 7 ,3	31 janvier.		»
1832	15 ,2	36 ,5	11 août.	— 3 ,5	2 janvier.		»
1833	14 ,2	34 ,0	1ᵉʳ juin.	— 3 ,6	11 janvier.		»
1834	15 ,0	35 ,0	14 juillet.	— 6 ,0	12 février.		»
1835	13 ,0	35 ,0	31 juillet.	— 9 ,5	29 décembre.		»
1836	13 ,2	36 ,6	5 juillet.	— 9 ,5	3 janvier.		»
1837	13 ,1	35 ,0	21 août.	— 5 ,5	2 janvier.		»
1838	13 ,0	33 ,8	20 juillet.	— 7 ,6	20 janvier.		»
1839	14 ,1	38 ,0	3 août.	— 6 ,6	31 janvier.		625 ,0
Moyennes.	14°,4	34°,5	23 juillet.	— 6°,0	21 janvier.		568 ,8

(1) Par la demi-somme des heures d'observation.

Température. (1802-1826.) — Moyenne annuelle corrigée par Schouw d'après les observations diurnes de Ciminello à Padoue . . . . 14°,42

Température par saisons corrigée par Schouw.

Hiver. . . . . 5°,8 | Été . . . . . 23°,1
Printemps . . 13 ,9 | Automne . . . 14 ,6

Mois le plus froid, janvier . . . . 4°,8
Mois le plus chaud, août . . . . . 23 ,8

Pluie. — Quantité annuelle moyenne (24 ans) 568ᵐᵐ,8

Le maximum dans le plus court intervalle est tombé le 4 octobre 1806, savoir 110ᵐᵐ,3 de 10ᵉ du matin à 8ᵉ du soir.

Vents. — Le vent de N.-N.-O. règne pendant la plus grande partie de l'année; le S.-O. souffle souvent en été; le Sud, le S.-E. et le S.-S.-E. sont des vents chauds et humides qui accompagnent souvent la pluie.

Pression atmosphérique. — À 22ᵐ,4 au-dessus de la Méditerranée. Hauteur moyenne du barom. (1802-1811). 760ᵐᵐ,3

Extrêmes (1802-1828).

Maximum le 7 février 1821. . 781ᵐᵐ,1
Minimum le 2 février 1823. . 724ᵐᵐ,2

Bibliographie. — Guérin, *Mesures barométriques*, 1829. — Berghaus, *Physikalischer atlas*, p. 88. — Schouw, *Climat de l'Italie*, p. 114.

MONTPELLIER.

Température. (1806-1817.)—Moyenne annuelle . . . . 13°,6

Hiver. . . . . 5°,8 | Été. . . . . , 22°,0
Printemps . . 12 ,6 | Automne . . . 14 ,3

Maxima de froid.

1709, 11 janvier . . . . — 16°,1
1755, 5 février . . . . — 8 ,8
1766, 11 janvier . . . . — 9 ,5
1768, 5 janvier . . . . — 9 ,5
1788, 31 décembre . . . . . . — 10 ,1
1795, 17 janvier . . . . — 9 ,0
1820, 12 janvier . . . . — 11 ,0

Pluie. — Quantité annuelle moyenne (1767-1802 et 1806-1817). 769mm,7

Pluie par saisons (1767-1792).

Hiver . . . 232mm,7 | Été. 105mm,5
Printemps. 183 ,0 | Automne . 303 ,2

Nombre annuel moyen des jours de pluie (1806-1817). 67

Vents. — Fréquence relative.

Nord (Tramontana) | Sud (marin) . . 124
. . . . 20 | S.-O. (Labech). 14
N.-E. (grec) . . 124 | Ouest (ponant). 186
Est (Leban). . . 84 | N.-O. (magistraou)
S.-E. (marin . 186 | 262

Bibliographie. — Poitevin, *Essai sur le climat de Montpellier*, 1803. — Creuzé de Lesser, *Statistique de l'Hérault*, 1824. — Schouw, *Climat de l'Italie*, p. 161.

CARCASSONNE.

Pied de la tour Saint-Vincent à 103m,7 au-dessus de la Méditerranée (Δ).

Le thermomètre descend rarement à 0° ou — 3°; toutefois en 1789 il tomba à — 12°,0; à Narbonne on le vit à — 12°,5 en 1803.

Pluie. — Quantité annuelle moyenne (1783-1788): 728mm

Quantité annuelle moyenne de pluie dans quelques autres communes du département de l'Aude :

Castelnaudary (1783-1788). . 665mm,5
Beziers   id. . . 446 ,7
Arquettes (1785-1805). . . . 642 ,9

En 1772, M. Cazals, ingénieur, mesura à Trèbes une pluie de 190mm en 24ʰ.

Nombre annuel moyen des jours de pluie à Carcassonne. 51
Jours sereins. 191

Vents. — Leur fréquence dans l'année.

Nord, rare;
Est, rare;
S.-E., ou vent marin. . . . . . . 125 j.
O.-N.-O. (Cers) 240

Bibliographie. — Trouvé, *Statistique du département de l'Aude.*

PERPIGNAN.

Température. — Moyenne annuelle d'après neuf années. . . . . 15°,21

1836. . . . . 14°,56
1837. . . . . 14°,36
1838. . . . . 14°,95

Les moyennes de ces trois années, qui ont été fort inférieures à la moyenne générale, comme le prouvent les tableaux de Marseille et d'Avignon, rendent très-probable le chiffre que je propose, et qui est déduit de la moyenne de 6 années 15°,48, donnée par Berghaus, et des trois années ci-dessus.

Extrêmes de température (1778-1784).
Minimum en 1782 . . . . — 6°,3
Maximum en 1779 . . . . 35°,0

Pluie. — Nombre moyen des jours de pluie (6 ans). 70

Vents. — Le Nord est le vent dominant.

Bibliographie. — Cotte, *Mém. sur la météorologie*, t. II, p. 500. — *Société philomatique de Perpignan*, 1836, 1837 et 1838. Observateur M. Béguin. — Berghaus, *Physikalischer Atlas.*

HYÈRES.

Température. — Moyenne très-probable . . . . 15°,0

[85] *Minima de température.*

HIVERS.	MINIMA.	DATES.
1810-1811	— 4°,4	1er janvier.
1811-1812	— 2 ,5	23 janvier.
1812-1813	0 ,0	15 janvier.
1813-1814	— 5 ,9	25 janvier.
1814-1815	— 5 ,9	21 janvier.
1815-1816	— 3 ,1	1er février.
1816-1817	1 ,5	2 décembre.
1817-1818	2 ,5	12 décembre.
1818-1819	0 ,0	14 décembre.
1819-1820	— 11 ,9	11 janvier.
1820-1821	0 ,0	2 janvier.
1821-1822	0 ,0	9 janvier.
1822-1823	— 1 ,2	19 janvier.
1823-1824	0 ,0	19 janvier.
1824-1825	0 ,6	6 février.
1825-1826	— 2 ,9	11 janvier.
1826-1827	— 3 ,6	24 janvier.
1827-1828	0 ,3	13 février.
1828-1829	— 0 ,6	13 février.
1829-1830	— 5 ,3	28 décembre.
1830-1831	— 2 ,0	25 décembre.
1831-1832	— 0 ,6	29 décembre.
1832-1833	0 ,6	23 janvier.
1833-1834	0 .1	12 février.
1834-1835	0 ,6	26 décembre.
1835-1836	— 1 ,3	2 janvier.
1836-1837	— 0 ,3	30 décembre.
1837-1838	— 1 ,3	12 janvier.
1838-1839	— 0 ,8	2 février.
1839-1840	— 0 ,3	25 mars.
Moyennes..	— 1°,5	6 janvier.

Pluie. (1824-1833.) — Quantité annuelle moyenne. . . . . \ 746mm,6

Hiver. . . 267mm,0 | Été. . . . 41mm,7
Print. . . 142 .6 | Automne. 295 ,2

Nombre annuel moyen des jours de pluie. 40

Bibliographie. — Alph. Denis, *Promenades pittoresques et statistiques dans le département du Var.*—Ch. Martins, Observations sur le climat d'Hyères et les végétaux qu'on y cultive en pleine terre, *Ann. des sciences naturelles*, 1838. — Barth, Notice topographique et médicale sur la ville d'Hyères. *Archives de médecine*, octobre 1841.

TOULON.

Température (1749-1781). — Moyenne annuelle. . . . . 14°,4

Hiver	6°,1	Été	23°,4
Printemps,	12 1	Automne. .	15 ,0

Mois le plus chaud, août. . . . . 25°,9
Mois le plus froid, janvier. . . . 4 ,6

Pluie. (1749-1781) — Quantité annuelle moyenne. 505mm,7

Hiver . . .	146mm,2	Été	44mm,8
Printemps.	117 ,9	Automne. .	206 ,8

Vents. —Nombre de jours que chaque vent souffle dans l'année.

Nord.	7 j.	Sud.	9 j.
N.-E.	45	S.-O.	28
Est.	40	Ouest.	34
S.-E.	46	N.-O.	144

Bibliographie. — Tableau des observations météorologiques faites à Toulon pendant 33 ans, par M. le docteur Burel. *Statistique du département des Bouches-du-Rhône*, par M. de Villeneuve, p. 226.

NICE.

(Heures d'observation : 7ᵃ mat., midi, 8ᵃ du soir.)

Température (1806-1825). — Moyenne de l'année . . . . 15°,6

Hiver. . . .	9°,3	Été.	22°,5
Printemps. .	13 ,3	Automne. . .	17 ,2

Mois le plus froid, janvier. . . . 8°,3
Mois le plus chaud, août. . . . . 23 ,6

Extrêmes absolus.

Maximum. . . . . 33° 4
Minimum. . . . . — 9 ,6

Pluie. — Quantité relative dans les quatre saisons, la quantité annuelle étant égale à 100 (20 ans).

Hiver.	29	Été.	12
Printemps.	29	Automne.	30

Nombre annuel moyen des jours de pluie. 52

Hiver.	15 j.	Été.	6 j.
Printemps.	15	Automne.	16

Bibliographie. — Schouw, *Climat de l'Italie*, passim.

BASTIA (Corse).

Température. — Moyenne de l'année par les observations de 8ᵃ 30′ du matin (1832-1834). . . . . 16°,76

Autre moyenne par des heures variables (1805-1813). . . . . 16°,65

Le beau temps règne pendant les 0,63 de l'année; le ciel est nébuleux pendant 0,30, et il pleut pendant 0,5.

Vents. — Fréquence relative, le nombre total des heures pendant lesquelles les vents ont soufflé étant égal à 1000.

Nord.	60	Sud.	65
N.-E.	102	S.-O.	163
Est.	57	Ouest.	76
S.-E.	176	N.-O.	34

On voit que Bastia est sous l'empire des vents de S.-E., de S.-O. et de N.-E. Son régime anémométrique tient à la fois de celui du Languedoc et de celui des côtes de l'Océan; mais le N.-O. n'est plus prédominant, comme dans la région méditerranéenne de la France continentale. Cependant il paraît qu'en hiver ce vent règne habituellement à Ajaccio.

Bibliographie.—Robiquet, *Recherches historiques et statistiques sur la Corse*.

CHAPITRE III. — ESQUISSE HISTORIQUE DE LA MÉTÉOROLOGIE FRANÇAISE.

Nous n'avons point l'intention de faire dans cette notice l'histoire des travaux entrepris par les savants français pour agrandir le domaine de la météorologie; notre champ est plus restreint. Nous voulons seulement indiquer les observations entreprises sur les différents points du territoire, pour arriver à en connaître le climat. Les longues séries d'observations sont en effet les seuls travaux qui puissent faire avancer la climatologie. Sans doute l'étude de quelques phénomènes rares ou curieux, l'indication de froids rigoureux ou de fortes chaleurs, de pluies diluviales ou de grandes sécheresses, ne sont pas sans utilité; mais ces observations isolées ne conduiront jamais à la connaissance des lois qui régissent les modifications de l'atmosphère, et les faits rares et exceptionnels auxquels le public attache tant d'intérêt sont beaucoup moins importants aux yeux des météorologistes que la succession régulière des changements atmosphériques.

Toutes les chroniques, même celles qui remontent aux temps les plus reculés, sont remplies du récit de phénomènes extraordinaires, souvent défigurés par l'imagination et les préjugés politiques ou religieux de ceux qui en étaient témoins; mais toute mesure de la température, de la pression atmosphérique et de la quantité de pluie était impossible avant l'époque où les divers instruments propres à ces usages ont été inventés, c'est-à-dire avant le commencement du dix-septième siècle.

Une des premières séries météorologiques qui aient été faites en France, sans toutefois avoir recours aux instruments de précision, est celle que Pingré a utilisée dans son Mémoire sur les grands hivers de la France (*Mém. de l'Acad. des sciences* pour 1789, p. 514). Cette suite d'observations, qui est restée manuscrite est due à un savant de Paris appelé Ismael Bouillau. Elle embrassait toutes les années comprises entre 1635 et 1667, et permet de s'assurer que les hivers de 1655 à 1656, 1657 à 1658, 1662 à 1663, 1670 et 1676 à 1677 ont été extrêmement rigoureux.

Un médecin de la Faculté de Paris, le docteur Morin, commença en 1670 une série d'observations sur le baromètre, le thermomètre, la direction du vent, qu'il notait trois fois par jour, et la continua jusqu'en 1709. Cotte a consulté ce journal, dont Fontenelle fait l'éloge, et qui se trouvait parmi les manuscrits de la bibliothèque de l'Acad. des sciences. Ces observations se rattachent à celles que de l'Isle fit de 1748 à 1760, et qui furent continuées par Messier. Cotte les a analysées dans son *Traité de météorologie*, p. 372. En 1689, de La Hire le père entreprit à l'Observatoire de Paris la mesure des quantités annuelles de pluie, et la continua jusqu'en 1718. Celles de 1712 à 1717 sont consignées dans les *Mémoires de l'Ac. des sciences* de 1713 à 1718. Avec la quantité de pluie, il indique aussi les extrêmes du baromètre et du thermomètre. De 1719 à 1743, ces observations furent faites par Cassini et Maraldi, qui publièrent leurs résumés dans les *Mémoires* de la même Académie de 1721 à 1743.

En province, quelques observateurs isolés se livraient à la météorologie pratique dès le commencement du dix-huitième siècle. A Montpellier, le président Bon observait le thermomètre d'Amontons, et nous a laissé quelques renseignements sur les chaleurs de 1705 et le froid de 1709. (Poitevin, *Essai sur le climat de Montpellier*, p. 127.) En 1729, M. de Montvallon mesura la quantité de pluie qui tomba dans l'année à Aix en Provence, pour la comparer à celle que l'on recueillait à Paris. Sur l'invitation de Mairan, MM. Bouillet et Andoque firent le même travail à Béziers de 1725 à 1733, et consignèrent aussi leurs résultats dans le volume des *Mém. de l'Acad. des sciences* pour 1732. La publication des Mémoires de Réaumur sur le thermomètre, dans ceux de l'Acad. des sciences pour 1730 et 1731, fut un événement important pour la météorologie. Son échelle fut adoptée bientôt par tous les savants, les observations devinrent plus comparables, et Réaumur lui-même le prouva en publiant les observations thermométriques faites à Paris et en d'autres lieux pendant les années comprises entre 1733 et 1740. Celles de Cossigny, entreprises

à la même époque d'après les instructions de Réaumur, donnèrent quelques notions plus précises sur le climat de nos colonies, et la comparaison du thermomètre à alcool et à mercure par Tillet, en 1764, engagea un grand nombre d'observateurs à préférer ce dernier. Cependant, la série de l'Observatoire royal de Paris se continuait toujours; M. de Fouchy publia ses résumés de 1744 à 1754, dans les volumes correspondants de l'Académie.

Vers la même époque, Duhamel du Monceau commençait à Denainvilliers, près Pithiviers, une suite d'observations botanico-météorologiques qu'il publia intégralement dans les *Mém. de l'Acad. des sciences*. Elles commencent en 1748 et finissent en 1780. C'est une des sources les plus précieuses que l'on possède pour la direction des vents, la température, et leur influence sur la végétation. Les observations se faisaient trois fois par jour : à 8ʰ du matin, à midi et à 11ʰ du soir. Sous le nom d'histoire physique de l'atmosphère on trouve dans les *Mém. de l'Acad. des sciences* de 1786 à 1789 les résumés des observations météorologiques faites à l'Observatoire de Paris pendant les années correspondantes.

En juillet 1783, Cassini et Legentil placèrent dans la cave de l'Observatoire, à 28ᵐ au-dessous du sol, un thermomètre à mercure, calibré avec le plus grand soin, de 510ᵐᵐ de long et pourvu d'une échelle sur verre bien divisée. Depuis 1788, le résumé des registres météorologiques de l'Observatoire est publié chaque année dans la *Connaissance des temps*. Les observations originales sont consignées dans les *Annales de chimie et de physique* depuis 1816, et dans les *C.-R. de l'Acad. des sciences* depuis le milieu de 1835. En 1827, M. Bouvard inséra, dans les *Mém. de l'Acad. des sciences*, un résumé très-détaillé de 1806 à 1826. La série météorologique de Paris est maintenant de 155 ans, et aucun événement politique, quelque grave qu'il fût, ne saurait l'interrompre désormais. En effet, grâce aux résumés météorologiques des années 1816 à 1830 faits par M. Arago dans les *Annales de chimie et de physique,* grâce surtout aux notices qu'il a publiées sur le climat de Paris dans les *Annuaires* pour 1823, 1824, 1825 et 1838, la météorologie est une science dont le public apprécie l'importance et la dignité. Tout le monde comprend que l'honneur national est intéressé à ce que des observations dont la valeur augmente chaque jour soient continuées sans interruption, car elles transmettront aux siècles futurs les plus précieuses données sur la constance des climats, leur détérioration ou leur amélioration successives.

Malheureusement, dans aucune ville de

province on ne possède une suite aussi longue et aussi continue. Toutefois, nous avons à signaler des séries d'observations dont les auteurs ont d'autant plus de droits à la reconnaissance des savants qu'ils étaient souvent seuls et privés de tout secours pour entreprendre ces longs et fastidieux travaux. A Bordeaux, M. de Sarreau nota les quantités annuelles de pluie depuis 1714 jusqu'à 1770 ; M. Baux à Nîmes, de 1743 à 1780. L'Observatoire de Marseille possède des renseignements météorologiques qui remontent à 1744. À Toulouse, Marcorelle nota la hauteur du thermomètre et du baromètre, et les indications de l'udomètre, de 1747 à 1756. Ses observations parurent dans le tome IV des *Mémoires des savants étrangers*, et Cotte les a analysées avec détail dans son *Traité de météorologie*, p. 350. A Montpellier, Jacques Poitevin évalua les quantités mensuelles de pluie depuis 1767 jusqu'en 1801. Il publia ses résultats dans son *Essai sur le climat de Montpellier*, qui parut en 1803. M. Burel, premier médecin de la marine à Toulon, enregistra les extrêmes du baromètre et du thermomètre depuis 1749 jusqu'en 1781. M. Tully, médecin à Dunkerque, envoya à l'Acad. des observations très-exactes depuis 1758 jusqu'en 1768. Mais tous ces efforts étaient individuels et ne se reliaient à aucun plan d'observations générales et comparatives.

Le *Traité de météorologie* de Cotte, publié en 1774, avait attiré l'attention publique sur cette science ; aussi, quand le contrôleur-général des finances adressa, en 1775, aux médecins et aux physiciens de province différentes questions sur la température et la constitution médicale des années 1772, 1773, 1774 et 1775, un grand nombre de mémoires lui furent envoyés. Peut-être eussent-ils été perdus pour la postérité, si la Société royale de médecine n'eût été constituée par un arrêt du conseil du 29 avril 1776. Cette société, qui a compté parmi ses membres Lieutaud, Vicq-d'Azyr Lorry, Macquer, Antoine de Jussieu Hallé, Duhamel, Necker. Daubenton, Barthez, Cotte, Franklin, Le Pecq de la Clôture, etc., conçut un projet d'observations météorologiques simultanées, destinées à éclairer une foule de questions d'hygiène, de topographie médicale et d'agriculture. La Société publia des instructions très-bien faites. Elle recommande l'usage du thermomètre à mercure gradué d'après Réaumur, met les auteurs en garde contre les effets de la parallaxe, et conseille de placer l'instrument au nord. Le baromètre devait être muni d'une très-grande cuvette, afin de n'avoir pas à tenir compte des changements de niveau du mercure contenu dans cette cuvette. La surface de l'udomètre était de 105 millimètres carrés (un pied carré). Les vents

avaient été partagés en huit rhombes, et le journal météorologique contenait sept colonnes consacrées à enregistrer la date du jour, l'heure, la direction du vent, le thermomètre, le baromètre, la déclinaison de l'aiguille aimantée et l'état du ciel ; on conseillait d'observer trois fois par jour. Les médecins qui avaient envoyé leurs mémoires au contrôleur des finances furent nommés correspondants de la Société royale. Cette faveur et le désir de coopérer à un grand travail national excitèrent dans toute la France une émulation extraordinaire. Même les médecins de village se mirent à observer assidûment les phénomènes atmosphériques, et dans le troisième volume des *Mémoires* de la Société, trois ans après sa constitution, Cotte put donner douze tableaux des observations mensuelles pour 1779, faites dans cinquante-trois localités disséminées sur toute la surface de la France. Dans les trois volumes suivants il a consigné ses résumés pour les années 1780 à 1785. Le deuxième volume des *Mémoires de météorologie*, publié en 1788, contient ces résumés plus abrégés, où l'on ne trouve guère que la quantité de pluie et les extrêmes annuels du thermomètre et du baromètre. Cependant cet ouvrage est constamment cité par les météorologistes, et je donne ici, par ordre alphabétique, la liste des localités appartenant à la France ou à ses colonies sur lesquelles il fournit des renseignements climatologiques. Les chiffres placés à la suite de chaque ville indiquent le nombre d'années pendant lesquelles les observations ont été continuées.

Agde 4, Aix 3, Alger 2, Arles 2, Arras 7, Avranches 6, Aurillac 2 Auxerre 7, Balerne 2, Barry 1, Bayeux 1, Beaune 1, Berg-Saint-Vinox 4, Besançon 5, Béziers 9, Billom 7, Bordeaux 66, Bourbonne-les-Bains 3, Brest 1 Bruyère 2, Cambray 8, Castel-Sarrasin 1, Cavaillon 1, Caussade 1, Chambon 2, Chartres 8, Chinon 9, Clermont-Ferrand 4, Cusset 4, d'Aligre 1, Dax 5, Denainvilliers 31, Dieppe 1, Dijon 7, Dunkerque 3, Étampes 2, Grande-Combe-de-Bois 2, Gray 3, Grenoble 3, Haguenau 5, île Bourbon 3, Laigle 3, Laon 35, La Rochelle 4, La Tremblade 1, Les Essarts 4, Lille 8, Lons-le-Saulnier 1, Luçon 4, Lyon 4, Manosque 4, Marseille 9, Maubeuge 4, Mayenne 2, Metz 7, Mezin 8, Mirecourt 1, Montargis 5, Montauban 3, Mont-Dauphin 2 Mont-Didier 2, Mont-Louis 5, Montluçon 1, Montmorency 15, Montpellier 11, Mulhouse 6, Nancy 6, Nantes 6, Nîmes 5, Oloron 4, île d'Oleron, 3, Orléans 3, Paris 32, Perpignan 6, Poitiers 10, Pondichéry 6, Pontarlier 3, Pontorson 2, Provins 2, Réthel 3, Rhodez 4, Rieux 2. Rouen 6, Sables-d'Olonne 1, Saint-Brieuc 8, Saint-Dié 3, Saint-Jean-de-Bruel 4, Saint-Malo 5, Saint-

Maurice - le - Girard 10, Saint-Omer 1, Saint-Paul-Trois-Châteaux 3, Saint-Sever 1, Salon-de-Crau 1, Seurre 2, Soissons 2, Strasbourg 4, Tarascon 5, Tonneins 1, Toulon 2, Toulouse 10, Tournus 2, Troyes 6, Vannes 2, Versailles 1, Vienne 6, Villefranche 5, Vire 6 Viviers 4.

On voit que la France était couverte à cette époque d'un réseau météorologique. Si la grande commotion de 1789 n'était pas venue interrompre ces paisibles travaux, la plupart des questions climatologiques qui nous intéressent seraient maintenant résolues, car les instruments et les méthodes d'observation se seraient successivement améliorés. Le concours de tant de travailleurs aurait excité le zèle des physiciens pour asseoir la météorologie sur des bases solides. Malheureusement l'association, dont les liens furent rompus par la révolution, ne se rétablit pas, et nous verrons que les observateurs sont aujourd'hui bien clair-semés à la surface de la France. Cependant l'exemple qu'elle avait donné fut suivi à l'étranger. La société météorologique de Manheim fut fondée et publia les observations originales d'un grand nombre de points pendant les années comprises entre 1781 et 1787, sous le titre suivant : *Ephemerides societatis meteorologicœ Palatinœ*. Dans les sept volumes qui forment ce précieux recueil, on trouve les séries faites par Seignette à La Rochelle, de 1781 à 1787 (*Observationes Rupellenses*), celles de Maret, à Dijon, pour 1783 et 1784 (*Obs. Divionenses*), enfin celles de Silvabelle, à Marseille (*Obs. Massilienses*), de 1783 à 1786. Ces tableaux sont encore plus complets que ceux de la Société royale de médecine, car ils contiennent douze colonnes, savoir : baromètre, thermomètre intérieur thermomètre extérieur, hygromètre, déclinaison de l'aiguille aimantée, vent, pluie, évaporation, hauteur des eaux de la rivière la plus rapprochée, lune, aspect du ciel et météores.

Parmi le petit nombre d'observateurs dont les travaux ne furent point interrompus par la révolution, nous devons citer le docteur de La Mazière, à Poitiers, et M. Flaugergues, à Viviers; le premier ne les cessa qu'à l'époque de sa mort, en 1819; le second en 1817. La série commencée à l'observatoire de Marseille par Silvabelle fut continuée par Thulis, Blanpain, Gampard et Valz. Au commencement du dix-neuvième siècle, on reprit les observations météorologiques sur quelques points, et on en commença sur d'autres où l'on n'avait point observé jusqu'ici. M. d'Hombres-Firmas entreprit à Alais en 1802 une série dont il a donné le résumé en 1838. M. Guérin commença, dans la même année, à Avignon, une suite d'observations qui ne s'arrête qu'en 1839 ;

M. Tardy de La Brossy nota à Joyeuse les quantités de pluie de 1801 à 1829. M. Valz continua, à Nîmes, les observations de M. Baux. Celles de Herrenschneider, à Strasbourg, datent de 1811, et finissent en 1834. La série de M. de Gasparin, commencée à Orange en 1813, se continue encore. Ces deux physiciens firent connaître leurs résultats, l'un dans son résumé des années 1811 à 1826, le second dans son mémoire sur la distribution des pluies en Europe, et dans ses nombreux travaux sur l'agriculture française. A Toulouse, M. Marqué-Victor fit, en 1817 et 1818, une série barométrique horaire de 6ʰ du matin à minuit, et il continua les observations trihoraires pendant les trois années suivantes. De 1814 à 1822, MM. d'Aubuisson et Assiot firent de leur côté une série à l'observatoire de la ville où M. Petit la continue depuis 1839. Ces observations sont toutes trèsremarquables par le soin avec lequel elles ont été faites, et les résultats de MM. Marqué-Victor et d'Aubuisson ont été analysés avec détail par M. de Carney, dans une notice sur les travaux de la classe des sciences physiques de l'académie de Toulouse (*Mém. de l'Acad. de Toulouse*, 1827. p. 93).

Les observations de M. Nell de Bréauté, à La Chapelle, près Dieppe, paraissent dater de 1818, et se continuent encore. A Metz, M. Schuster commença à observer en 1825, et publia, dans les mémoires de l'académie de cette ville, un résumé des années 1825 à 1834. Le baromètre est de Fortin; il a été mis en place par M. Arago. Ces observations méritent toute confiance et n'ont point cessé de paraître dans les mémoires de l'académie de Metz. A Bruxelles, M. Quételet a entrepris, en 1833 une série avec des résumés annuels insérés dans les mémoires de l'académie de Bruxelles. Ce sont des modèles à suivre en météorologie, à cause du perfectionnement continuel et progressif des instruments et des méthodes d'observation. Parmi les savants de province qui se livrent encore aujourd'hui à l'étude de notre climat, et dont les travaux sont venus à ma connaissance, je citerai les noms suivants pour les signaler à la reconnaissance de tous ceux qui s'intéressent aux progrès de la météorologie et à l'avenir de notre patrie. Ce sont MM. Brion à Abbeville, Bartayrès à Agen, d'Hombres-Firmas à Alais, Aimé à Alger, Ménières à Angers, Guérin à Avignon, Abria à Bordeaux, Puvis à Bourg, Delaruc à Dijon, de Beauregard et Honnoraty à Hyères, Nell de Bréauté à La Chapelle, Delezenne à Lille, Fournet à Lyon, Baumgarten à Marmande, Valz et Billet à Marseille, Risso à Nice, Mermet à Pau, Noël à Pont-Levoy, Morren à Rennes, Lamarche à Saint-Lô, Flaugergues à Toulon et Petit à Toulouse.

Note sur la représentation graphique des lois naturelles ou mathématiques.

On a employé depuis long-temps avec succès la construction de courbes planes pour représenter la dépendance mutuelle qui peut exister entre deux quantités variables. La détermination d'une courbe de ce genre se fait facilement. On compte sur une ligne droite, a partir d'un point fixe, des longueurs proportionnelles aux valeurs arbitraires que l'on donne à l'une des deux quantités ; à partir de l'extrémité de chacune de ces longueurs, on porte, parallèlement a une même direction faisant un certain angle avec la première, d'autres longueurs proportionnelles aux valeurs correspondantes de l'autre variable ; puis on fait passer un trait continu par les extrémités de cette série de lignes droites suffisamment rapprochées.

Les premières distances comptées à partir du point fixe sont ce que l'on appelle des *abscisses*; les longueurs mesurées parallèlement à une même direction, et par les extrémités desquelles passe la courbe, sont les *ordonnées*. Le nom de *coordonnées* est donné à la fois aux abscisses et aux ordonnées. Le point de départ fixe pris sur la droite des abscisses est l'*origine des coordonnées*. Cette droite porte le nom d'*axe des abscisses*; l'axe des ordonnées est celle que l'on mène par l'origine parallèlement à la direction constante des ordonnées. Habituellement, pour plus de simplicité, on prend les axes des coordonnées rectangulaires.

C'est ainsi que l'on a construit des courbes qui représentent la variation de la température, ou de la pression barométrique, etc., dans un jour et dans un lieu déterminés.

La continuité du tracé donne à cette représentation des avantages particuliers sur les résultats numériques isolés, notamment en ce qui concerne la possibilité de déterminer promptement, à vue, la marche de la loi exprimée par la courbe.

Il est facile de pressentir que la représentation graphique des lois qui renferment trois éléments variables, dont un peut être considéré comme dépendant des deux autres, n'offrirait pas moins d'intérêt que celle qui s'applique seulement à deux éléments. Or, deux coordonnées déterminent la position d'un point sur un plan ; tout point du plan peut donc être considéré comme répondant à des valeurs connues des deux premiers éléments variables. Si donc on imagine qu'en chacun des points de ce plan on élève une perpendiculaire proportionnelle à la valeur déterminée, pour le troisième élément, par celles de l'abscisse et de l'ordonnée du pied de la perpendiculaire, l'extrémité supérieure de celle-ci sera un point dont cette construction déterminera parfaitement la position dans l'espace.

En supposant une continuité parfaite entre les positions de tous les points ainsi déterminés, on voit sans peine qu'ils sont placés sur une surface courbe dont la forme est très-propre à peindre aux yeux et à faire ressortir les propriétés principales de la loi naturelle à trois éléments variables que l'on a voulu représenter.

Bien que l'établissement d'une surface courbe de ce genre semble exiger les trois dimensions de l'espace, on possède une notation aussi simple qu'expressive au moyen de laquelle il est facile de remplacer, par des constructions effectuées sur un plan unique, celles que nous venons d'indiquer dans l'espace. Voici en quoi consiste cette notation.

Imaginons que nous ayons mené divers plans équidistants entre eux et parallèles au plan sur lequel nous comptons nos deux premières coordonnées. Ces plans couperont la surface courbe dont il s'agit suivant certaines courbes, appelées *lignes de niveau*, dont la forme sera éminemment propre à faire juger de celle de la surface. Or, pour conserver ces courbes exactement en grandeur naturelle, et autant que possible dans leurs positions relatives, il suffit de les projeter parallèlement à elles-mêmes sur le plan des deux premières ordonnées ; en affectant alors à chacune d'elles un chiffre ou *cote* indiquant la hauteur du plan coupant qui l'a déterminée, on aura, sur un plan unique, tous les éléments nécessaires pour rétablir, si on le voulait, la surface courbe sur laquelle elles ont été tracées.

La fig. 20 col. 245 est un exemple d'une représentation de ce genre. Elle peint aux yeux la surface courbe dont l'ordonnée verticale exprime la température moyenne correspondant à une certaine heure du jour et à un certain mois de l'année, à Paris. Malheureusement les observations manquent entre 9 h. du soir et 9 h. du matin, et il n'a pas été possible de construire le plan pour l'intervalle de 24 heures consécutives. Si la construction avait été complète, on aurait vu, outre le point culminant qui porte la cote 22,97, et qui correspond à juillet et à 3 h. du soir, un point placé au fond d'un enfoncement, correspondant au mois de janvier et à 6 ou 7 heures du matin.

Les projections des *lignes de pente* tracées perpendiculairement aux directions sur lesquelles sont comptés les mois et les heures font connaître la succession, suivant les saisons, des heures du jour auxquelles ont lieu le maximum et le minimum diurnes, et des époques de l'année auxquelles se produisent le maximum et le minimum pour chaque heure.

La représentation graphique des surfaces courbes par le moyen des projections de leurs lignes de niveau n'est pas bornée au système de coordonnées rectilignes dont on fait ordinairement usage. Elle n'est même qu'un cas particulier d'une notation plus générale, où, quel que fût le système de coordonnées adopté, on tracerait sur une surface quelconque la projection orthogonale ou polaire des courbes qui correspondent à une même valeur de la troisième coordonnée.

C'est avec des coordonnées polaires qu'ont été construites les roses des vents des col. 236 et 241. Si on se reporte aux représentations qui ont été données, sur le même sujet, par M. Mahlmann dans la traduction allemande d'un ouvrage de M. Forbes, et qui ont été reproduites dans le *Million de faits*, col. 359 et 374, on reconnaîtra sans doute que la nouvelle notation est plus simple et plus expressive que celle qui avait été proposée auparavant.

On pourrait appliquer des idées de ce genre à la représentation de lois mathématiques à 3 variables ou à la construction de tables graphiques qui suppléeraient à des tables numériques pour la confection de certains calculs. Ainsi une table de multiplication serait remplacée par une feuille de dessin, sur laquelle seraient tracées une série d'hyperboles équilatères, dont la *puissance* croîtrait d'une quantité constante. Mais la construction et surtout la gravure de ces courbes ne laisserait pas d'offrir encore des difficultés; et pour employer avec avantage des tables graphiques à double entrée, il fallait imaginer un principe qui permît de substituer aux courbes de simples lignes droites. C'est ce qui a été réalisé dans la construction d'un ABAQUE ou COMPTEUR UNIVERSEL, fondé sur le principe de la *graduation des coordonnées*. L'Académie des Sciences a donné son approbation sur le rapport de M. Cauchy, au mémoire où ces idées ont été consignées, et en a décidé l'insertion dans le *Recueil des savants étrangers*. (V. les *C. R. de l'Ac. des Sciences*, séance du 11 septembre 1843.)

V. GÉOGRAPHIE BOTANIQUE DE LA FRANCE,

Par CH. MARTINS.

CHAPITRE I. — STATISTIQUE VÉGÉTALE.

D'après un recensement récent dû à M. Lasségue et publié dans sa *Notice historique* sur le musée et les collections de M. Benjamin Delessert, le nombre total des végétaux connus s'élève à 95 000.

Si nous prenons pour base de notre calcul le *Botanicon gallicum* de M. Duby, nous trouvons que le nombre des plantes croissant spontanément ou complétement naturalisées en France est de 7 276. Ces végétaux sont répartis d'une manière différente dans les quatre grands embranchements du règne végétal suivant la partie du monde que l'on considère. Le tableau qui suit donne une idée de cette répartition étudiée comparativement en France et dans le monde entier. Je n'ai pas besoin d'ajouter que ces nombres ne sont que provisoires et subordonnés aux progrès que la science est en droit d'attendre du zèle des voyageurs qui rapportent tous les jours des plantes nouvelles, et de l'empressement des botanistes à les faire connaître.

[88] *Tableau du nombre des espèces de végétaux connues.*

		LE MONDE.	LA FRANCE.
Végétaux embryonnés ou phanérogames	dicotylés	64 600	2 950
	monocotylés .	15 400	713
Végétaux inembryonnés ou cryptogames	vasculaires...	4 500	75
	cellulaires...	10 500	3 423

On voit que le rapport des dicotylés aux monocotylés est à peu près le même en France et dans le monde entier, mais notre pays est relativement très-pauvre en Cryptogames vasculaires et très-riche en Cryptogames cellulaires. Hâtons-nous d'ajouter que l'étude des végétaux inférieurs date de peu de temps. Les voyageurs, éblouis par les magnificences de la végétation des Phanérogames des pays chauds, ont long-temps négligé complètement les Mousses, les Lichens, les Hépatiques et les Champignons qui croissent sur la terre humide et sur les troncs des arbres ; mais maintenant que leur attention est éveillée, on est étonné du nombre des Cryptogames qui nous viennent des tropiques, et le temps n'est pas éloigné peut-être où le nombre des végétaux inférieurs égalera ou surpassera même celui des Phanérogames dans toutes les parties du monde.

Si l'on compte le nombre des espèces phanérogames qui croissent spontanément sur le sol de la France, on verra qu'il est plus considérable que dans les divers états de l'Europe pris séparément. C'est un résultat de la diversité de climats dont nous avons parlé, et de la présence de chaînes de montagnes, les unes médiocrement élevées, les autres dominées par des sommets couverts de neiges éternelles. Le tableau suivant, emprunté à l'Atlas de Berghaus, prouve la richesse végétale de la France (1).

[89] *Nombre des espèces de végétaux phanérogames dans différents états européens.*

Laponie. . .	495	France . . .	3 660
Islande . . .	407	Allemagne .	2 280
Suède. . . .	1 165	Suisse. . . .	2 255
Danemark. .	1 035	N. de l'Italie	2 015
Écosse. . . .	1 155	R. de Naples	2 945
Irlande . . .	940	Portugal . .	1 610
Angleterre. .	1 370	Sicile	1 815
Prusse. . . .	1 079	Grèce. . . .	2 335

Il ne suffit pas d'avoir montré quelle est la répartition des plantes françaises dans les quatre grands embranchements du règne végétal. Il est nécessaire de descendre à des divisions moins générales et de voir quelles sont les familles qui comptent le plus grand nombre de représentants dans la Flore française. J'avais d'abord eu l'in-

---

(1) Le *Botanicon gallicum* de M. Duby contient 62 plantes qui ne sont pas indigènes en France, mais naturalisées dans les jardins comme fleurs d'ornement. On y trouve aussi la description des végétaux cultivés et des arbres qui sont assez communs pour pouvoir être considérés comme faisant partie de la Flore nationale.

tention d'ajouter aux espèces décrites dans le *Botanicon gallicum* de Duby, dont la publication remonte à 1828, toutes celles dont la Flore française s'est enrichie depuis, soit qu'on ait découvert des plantes qui jusqu'ici n'avaient jamais été trouvées sur le sol français, soit qu'on ait distingué des espèces que l'on confondait autrefois entre elles. Plusieurs motifs m'ont détourné de ce projet : 1° En additionnant les espèces nouvellement décrites avec celles de Duby, il en serait résulté une grande confusion. Les botanistes auraient pu élever des doutes sur la légitimité de ces espèces ou sur leur existence en France; il leur eût été impossible de vérifier si la plante ajoutée à la famille est réellement nouvelle, ou n'est que le synonyme d'une plante déjà mentionnée dans l'ouvrage en question. Je cite un exemple. Supposons que j'aie ajouté à la famille des Potamées le *Potamogeton monogynum*, Gay; et *P. pusillum*, L., découverts nouvellement aux environs de Paris. Le nombre des espèces de la famille eût été augmenté de deux, mais le lecteur n'aurait pu savoir, et je n'aurais pu lui apprendre à moins de longues citations, quelles étaient les plantes ajoutées. 2° Dix-huit mois au moins devant s'écouler entre le moment où j'écris et celui de la publication de ce livre, j'ai préféré donner dans un supplément annexé à la fin de l'ouvrage la liste des plantes découvertes depuis la publication du *Botanicon gallicum*. Etant rangées par familles, il sera facile de les ajouter aux nombres contenus dans le tableau suivant, et chacun pourra discuter les questions de synonymie ou de topographie botanique qu'elles feront naitre dans son esprit. Il en résultera des changements pour le nombre absolu des espèces, mais les rapports du nombre de ces espèces considérés dans chaque famille resteront sensiblement les mêmes.

[90] *Nombre des espèces françaises appartenant à chaque famille naturelle, d'après le* Botanicon gallicum *de Duby.*

I. Végétaux embryonnés.

1° Dicotylées.

Famille	Nombre	Famille	Nombre
Renonculacées	130	Polygalées	6
Berbéridées	3	Frankéniacées	3
Nymphaeacées	3	Cariophyllées	152
Papavéracées	14	Linées	14
Fumariacées	13	Malvacées	25
Crucifères	202	Tiliacées	2
Capparidées	1	Aurantiacées	4
Cistinées	43	Hypéricinées	18
Violariées	19	Acérinées	5
Résédacées	7	Hippocastanées	1
Droséracées	5	Méliacées	1
		Ampélidées	2
		Géraniacées	29
		Tropéolées	2

Famille	Nombre	Famille	Nombre
Balsaminées	2	Antirrhinées	54
Oxalidées	3	Orobanchées	20
Zygophyllées	1	Rhinanthacées	67
Rutacées	6	Labiées	147
Célastrinées	4	Verbenacées	3
Rhamnées	10	Acanthacées	2
Térébinthacées	7	Lentibulariées	7
Légumineuses	343	Primulacées	41
Rosacées	119	Globulariées	5
Granatées	1	Plumbaginées	21
Myrtacées	2	Plantaginées	22
Cucurbitacées	10	Nyctaginées	2
Onagraires	15	Amaranthacées	5
Haloragées	8	Chénopodées	48
Cératophyllées	2	Polygonées	38
Lythrariées	6	Thymelées	13
Tamariscinées	3	Laurinées	1
Portulacées	2	Santalacées	3
Paronychiées	22	Eléagnées	2
Crassulacées	35	Cytinées	6
Nopalées	2	Euphorbiacées	40
Ficoïdes	1	Urticées	14
Grossulariées	5	Juglandées	1
Saxifragées	40	Amentacées	65
Ombellifères	177	Conifères	20
Caprifoliacées	19		
Loranthées	2		
Rubiacées	56		
Valérianées	28		
Dipsacées	25		
Composées	457		
Lobéliacées	4		
Campanulacées	39		
Vacciniées	4		
Ericinées	25		
Monotropées	1		
Ebénacées	2		
Jasminées	12		
Apocynées	8		
Gentianées	32		
Polémoniacées	1		
Convolvulacées	13		
Borraginées	43		
Solanées	43		

2° Monocotylées.

Famille	Nombre
Hydrocharidées	3
Alismacées	11
Potamées	20
Orchidées	57
Iridées	19
Amaryllidées	28
Asparagées	17
Liliacées	88
Broméliacées	1
Colchicacées	8
Joncées	44
Palmiers	1
Aroïdées	8
Typhacées	9
Cypéracées	126
Graminées	267
Lemnacées	5

II. Végétaux inembryonnés.

1° Vasculaires.

Famille	Nombre	Famille	Nombre
Characées	10	Hépatiques	79
Equisétacées	8	Lichens	547
Fougères	44	Hypoxylées	460
Marsiléacées	3	Champignons	1007
Lycopodiacées	10	Lycoperdacées	209
		Urédinées	205
		Mucédinées	213

2° Cellulaires.

Famille	Nombre	Famille	Nombre
Mousses	306	Algues	352

On voit dans ce tableau que les familles qui ont le plus de représentants en France sont : les Composées, 457, les Légumineuses, 343 ; les Graminées, 267 ; les Crucifères, 202 ; les Caryophyllées, 152 ; les Labiées, 147 ; les Renonculacées, 130, etc.

Si l'on descend dans les divisions génériques, on trouve que les genres qui contiennent le plus grand nombre d'espèces sont les suivants : *Carex* 84, *Trifolium* 51, *Ranunculus* 43, *Hieracium* 42, *Galium* 39, *Helianthemum* et *Medicago* 38, *Silene* 35, *Euphorbia* et *Veronica* 33, *Orchis* 30, etc.

CHAPITRE II. — PLANTES COMMUNES A TOUTE LA FRANCE.

Les recherches entreprises jusqu'ici sur les causes de la distribution des végétaux à la surface du globe font voir que le climat est la plus puissante de toutes. Ainsi, la température, l'humidité ou la sécheresse de l'air, la quantité et la distribution des pluies dans les diverses saisons, la direction et la force des vents, sont les circonstances qui influent le plus sur la végétation. La nature, la couleur et l'agrégation du sol ne viennent qu'en seconde ligne. Cependant il est certaines plantes pour lesquelles le climat ne paraît pas être la condition première d'existence : ce sont celles qu'on ne trouve que dans les marais, les tourbières, au bord de la mer, dans les sables, ou sur des rochers. Ces plantes sont en général moins sensibles que les autres aux modifications de l'atmosphère et reparaissent souvent à des distances très-éloignées, partout où elles retrouvent le sol qui leur convient. Certains végétaux sont non-seulement indifférents au climat, mais encore au sol : ils existent dans toute l'Europe et à plus forte raison dans toute la France. Ce sont des plantes banales, qui ne sont sensibles qu'à des changements de climat plus grands que ceux qu'on remarque dans le continent européen. Comme exemples de ces plantes, je citerai : La Dent de lion (*Taraxacum dens-leonis*), le Genévrier (*Juniperus communis*), la Bourse à pasteur (*Capsella bursa-pastoris*), le Serpolet (*Thymus serpyllum*), le *Cerastium arvense*, et un certain nombre d'autres. Quoique les régions climatoriales de la France soient assez distinctes pour qu'il soit impossible au météorologiste de les confondre entre elles, cependant elles ne le sont pas tellement, qu'elles ne puissent avoir une foule de végétaux communs. La plupart de ces plantes se retrouvent encore en Italie ou en Espagne, quelques-unes existent aussi en Allemagne et dans le nord ; il en est enfin un petit nombre qu'on n'a pas jusqu'ici rencontrées hors de France.

La liste suivante renferme les plantes décrites dans le *Botanicon gallicum*, et qu'on retrouve dans les plaines de toute la France. Je ne veux pas dire pour cela qu'on les voie d'une manière continue depuis Dunkerque jusqu'à Antibes ou Perpignan, mais seulement qu'on les a observées croissant spontanément dans le nord et dans le midi, dans l'est et dans l'ouest. Pour m'assurer si chacune de ces plantes se trouvait en effet dans toutes les grandes régions de la France, j'ai en général consulté la Flore française, de de Candolle ; le *Botanicon gallicum*, de M. Duby ; la Flore du centre de la France, de M. Boreau, celle de la Lorraine (Meurthe, Moselle, Meuse, Vosges), par M. Godron ; le Catalogue raisonné des plantes vasculaires des environs de Paris, par MM. Cosson et Germain ; la *Flora belgica*, de M. Dumortier, et le Catalogue des plantes indi-

gènes des Pyrénées et du Languedoc, de M. Georges Bentham.

Toute plante décrite dans ces cinq Flores m'a paru devoir être regardée comme devant se trouver dans toutes les parties du Royaume. Toutefois je n'ai pas exclus de ce Catalogue : 1º Les plantes maritimes qui se trouvent à la fois sur les bords de la Méditerranée et sur ceux de l'Océan ; 2º Quelques végétaux qui ne croissent pas en Lorraine, mais dans toute la France occidentale, de la Flandre aux Pyrénées, tels que : *Helianthemum umbellatum, H. guttatum, Ulex nanus, Genista anglica, Lobelia urens, Pinguicula lusitanica, Fritillaria Meleagris, Cyperus longus*, etc. Ces végétaux appartiennent évidemment à la Flore française en général. Je n'ai point fait entrer dans cette liste les végétaux qu'on ne trouve habituellement qu'à une hauteur de 600 mètres ou plus au-dessus du niveau de la mer. Ceux-ci rentrent dans la classe des plantes subalpines, qui forment une végétation spéciale à laquelle je consacrerai un chapitre particulier.

J'ai exclu de ce catalogue et des suivants tous les végétaux acclimatés par la culture, et qui par conséquent ne sont pas indigènes.

Si l'on jette un coup d'œil sur cette liste, on est d'abord frappé de voir que presque toutes les familles ont quelques espèces qui se retrouvent sur tous les points du royaume. Les Frankeniacées, les Zygophyllées, les Rutacées, les Térébinthacées, les Granatées, les Myrtacées, les Ebénacées, les Polémonidées, les Acanthacées, les Cytinées, les Palmiers, familles très-pauvres en espèces françaises, et presque toutes parquées dans la région méditerranéenne, sont les seules qui n'aient pas de représentants dans ce catalogue. Les familles qui renferment le plus grand nombre de ces plantes presque insensibles aux différences de climat que présente le territoire français se rangent dans l'ordre suivant : Composées, Graminées, Cypéracées, Légumineuses, Crucifères, Ombellifères, Labiées, Rosacées, Cariophyllées, etc. On voit que les familles les plus nombreuses sont aussi, en général, celles qui comptent le plus grand nombre de plantes indifférentes. Toutefois on peut déjà reconnaître que les Légumineuses, les Labiées et les Renonculacées en renferment un grand nombre qui sont particulières à certaines régions climatoriales. Il en est de même pour les genres. Les plus riches en espèces sont aussi ceux qui en ont un plus grand nombre répandu sur toute la surface du royaume. Ex. : les genres *Carex, Veronica, Galium, Trifolium, Euphorbia, Orchis, Poa, Juncus, Ranunculus, Chenopodium, Bromus, Salix*. Néanmoins les genres *Trifolium, Ranunculus, Hieracium, Helianthemum, Medicago* et *Silene*, fort riches en espèces en ont relativement un petit nombre qui se trouvent à la fois dans le nord et dans le sud. Mais en général ce sont les plantes robustes et insensibles aux légères différences de climat qui font pour ainsi dire la force des familles et des genres.

On aurait une bien fausse idée de l'aspect de la végétation si l'on pensait que ces espèces sont distribuées uniformément à la surface de la France et représentées par un nombre d'individus partout à peu près le même. Il en est qui ne sont rares nulle part; d'autres ne se rencontrent que çà et là dans des localités particulières et privilégiées. Beaucoup d'entre elles ne se retrouvent pas dans tous les départements. En dressant cette liste, mon seul but a été de faire voir que parmi les 3 700 plantes phanérogames de la France, il en est environ 1 250 qui se trouvent également dans le sud et dans le nord, en Flandre et en Provence. C'est donc pour ainsi dire le fond de la végétation française. Presque toutes ces plantes existent aussi en Belgique, en Allemagne, en Suisse, en Piémont, et même en Angleterre, en Espagne et en Italie, et elles appartiennent par conséquent à la Flore européenne en général.

[91] *Liste des plantes qui sont communes au nord et au midi de la France.*

Ranunculaceæ. — *Clematis vitalba.* — *Thalictrum minus, T. flavum.* — *Anemone pulsatilla, A. nemorosa, A. ranunculoïdes, A. sylvestris.* — *Hepatica triloba.* — *Myosurus minimus.* — *Ranunculus aquatilis, R. lingua, R. flammula, R. auricomus, R. sceleratus, R. acris, R. nemorosus, R. lanuginosus, R. repens, R. bulbosus, R. philonotis, R. arvensis.* — *Ficaria ranunculoïdes.* — *Caltha palustris.* — *Helleborus fœtidus, H. viridis.* — *Nigella arvensis.* — *Aquilegia vulgaris. Delphinium consolida.*

Berberideæ. — *Berberis vulgaris.*

Nymphæaceæ. — *Nymphæa alba.* — *Nuphar luteum.*

Papaveraceæ. — *Papaver hybridum. P. argemone, P. dubium, P. rhœas.* — *Glaucium flavum.* — *Chelidonium majus.*

Fumariaceæ. — *Fumaria officinalis, F. parviflora.*

Cruciferæ. — *Cheiranthus Cheiri.* — *Nasturtium officinale, N. sylvestre, N. palustre, N. amphibium.* — *Barbarea vulgaris.* — *Turritis glabra.* — *Arabis sagittata, A. hirsuta, A. thaliana, A. turrita.* — *Cardamine amara, C. pratensis, C. hirsuta, C. sylvatica, C. impatiens.* — *Dentaria bulbifera.* — *Alyssum calycinum, A. montanum, A. campestre.* — *Draba muralis.* — *Erophila vulgaris.* — *Cochlearia armoracia.* — *Thlaspi ar-*

vense, *T. perfoliatum.* — *Hutschiasia petræa.* — *Teesdalia Iberis.* — *Iberis amara.* — *Kakile maritima.* — *Sysimbrium officinale, S. obtusangulum, S. irio, S. Columnæ, S. sophia.* — *Alliaria officinalis.* — *Erysimum cheiranthoides, E. perfoliatum.* — *Neslia paniculata.* — *Senebiera coronopus.* — *Capsella bursa-pastoris.* — *Lepidium Draba, L. campestre, L. ruderale, L. latifolium, L. Iberis.* — *Isatis tinctoria.* — *Brassica campestris, B. rapa, B. napus, B. erucastrum.* — *Sinapis nigra, S. arvensis.* — *Diplotaxis tenuifolia, D. muralis.* — *Crambe maritima.* — *Rapistrum perenne.* — *Raphanus raphanistrum.*

Cistineæ. — *Helianthemum umbellatum, H. fumana, H. guttatum, H. vulgare, H. pulverulentum.*

Violarieæ. — *Viola palustris, V. odorata, V. canina, V. tricolor, V. hirta.*

Resedaceæ. — *Reseda Phyteuma, R. lutea, R. luteola.*

Droseraceæ. — *Drosera rotundifolia, D. intermedia.*

Polygaleæ. — *Polygala vulgaris, P. amara.*

Cariophylleæ. — *Gypsophila muralis.* — *Dianthus prolifer, D. armeria, D. carthusianorum.* — *Saponaria officinalis, S. vaccaria.* — *Cucubalus bucciferus.* — *Silene inflata, S. otites, S. conica, S. nutans.* — *Lychnis viscaria, L. sylvestris, L. dioïca, L. flos-cuculi, L. githago.* — *Sagina procumbens, S. apetala.* — *Elatine hexandra, E. alsinastrum.* — *Holosteum umbellatum.* — *Spergula arvensis. S. pentandra, S. nodosa.* — *Larbrea aquatica.* — *Stellaria nemorum, S. media, S. holostea, S. graminea.* — *Arenaria rubra, A. media, A. verna, A. tenuifolia, A. serpyllifolia, A. trinervis.* — *Cerastium vulgatum, C. viscosum, C. semidecandrum, C. aquaticum, C. arvense.*

Lineæ. — *Linum usitatissimum, L. catharticum, L. tenuifolium.* — *Radiola linoïdes.*

Malvaceæ. — *Malva alcea, M. moschata, M. sylvestris, M. rotundifolia.* — *Althæa officinalis, A. cannabina, A. hirsuta.*

Tiliaceæ. — *Tilia microphylla, T. platyphylla.*

Hypericineæ. — *Hypericum quadrangulum, H. humifusum, H. perforatum, H. elodes, H. hirsutum, H. pulchrum, H. montanum.*

Acerineæ. — *Acer campestre.*

Geraniaceæ. — *Geranium sanguineum, G. sylvaticum, G. molle, G. pusillum, G. rotundifolium, G. columbinum, G. dissectum, G. lucidum, G. robertianum.* — *Erodium cicutarium, E. maritimum.*

Balsamineæ. — *Impatiens noli-tangere*

Oxalideæ. — *Oxalis stricta, O. corniculata, O. acetosella.*

Celastrineæ. — *Evonymus europæus.* — *Ilex aquifolium.*

Rhamneæ. *Rhamnus catharticus, R. frangula.*

Leguminosæ. — *Ulex europæus. U. nanus.* — *Genista anglica, G. germanica, G. tinctoria, G. sagittalis, G. pilosa.* — *Cytisus scoparius.* — *Ononis natrix, O. procurrens, O. spinosa.* — *Anthyllis vulneraria.* — *Medicago lupulina, M. falcata, M. sativa, M. minima, M. maculata.* — *Melilotus officinalis, M. leucantha.* — *Trifolium rubens, T. arvense, T. striatum, T. scabrum, T. ochroleucum, T. medium, T. pratense, T. repens, T. montanum, T. fragiferum, T. agrarium, T. procumbens, T. parisiense, T. filiforme.* — *Lotus corniculatus.* — *Tetragonolobus siliquosus.* — *Astragalus glycyphyllos.* — *Coronilla minima, C. varia.* — *Ornithopus perpusillus.* — *Hippocrepis comosa.* — *Onobrychis sativa.* — *Vicia cracca, V. sativa, V. lathyroïdes, V. lutea, V. hybrida, V. sepium.* — *Ervum lens, E. ervilia, E. tetraspermum.* — *Lathyrus sylvestris, L. pratensis, L. tuberosus, L. palustris, L. aphaca, L. nissolia, L. angulatus, L. sativus, L. hirsutus.* — *Orobus vernus, O. niger, O. tuberosus.*

Rosaceæ. — *Prunus spinosa, P. insititia.* — *Cerasus avium, C. Mahaleb, C. padus.* — *Spiræa ulmaria, C. filipendula.* — *Geum urbanum.* — *Rubus idæus, R. cæsius, R. corylifolius, R. fruticosus, R. tomentosus, R. glandulosus.* — *Fragaria vesca.* — *Potentilla tormentilla, P. reptans, P. verna, P. argentea, P. hirta, P. anserina, P. fragaria.* — *Agrimonia eupatoria.* — *Alchemilla vulgaris, A. arvensis.* — *Sanguisorba officinalis.* — *Poterium sanguisorba.* — *Rosa arvensis, R. sempervirens, R. gallica, R. pimpinellifolia, R. canina, R. rubiginosa, R. tomentosa, R. villosa.* — *Amelanchier vulgaris.* — *Cratægus oxyacantha.* — *Mespilus germanica.* — *Pyrus communis, P. acerba, P. malus, P. aria, P. torminalis.*

Cucurbitaceæ. — *Bryonia dioica.*

Onagrarieæ. — *Epilobium spicatum, E. montanum, E. palustre, E. hirsutum, E. molle, E. tetragonum.* — *OEnothera biennis.* — *Isnardia palustris.* — *Circæa lutetiana.* — *Trapa natans.*

Halorageæ. — *Myriophyllum spicatum, M. verticillatum, M. alternifolium.* — *Callitriche verna, C. autumnalis.* — *Hipparis vulgaris.*

Ceratophylleæ. — *Ceratophyllum demersum, C. submersum.*

Lythrarieæ. — *Lythrum salicaria.* — *Peplis portula.*

Tamariscineæ. — *Myricaria germanica.*

Portulaceæ. — *Montia fontana.*

Paronychicæ. — *Corrigiola littoralis.* — *Polycarpon tetraphyllum.* — *Herniaria glabra, H. hirsuta.* — *Illecebrum verticillatum.* — *Scleranthus perennis, S. annuus.*

Crassulaceæ. — *Tillæa muscosa.* — *Bulliarda Vaillantii.* — *Sedum telephium, S. cepæa, S. album, S. villosum, S. rubens, S. acre, S. sexangulare, S. reflexum.* — *Sempervivum tectorum.*

Grossularieæ. — *Ribes uva-crispa.*

Saxifrageæ. — *Saxifraga tridactylites, S. granulata.* — *Chrysoplenium alternifolium, C. oppositifolium.* — *Adoxa moschatellina.*

Umbelliferæ. — *Laserpitium asperum.* — *Daucus carota.* — *Orlaya grandiflora.* — *Caucalis daucoïdes, C. leptophylla.* — *Turgenia latifolia.* — *Torilis nodosa, T. anthriscus, T. infesta.* — *Coriandrum sativum.* — *Tordylium maximum.* — *Heracleum spondylium.* — *Pastinaca sativa.* — *Peucedanum officinale, P. oreoselinum.* — *Imperatoria ostruthium.* — *Angelica sylvestris.* — *Selinum carvifolia.* — *Bupleurum tenuissimum, B. falcatum, B. rotundifolium.* — *Pimpinella magna, P. dissecta, P. saxifraga.* — *Sium latifolium, S. angustifolium.* — *Ligusticum silaus.* — *Ægopodium podagraria.* — *Carum Carvi, C. verticillatum.* — *Drepanophyllum falcaria.* — *Æthusa cynapium.* — *Sison amomum.* — *Ammi majus, A. glaucifolium.* — *Seseli libanotis, S. annuum, S. montanum.* — *Helosciadium inundatum, H. repens, H. nodiflorum.* — *Fœniculum officinale.* — *OEnanthe phellandrium, OE. fistulosa, OE. pimpinelloïdes.* — *Cicuta virosa.* — *Chærophyllum temulum.* — *Anthriscus sylvestris, A. vulgaris.* — *Scandix pecten-veneris.* — *Conium maculatum.* — *Sanicula europæa.* — *Eryngium campestre, E. maritimum.* — *Hydrocotyle vulgaris.*

Caprifoliaceæ. — *Hedera helix.* — *Cornus mas.* — *Lonicera periclymenum, L. xylosteum.*

Lorantheæ. — *Viscum album.*

Rubiaceæ. — *Galium cruciata, G. verum, G. rubrum, G. anglicum, G. læve, G. supinum, G. sylvaticum, G. mollugo, G. palustre, G. spurium, G. tricorne, G. saccharatum, G. aparine, G. boreale.* — *Asperula odorata, A. cynanchica, A. arvensis.* — *Sherardia arvensis.*

Valerianeæ. — *Valerianella olitoria, V. carinata, V. eriocarpa, V. dentata, V. coronata.* — *Valeriana officinalis, V. dioica.*

Dipsaceæ. — *Scabiosa columbaria, S. succisa.* — *Knautia sylvatica, K. arvensis.* — *Dipsacus pilosus, D. laciniatus, D. sylvestris.*

Compositæ. — *Eupatorium cannabi-*

num. — *Tussilago farfara*, *T. petasites.* — *Cineraria campestris.* — *Senecio jaco-bæa*, *S. aqualicus*, *S. erucæfolius*, *S. sylvaticus*, *S. viscosus*, *S. paludosus*, *S. vulgaris.* — *Doronicum pardalianches.* — *Chrysocoma linosyris.* — *Erigeron cana-dense*, *E. acre.* — *Solidago virga-aurea.* — *Bellis perennis.* — *Conyza squarrosa.* — *Inula helenium*, *I. crithmoïdes*, *I. bri-tannica*, *I. salicina*, *I. dyssenterica*, *I. pulicaria.* — *Gnaphalium luteo-album*, *G. sylvaticum*, *G. uliginosum*, *G. ar-vense*, *G. gallicum*, *G. montanum.* — *Chrysanthemum leucanthemum*, *C. par-thenium*, *C. corymbosum*, *C. inodorum*, *C. segetum*, — *Matricaria chamomilla.* — *Anthemis cotula*, *A. mixta*, *A. nobi-lis*, *A. arvensis.* — *Achillæa ptarmica*, *A. millefolium.* — *Artemisia absinthium*, *A. campestris*, *A. vulgaris.* — *Tanace-tum vulgare.* — *Santolina rosmarinifolia.* — *Xanthium strumarium*, *X. spinosum.* — *Bidens tripartita*, *B. cernua.* — *Ca-lendula arvensis.* — *Lappa tomentosa*, *L. glabra.* — *Onopordum acanthium.* — *Si-lybum marianum.* — *Carduus nutans*, *C. C. crispus*, *C. acanthoïdes*, *C. tenuiflorus*, *C. personata.* — *Serratula tinctoria.* — *Cirsium oleraceum*, *C. palustre*, *C. lan-ceolatum*, *C. arvense*, *C. acaule*, *C. bul-bosum*, *C. anglicum.* — *Centaurea jacea*, *C. cyanus*, *C. scabiosa*, *C. calcitrapa.* — *Kentrophyllum lanatum.* — *Carlina vul-garis.* — *Sonchus palustris*, *S. arvensis*, *S. oleraceus.* — *Lactuca sylvestris*, *L. virosa*, *L. saligna*, *L. perennis.* — *Chon-drilla muralis*, *C. juncea.* — *Prenanthes purpurea.* — *Lampsana communis*, *L. minima.* — *Barkhausia fætida*, *B. tara-xacifolia.* — *Crepis diffusa*, *C. virens*, *C. biennis*, *C. tectorum.* — *Taraxacum pa-lustre*, *T. lævigatum*, *T. dens-leonis.* — *Helminthia echioides.* — *Picris hiera-cioides.* — *Hieracium pilosella*, *H. auri-cula*, *H. umbellatum*, *H. sabaudum*, *H. sylvaticum*, *H. murorum.* — *Hypochæris maculata*, *H. radicata*, *H. Balbisii*, *H. glabra.* — *Tragopogon pratense*, *T. majus.* — *Thrincia hirta.* — *Leontodon hispidum*, *L. autumnale.* — *Podospermum laciaia-tum.* — *Scorzonera humilis.* — *Cichorium intybus.*

Lobeliaceæ. — *Lobelia urens.*

Campanulaceæ. — *Jasione montana.* — *Phyteuma orbiculare*, *P. spicatum.* — *Prismatocarpus hybridus*, *P. speculum.* — *Campanula cervicaria*, *C. glomerata*, *C. trachelium*, *C. rapunculoides*, *C. rapun-culus*, *C. persicifolia*, *C. rotundifolia*, *C. pusilla.*

Vacciniæ. — *Vaccinium uliginosum*, *V. oxycoccos.* — *Pyrola rotundifolia.*

Ericineæ. — *Erica cinerea*, *E. tetra-lix.* — *Calluna erica.*

Monotropeæ. — *Monotropa hypopitys.*

Jasmineæ. — *Ligustrum vulgare.* — *Fraxinus excelsior.*

Apocyneæ. — *Cynanchum vincetori-cum.* — *Vinca minor.*

Gentianeæ. — *Menyanthes trifoliata.* — *Villarsia nymphoïdes.* — *Chlora per-foliata.* — *Gentiana cruciata*, *G. pneu-monanthe*, *G. germanica.* — *Chironia centaurium.* — *Exacum filiforme.*

Convolvulaceæ. — *Convolvulus Sol-danella*, *C. sepium*, *C. arvensis.* — *Cus-cuta major*, *C. minor.*

Borragineæ. — *Heliotropium euro-pæum.* — *Echium vulgare.* — *Lithosper-mum purpureo-cæruleum L. officinale*, *L. arvense.* — *Pulmonaria angustifolia.* — *Symphytum officinale.* — *Lycopsis arven-sis.* — *Anchusa italica.* — *Borrago offi-cinalis.* — *Asperugo procumbens.* — *Myo-sotis lappula*, *M. annua*, *M. perennis.* — *Cynoglossum officinale.* — *Lycium barbarum.*

Solaneæ. — *Solanum villosum*, *S. ni-grum*, *S. dulcamara.* — *Physalis alke-kengi.* — *Atropa belladona.* — *Datura stramonium.* — *Hyosciamus niger.* — *Verbascum thapsus*, *V. phlomoïdes*, *V. blattaria*, *V. blattarioides*, *V. nigrum*, *V. floccosum*, *V. pulverulentum.*

Antirrhineæ. — *Gratiola officinalis.* — *Digitalis purpurea.* — *Antirrhinum orontium.* — *Linaria minor*, *L. cymbala-ria*, *L. spuria*, *L. elatine*, *L. supina*, *L. vulgaris.* — *Scrophularia aquatica*, *S. nodosa*, *S. canina.* — *Lindernia pyxi-daria.* — *Limosella aquatica.*

Orobancheæ. — *Orobanche rapum. O. minor*, *O. epithymum*, *O. Galii*, *O. ela-tior*, *O. ramosa.* — *Lathræa squamaria*, *L. clandestina.*

Rhinanthaceæ. — *Melampyrum ar-vense*, *M. cristatum*, *M. pratense.* — *Pe-dicularis palustris*, *P. sylvatica.* — *Rhi-nanthus glabra*, *R. hirsuta.* — *Euphrasia officinalis*, *E. odontites.* — *Veronica he-deræfolia*, *V. agrestis*, *V. arvensis*, *V. verna*, *V. triphyllos*, *V. acinifolia*, *V. præcox*, *V. serpyllifolia*, *V. spicata*, *V. officinalis*, *V. prostrata*, *V. chamædrys*, *V. Teucrium*, *V. scutellata*, *V. anagallis*, *V. Beccabunga.*

Labiatæ. — *Lycopus europæus.* — *Sal-via verticillata*, *S. pratensis.* — *Ajuga chamæpitys*, *A. reptans*, *A. pyramidalis*, *A. genevensis.* — *Teucrium scorodonia*, *T. Botrys*, *T. chamædrys*, *T. scordium.* — *Galeobdolon luteum.* — *Leonurus mar-rubiastrum*, *L. cardiaca.* — *Marrubium vulgare.* — *Ballota fætida.* — *Betonica officinalis.* — *Galeopsis ochroleuca*, *G. la-danum*, *G. parviflora.* — *Lomium album*, *L. purpureum*, *L. hybridum*, *L. amplexi-caule.* — *Glechoma hederacea.* — *Stachys arvensis*, *S. annua*, *S. sideritis*, *S. germa-nica*, *S. sylvatica*, *S. palustris.* — *Nepeta cataria*, *N. violacea.* — *Mentha sylves-*

tris, M. rotundifolia, M. viridis, M. hirsuta, M. sativa, M. arvensis, M. gentilis, M. rubra, M. pulegium. — Thymus serpyllum, T. acynos, T. nepeta. — Mellitis melissophyllum. — Clinopodium vulgare. — Origanum vulgare. — Brunella vulgaris, B. laciniata, B. grandiflora. — Scutellaria galericulata.

Verbenaceæ. — Verbena officinalis.

Lentibularieæ. — Pinguicula vulgaris, P. lusitanica. — Utricularia minor, U. vulgaris.

Primulaceæ. — Hottonia palustris. — Lysimachia vulgaris, L. nemorum. — Centunculus minimus. — Anagallis arvensis. — Primula officinalis, P. elatior, P. grandiflora. — Glaux maritima. — Samolus valerandi.

Globularieæ. — Globularia vulgaris.

Plumbagineæ. — Statice armeria.

Plantagineæ. — Littorella lacustris. Plantago coronopus, P. arenaria, P. maritima, P. lanceolata, P. media, P. major.

Amaranthaceæ. — Amaranthus sylvestris, A. blitum, A. retroflexus.

Chenopodeæ. — Polycnemum arvense. — Salicornia herbacea. — Salsola Kali, S. tragus. — Chenopodium maritimum, C. polyspermum, C. vulvaria, C. glaucum, C. hybridum, C. rubrum, C. ficifolium, C. levispermum, C. murale, C. urbicum, C. bonus-Henricus. — Atriplex portulacoides, A. hastata, A. patula, A. augustifolia. — Beta maritima. — Blitum virgatum, B. capitatum.

Polygoneæ. — Rumex maritimus, R. pulcher, R. obtusifolius, R. acutus, R. nemolapathum, R. sanguineus, R. aquaticus, R. acetosa, R. acetosella. — Polygonum dumetorum, P. convolvulus, P. amphibium, P. hydropiper, P. persicaria, P. pusillum, P. aviculare, P. maritimum.

Thymeleæ. — Stellera passerina. — Daphne mezereum, D. Laureola.

Santalaceæ. — Thesium linophyllum.

Eleagneæ. — Hippophae rhamnoides.

Aristolochieæ. — Aristolochia clematitis. — Asarum europæum.

Euphorbiaceæ. — Euphorbia helioscopia, E. platyphyllos, E. dulcis, E. verrucosa, E. palustris, E. esula, E. cyparissias, E. gerardiana, E. paralias, E. exigua, E. falcata, E. peplus, E. sylvatica. — Mercurialis perennis, M. annua.

Urticeæ. — Parietaria officinalis. — Urtica dioica, U. urens. — Humulus lupulus.

Amentaceæ. — Ulmus campestris, U. effusa. — Betula pubescens, B. alba. — Alnus glutinosa. — Salix capræa, S. cinerea, S. aurita, S. repens, S. lanceolata, S. viminalis, S. fissa, S. monandra, S. triandra, S. fragilis, S. alba. — Populus alba, P. canescens, P. tremula, P. nigra. — Fagus sylvatica. — Quercus racemosa, Q. sessiliflora. — Carpinus betulus.

Coniferæ. — Juniperus communis.

Hydrocharideæ. — Hydrocharis morsus-ranæ.

Alismaceæ. — Butomus umbellatus. — Alisma ranunculoides, A. plantago, A. damasonium. — Sagittaria sagittæfolia. — Triglochin maritimum, T. palustre.

Potameæ. — Potamogeton natans, P. lucens, P. perfoliatum, P. crispum, P. densum, P. oppositifolium, P. compressum, P. pusillum, P. pectinatum. — Ruppia maritima. — Zanichellia palustris. — Zostera marina. — Caulinia oceanica. — Najas minor, N. major.

Orchideæ. — Orchis viridis, O. maculata, O. conopsea, O. latifolia, O. mascula, O. morio, O. variegata, O. militaris, O. galeata, O. simia, O. ustulata, O. pyramidalis, O. bifolia. — Ophrys anthropophora, O. myoïdes, O. aranifera, O. arachnites, O. apifera. — Neottia spiralis, N. æstivalis. — Epipactis ovata, E. nidus-avis, E. pallens, E. latifolia, E. palustris. — Corallorhiza Halleri.

Irideæ. — Iris germanica, I. pseudacorus, I. fœtidissima.

Amaryllideæ. — Narcissus pseudonarcissus, N. poeticus. — Galanthus nivalis.

Asparageæ. — Asparagus officinalis. — Convallaria verticillata, C. polygonatum, C. multiflora, C. majalis. — Mayanthemum bifolium. — Ruscus aculeatus. — Tamus communis.

Liliaceæ. — Tulipa sylvestris. — Fritillaria meleagris. — Phalangium ramosum. — Scilla autumnalis, S. bifolia, S. maritima, S. nutans. — Muscari racemosum, M. comosum. — Gagea lutea, G. villosa. — Ornithogalum umbellatum, O. pyrenaïcum. — Allium sphærocephalum, A. vineale, A. oleraceum, A. flavum, A. ursinum.

Colchicaceæ. — Colchicum autumnale.

Junceæ. — Juncus communis, J. glaucus, J. acutus, J. maritimus, J. squarrosus, J. supinus, J. fluitans, J. bufonius, J. tenagrea, J. bulbosus, J. lampocarpus, J. acutiflorus, J. obtusiflorus. — Luzula albida, L. vernalis, L. Forsteri, L. multiflora, L. campestris.

Aroideæ. — Arum vulgare.

Typhaceæ. — Typha latifolia, T. angustifolia, T. media. — Sparganium natans, S. simplex, S. ramosum.

Cyperaceæ. — Cyperus longus, C. fuscus, C. flavescens. — Schoenus nigricans, S. compressus, C. mariscus, C. albus, C. fuscus. — Scirpus palustris, S. bœotryon, S. ovatus, S. acicularis, S. setaceus, S. triqueter, S. mucronatus, S. lacustris, S. maritimus, S. sylvaticus. — Eriophorum polystachium, E. gracile, E. angustifolium. — Carex dioica, C. pulicaris, C. arenaria, C. disticha, C. vulpina, C. di-

rulsa, **C.** *muricata*, **C.** *paradoxa*, **C.** *paniculata*, **C.** *ovalis*, **C.** *Schreberi*, **C.** *curta*, **C.** *stellulata*, **C.** *remota*, **C.** *elongata*, **C.** *cespitosa*, **C.** *stricta*, **C.** *acuta*, **C.** *tomentosa*, **C.** *pilulifera*, **C.** *præcox*, **C.** *digitata*, **C.** *filiformis*, **C.** *glauca*, **C.** *hirta*, **C.** *flava*, **C.** *extensa*, **C.** *fulva*, **C.** *distans*, **C.** *limosa*, **C.** *panicea*, **C.** *pallescens*, **C.** *patula*, **C.** *pseudocyperus*, **C.** *maxima*, **C.** *vesicaria*, **C.** *ampullacea*, **C.** *paludosa*, **C.** *Kochiana*, **C.** *riparia*,

Gramineæ. — *Andropogon ischæmum.* — *Cynodon dactylon.* — *Digitaria sanguinalis.* — *Tragus racemosus.* — *Leersia oryzoides.* — *Calamagrostis epigeios, C. lanceolata, C. littorea, C. montana, C. arenaria.* — *Agrostis decumbens, A. alba, A. vulgaris, A. rubra, A. canina, A. interrupta, A. spica-venti.* — *Milium effusum.* — *Stipa capillata.* — *Panicum crus-galli, P. viride, P. verticillatum.* — *Phalaris arundinacea, P. phleoides, P. arenaria.* — *Phleum pratense, P. asperum.* — *Polypogon monspeliense.* — *Alopecurus pratensis, A. agrestis, A. bulbosus, A. geniculatus.* — *Anthoxanthum odoratum.* — *Melica uniflora, M. nutans, M. ciliata.* — *Aira cespitosa, A. flexuosa, A. cariophyllea, A. canescens* — *Avena mollis, A. lunata, A. elatior, A. flavescens, A. pratensis, A. pubescens, A. fatua.* — *Danthonia decumbens* — *Bromus grossus, B. secalinus, B. multiflorus, B. mollis, B. erectus, B. arvensis, B. pratensis, B. racemosus, B. asper, B. giganteus, B. sterilis, B. tectorum.* — *Festuca myurus, F. bromoides, F. glauca, F. duriuscula, F. rubra, F. heterophylla, F. ovina, F. loliacea, F. inermis, F. arundinacea, F. elatior, F. cærulea.* — *Arundo phragmites.* — *Dactylis glomerata.* — *Koeleria cristata.* — *Poa maritima, P. compressa, P. bulbosa, P. trivialis, P. serotina, P. pratensis, P. nemoralis, P. annua, P. aquatica, P. rigida, P. megastachya, P. airoides, P. fluitans.* — *Briza media, B. minor.* — *Cynosurus cristatus.* — *Chamagrostis minima.* — *Nardus stricta.* — *Triticum caninum, T. repens, T. acutum, T. pinnatum, T. sylvaticum, T. Rottbola.* — *Lolium perenne, L. tenue, L. temulentum, L. multiflorum.* — *Elymus arenarius, E. europæus.* — *Hordeum murinum, H. secalinum, H. maritimum.*

Lemnaceæ. — *Lemna trisulca, L. minor, L. gibba, L. polyrhiza, L. arhiza.*

Characeæ. — *Chara vulgaris, C. tomentosa, C. hispida, C. capillacea, C. flexilis, C. batrachosperma, C. syncarpa.*

Equisetaceæ. — *Equisetum arvense, E. fluviatile, E. sylvaticum, E. palustre, E. limosum, E. hyemale, E. multiforme.*

Filices. — *Ophioglossum vulgatum, O. lusitanicum.* — *Botrychium lunaria.* — *Osmunda regalis.* — *Ceterach officinarum.* — *Polypodium vulgare, P. dryopteris, P.*

calcareum. — *Polystichum oreopteris, P. thelypteris, P. dilatatum, P. filix-mas, P. aculeatum, P. Pluckœtii.* — *Aspidium fragile.* — *Athyrium filix-femina.* — *Asplenium Adiantum-nigrum, A. Ruta muraria, A. maritimum, A. trichomanes, A. septentrionale.* — *Scolopendrium officinale.* — *Blechnum spicant.* — *Pteris aquilina.*

Marsileaceæ. — *Marsilea quadrifolia.* — *Pilularia globulifera.*

Lycopodiaceæ. — *Lycopodium claratum, L. inundatum.*

CHAPITRE III. — RÉGIONS VÉGÉTALES.

Dans la partie météorologique de cet ouvrage (col. 212), nous avons montré que la France se divise en cinq régions climatoriales Pour cette division nous avons fait abstraction des montagnes sur lesquelles s'échelonnent de nouveaux climats. Nous ne saurions agir de même quand il s'agit de la végétation ; car si les hautes montagnes ne sont pas habitées par les hommes, elles le sont par des plantes fort différentes de celles de la plaine. Pour que la végétation change, il faut que le climat change lui-même notablement : ainsi la végétation des bords du Rhin ressemble beaucoup à celle du nord de la France en général, quoique le climat de l'Alsace soit plus excessif que celui de la Flandre ou de la Normandie. Nous distinguerons donc en France cinq régions végétales qui ne correspondent pas exactement aux cinq régions climatoriales que nous avons établies ; ces cinq régions sont :

I. LA RÉGION SEPTENTRIONALE.
II. LA RÉGION MÉRIDIONALE.
III. LA RÉGION MÉDITERRANÉENNE.
IV. LA RÉGION SUBALPINE.
V. LA RÉGION ALPINE.

§ I. *Région septentrionale.*

Cette région comprend tout le nord de la France, depuis la frontière belge jusqu'à la Loire, et au Cher ; depuis le Rhin jusqu'à l'Océan. Elle comprend, comme on le voit, les régions climatoriales du nord-est et du nord-ouest (*voyez* la carte, p. 214). La grande majorité des végétaux de cette région se retrouve dans tout le royaume, nous en avons donné la liste ; néanmoins il en est un certain nombre qui lui sont propres et qu'on chercherait vainement dans les provinces méridionales ; ce sont en général des plantes boréales qui remontent jusque dans le nord de l'Europe.

[92] *Plantes du nord communes au nord-est et au nord-ouest de la France.*

(Climats vosgien et séquanien.)

Ranunculus hederaceus, R. polyanthe-

nos. — *Eranthis hyemalis.* — *Iberis intermedia.* — *Sisymbrium supinum.* — *Cistus hirsulus.* — *Viola montana.* — *Drosera anglica.* — *Lychnis viscaria.* — *Stellaria viscida.* — *Cerastium brachypetalum.* — *Genista prostrata.* — *Vicia pisiformis.* — *Comarum palustre.* — *Peucedanum carvifolium.* — *OEnanthe peucedanifolia.* — *Centaurea nigra.* — *Doronicum plantagineum.* — *Andromeda polifolia.* — *Lysimachia thyrsiflora.* — *Trientalis europaea.* — *Rumex nemorosus.* — *Stratiotes aloïdes.* — *Malaxis Loeselii.* — *Paris quadrifolia.* — *Açorus calamus.* — *Scirpus supinus.* — *Polystichum callipteris.*

Ce catalogue suffit pour montrer combien la Flore septentrionale est pauvre en espèces qui lui soient propres, et prouve que le nord ne produit guère que ces plantes indifférentes aux modifications du climat que l'on retrouve dans toute l'Europe centrale.

Végétation de l'Alsace. — Nous avons établi dans la partie météorologique de cet ouvrage que l'Alsace avait un climat beaucoup plus excessif que la région occidentale du nord de la France : des hivers rigoureux y succèdent à des étés très-chauds. Ces différences sont assez fortes pour qu'elles se traduisent dans la végétation, et, en effet, il y a un certain nombre de plantes qui n'ont été observées jusqu'ici que dans la plaine du Rhin, ou qui du moins sont fort clairsemées et fort rares dans les autres provinces orientales de la France. Ces végétaux, insensibles aux rigueurs de l'hiver, ont besoin d'un été chaud pour fleurir et mûrir leurs graines, bien différents en cela des plantes des régions occidentales du nord de la France, qui accomplissent les diverses phases de leur végétation pendant le cours d'un été sans chaleur et au milieu des brumes de l'Océan. Cela est tellement vrai, qu'on observe en Alsace un certain nombre de plantes du midi et même de la Provence qui, retrouvant des étés chauds et le ciel pur des contrées méridionales, puis s'abritant pendant l'hiver sous une épaisse couche de neige, ont formé pour ainsi dire, une petite colonie dans les alluvions du Rhin. Voici la liste de ces plantes :

Berteroa incana, Sisymbrium Columna, Peucedanum alsaticum, Elychrysum arenarium, Achillæa nobilis, Fraxinus florifera, Quercus apennina, Iris graminea, Ornithogalum nutans et *Salvinia natans.*

La liste suivante renferme les plantes de la Flore française qu'on peut regarder comme particulières à l'Alsace : elles sont donc éminemment continentales ; la plupart font partie de la flore de l'Allemagne centrale et peuvent vivre sous un climat excessif. Il est intéressant de les compa-

rer aux plantes occidentales, dont nous ferons l'énumération.

[93] *Plantes alsaciennes.*
(Climat vosgien.)

Thalictrum galioides. — *Nuphar pumila.* — *Arabis arenosa.* — *Sisymbrium pannonicum.* — *Camelina dentata.* — *Brassica præcox.* — *Subularia aquatica.* — *Silene noctiflora.* — *Staphylea pinnata.* — *Astragalus Cicer.* — *Potentilla canescens.* — *Pyrus bollwylleriana.* — *Sempervivum globiferum.* — *Laserpitium pruthenicum.* — *Seseli hippomarathrum.* — *Chærophyllum bulbosum.* — *Crepis Dioscoridis, C. Lachenalii.* — *Hieracium præmorsum.* — *Chimophila umbellata.* — *Veronica longifolia, V. latifolia, V. dubia.* — *Utricularia intermedia.* — *Salix mollissima.* — *Potamogeton obscurum.* — *Calla palustris.* — *Carex strigosa.*

Dans sa Statistique du Haut-Rhin, M. Achille Penot distingue dans l'Alsace cinq zones botaniques.

1° La zone rhénane qui s'étend de Huningue à Lauterbourg, a une élévation de 250 à 150 mètres ; elle comprend les bords immédiats et les îles du fleuve, des étangs, des marais, des canaux, des prairies, des forêts et des bois, enfin des champs sablonneux ou incultes.

2° La zone de la plaine supérieure, présente des champs cultivés et des prairies arrosées par les torrents et les ruisseaux des montagnes. Cette région remonte dans les vallées et sur les flancs des Vosges jusqu'à la limite du Noyer ; sa limite supérieure oscille entre 500 et 600 mètres. Ces deux régions présentent toutes les plantes que nous avons indiquées comme communes à toute la France ou particulières à l'Alsace.

3° La zone des montagnes inférieures, comprend toutes celles qui ne dépassent pas 900 mètres ; c'est la partie inférieure de la région subalpine, elle est couverte de bois et de pâturages, et on y trouve beaucoup de plantes qui ne croissent jamais dans la plaine, telles que : *Lilium Martagon, Luzula maxima, Spiræa aruncus, Acer pseudo-platanus*, etc.

4° La zone des montagnes supérieures, qui s'élève jusqu'à 1 250 mètres environ : c'est la partie supérieure de la région subalpine, on y remarque : *Ranunculus aconitifolius, Saxifraga stellaris, Arnica montana, Gentiana lutea, G. campestris, Streptopus amplexicaulis* ; les forêts se composent de Sapins et de Hêtres.

5° La zone subalpine, de 1 250 à 1 425 mètres, comprenant les sommets les plus élevés des Vosges. Là croissent non-seulement un grand nombre de plantes subalpines, mais aussi des plantes réellement alpines, telles que : *Anemone alpina, An-*

drosera carnea, *Aster alpinus*, *Arena versicolor*, etc.

Les Vosges offrent donc l'image de la végétation du pied des Alpes et des Pyrénées, mais leurs sommets ne dépassent pas la limite inférieure de la région alpine : de là le petit nombre des plantes qui caractérisent cette région.

Végétation du nord - ouest de la France. -- Des hivers assez doux, des étés sans chaleur, le voisinage de la mer, l'éloignement des montagnes, ont déterminé la propagation d'un certain nombre de végétaux qui préfèrent une atmosphère humide et chargée de vapeurs à un air sec et chaud. La plupart sont des plantes du bord de la mer et appartiennent aussi à la Flore anglaise et hollandaise ; presque toutes s'avancent jusqu'en Bretagne, mais elles dépassent rarement l'embouchure de la Loire. La *Cineraria palustris* et l'*Andromeda polifolia* ne se trouve plus au sud de Rouen. En voici la liste :

[94] *Plantes propres au nord-ouest de la France.*

Cochlearia anglica, *C. officinalis*, *C. danica*. — *Senebiera pinnatifida*. — *Brassica oleracea*. — *Raphanus maritimus*. — *Cistus hirsutus*. — *Viola rothomagensis*. — *Silene anglica*. — *Stellaria glauca*. — *Cerastium murale*. — *Pisum maritimum*. — *Potentilla supina*. — *Daucus hispidus*. — *OEnanthe approximata*. — *Cineraria palustris*. — *Chrysanthemum maritimum*. — *Linaria arenaria*, *L. saxatilis*. — *Sibthorpia europaea*. — *Atriplex pedunculata*, *A. prostrata*, *A. littoralis*. — *Myrica gale*, — *Narcissus calathinus*. — *Arena brevis*. — *Chara galioïdes*. — *Hymenophyllum tumbridgense*.

Végétation du centre de la France. — Il est impossible de tracer une limite qui sépare nettement la région septentrionale de la région méridionale de la France. Le centre du royaume comprenant les départements du Cher, de la Nièvre, de Saône-et-Loire, de l'Allier, du Puy-de-Dôme, de la Creuse, de l'Indre, de Loir-et-Cher, du Loiret, de l'Yonne, et la portion la plus orientale de la Côte-d'Or, présente une Flore de transition entre celle du nord et celle du sud. Grâce aux recherches de MM. Dubois, Auguste de Saint-Hilaire, de Jaubert, Saul, Néraud, Pailloux, Pelletier, Guépin, Lecoq et Boreau, que ce dernier a résumées dans son excellent ouvrage sur le centre de la France, la géographie botanique peut s'appuyer sur des données certaines. Outre les plantes communes à tout le territoire, elle en renferme un petit nombre qui lui sont propres, telles sont : *Euphrasia Jaubertiana*, *Spiræa hypericifolia* et *Trifolium elegans*.

Quelques-unes font partie de la Flore septentrionale de la France, par exemple : *Potentilla supina*, *Peucedanum palustre*, *Erica scoparia*, *Vaccinium oxycoccos*, *Myrica gale*, *Malaxis Læselii*, *Majanthemum bifolium*, *Schoenus mariscus*, *Poa sudetica*, etc. Un plus grand nombre appartiennent aux régions méridionales et atteignent dans le centre leur limite extrême, telles sont : *Momordica elaterium*, *Cytisus capitatus*, *Adenocarpus parvifolius*, *Xanthium macrocarpum*, *Xeranthemum inapertum*, *Scolymus hispanicus*, *Campanula erinus*, *Vinca major*, *Salvia Æthiopis*, *Amaranthus albus*, *Quercus Toza*, *Q. Cerris*, *Q. Ilex*, *Gladiolus communis*, *Ægilops ovata* et *Adianthum Capillus-Veneris*. « Les plantes méridionales, dit M. Boreau, viennent dans les plaines découvertes ou dans les lieux où la roche calcaire se trouve presque à la surface du sol, et ne laisse croître que des bois clairs et peu fournis. »

On se tromperait si l'on s'imaginait que le cours de la Loire est pour ainsi dire la limite extrême des plantes du midi. Quelques-unes s'avancent encore plus loin et forment pour ainsi dire des îles de végétation méridionale au milieu de celle du nord. Telles sont en particulier les localités de Malesherbes et de Fontainebleau. À l'abri des buttes de grès ou de calcaire, au milieu des sables siliceux, les plantes du sud retrouvent la haute température et la sécheresse du sol de la Provence. À un demi-degré au sud de Paris le botaniste étonné revoit des végétaux dont quelques-uns ne se trouvent d'une manière continue que jusqu'au 46e degré de latitude, ou qui du moins ne dépassent pas la Loire et le Cher ; tels sont : *Helianthemum umbellatum*, *Cytisus supinus*, *Rubia peregrina*, *Echinops sphærocephalus*, *Centaurea solstitialis*, *Barckhausia setosa*, *Scorzonera angustifolia*, *Scabiosa ukranica*, *Erica ciliaris*, *E. vagans*, *Hyssopus officinalis*, *Lavandula vera*, *Poa pilosa*, *Arena fragilis*, etc. Il en est même qu'on trouve dans les localités sèches et bien abritées des environs de Paris, tels sont : *Petroselinum segetum*, *Thrincia hispida*, *Linaria Pelisseriana*, *Crypsis alopecuroides*, *Festuca uniglumis* et *Poa megastachya*.

Végétation de l'Auvergne. — Le massif de l'Auvergne, dont quelques points dépassent 1800 mètres (*Voyez* page 76), présente plusieurs zones végétales qui s'échelonnent sur ses flancs. Ramond, prenant pour point de départ la plaine de la Limagne, qui est à 300 ou 400 mètres au-dessus du niveau de la mer, trouve par sept années d'observations que la température moyenne de Clermont est à peu près la même que celle de Paris ; mais à 900 mètres d'élévation, on atteint le plateau de granit où on ne cultive plus que le

Seigle. Le Pin Sylvestre devient l'arbre dominant, le Bouleau croît sur les courants lave, le *Salix pentandra* le long des ruisseaux et le Frêne dans les clôtures. La présence de l'*Actæa spicata*, du *Lilium Martagon*, des *Gentiana cruciata* et *G. asclepiadea*, de la *Salvia sclarea* indique qu'on s'élève sensiblement au-dessus du niveau de l'Océan.

Si l'on passe du plateau aux monts Dores, on y retrouve le Seigle, l'Orge, l'Avoine et même des Froments trémois. Le Chanvre réussit jusqu'à 1 000 mètres d'élévation ; partout de vastes pâturages tapissent la croupe des montagnes ; on y remarque : *Trifolium alpinum*, *Arnica montana*, *Veratrum album* et *Gentiana lutea*. Les principales communes sont à la hauteur de 1 000 et 1 100 mètres. Le Framboisier, le groseillier des rochers (*Ribes petræum*), les *Sorbus aucuparia*, *Lonicera alpigena*, *Mespilus amelanchier*, *M. cotoneaster*, toutes plantes subalpines ou alpines, végètent vigoureusement parmi les rochers. Le Sapin (*Abies pectinata*) monte jusqu'à 1 500 mètres.

Au sommet du Puy-de-Dôme (1 465ᵐ) la Flore se compose en partie de plantes subalpines. Ex. : *Ajuga alpina*, *Trollius europæus*, *Athamanta Libanotis*, etc., et en partie de plantes de la plaine, qui se sont élevées jusqu'au sommet de la montagne.

Les Rhododendron manquent dans les montagnes de l'Auvergne. Mais au Puy-de-Sancy (1 897), on cueille *Soldanella alpina*, *Saxifraga cespitosa*, *Gentiana acaulis*, *G. nivalis*, *Euphrasia minima*, *Cerastium alpinum*, qui sont des plantes tout à fait alpines. (*Ann. scientif. de l'Auvergne*, t. XIV, p. 257.)

§ 2. Région méridionale.

Sous cette dénomination, nous comprenons toute la moitié de la France qui s'étend depuis la Loire et le Cher jusqu'aux Pyrénées, c'est-à-dire du 47ᵉ au 43ᵉ degré de latitude. En effet, quoique les climats girondin et méditerranéen soient très-nettement tranchés et influent puissamment sur la végétation, cependant ils ont assez d'analogie pour qu'un grand nombre de végétaux s'accommodent à peu près également de l'un et de l'autre. Quant aux différences qui séparent le climat rhodanien du climat girondin, elles ressemblent à celles qui distinguent le climat vosgien du climat séquanien, et ne sont pas de nature à produire des différences bien sensibles dans la végétation : aussi les plantes du bassin de la Saône et du Rhône qui ne se trouvent pas dans l'ouest sont-elles presque toutes subalpines, de même que celles de l'ouest qui manquent dans l'est sont en général des plantes maritimes. La limite de la Flore méridionale *proprement dite* forme une ligne oblique qui va de l'embouchure

de la Charente au confluent du Rhône et de l'Isère ; la bande comprise entre cette limite et le cours de la Loire appartient en grande partie, comme nous l'avons vu, à une Flore de transition, celle du centre de la France. Mais cette Flore n'étant pas assez caractérisée pour former une région particulière, nous réunissons sa moitié méridionale, du 47ᵉ au 46ᵉ, à la région méridionale ; tandis que sa moitié septentrionale, du 47ᵉ au 48ᵉ, fait partie de la région septentrionale.

La limite septentrionale de la flore du Midi n'est point, comme on le voit, parallèle à l'équateur. Ce non-parallélisme s'explique par deux causes :

1º Dans l'ouest les hivers sont plus doux et les étés moins chauds à cause du voisinage de la mer ; or la constitution d'un grand nombre de plantes méridionales s'accommode de cette égalité de température. Cela est vrai surtout pour les plantes maritimes, comme nous le verrons plus loin. Quant aux plantes terrestres, il en est quelques-unes qui suivent les côtes et s'arrêtent vers l'embouchure de la Loire, telles sont : *Scorzonera hirsuta*, *Vinca major*, *Quercus Ilex*, *Q. coccifera*, *Serapias cordigera*, *Iris tuberosa*, *Amaryllis lutea* ; d'autres s'avancent le long de la côte jusqu'à l'embouchure de la Seine et au delà. Exemple : *Astragalus monspessulanus*, *Anchusa sempervirens*, *Bartsia viscosa*, *Pinguicula lusitanica* ; d'autres enfin, ainsi que nous l'avons vu (col. 428), se trouvent çà et là dans le centre de la France, et même autour de Malesherbes et dans la forêt de Fontainebleau. Mais le plus grand nombre ne sort pas du bassin de la Gironde.

2º Dans l'est les étés sont plus chauds, mais les hivers plus froids que dans l'ouest ; de plus le niveau général du sol est plus élevé et sillonné par des chaînes de montagnes. Toutes ces circonstances tendent à reculer vers le sud la limite des plantes méridionales. Quelques-unes néanmoins s'aventurent encore jusqu'aux environs de Lyon, telles sont : *Genista horrida*, *Galium tenuifolium*, *Lavandula spica*, ainsi que la plupart de celles que nous avons indiquées dans le centre de la France.

Ajoutons aussi que la Flore du sud-est se trouve en contact sur le Rhône au-dessous de sa jonction avec l'Ardèche, avec la Flore méditerranéenne. Mais celle-ci est tellement spéciale et liée si intimement au climat provençal, qu'un petit nombre de ses plantes s'avancent au nord de Viviers. Dans cette grande région, qui s'étend du 47ᵉ au 43ᵉ degré de latitude, nous devons donc distinguer soigneusement la végétation du climat méditerranéen. Cependant la plupart des plantes du midi existant aussi sur les bords de la Méditerranée, nous donnerons d'abord la liste des plantes *méridionales*, c'est-à-dire de celles qui se trouvent dans tout le midi de la France, de la Loire et du Cher à la Méditerranée et aux Pyrénées. Nous ferons ensuite le catalogue de celles qui ne croissent spontanément que dans la portion de la France où l'on cultive l'Olivier.

Le nombre total des plantes méridionales est d'environ 750. Les familles qui comptent le plus grand ·nombre d'espèces dans cette partie de la flore française se rangent dans l'ordre suivant : Légumineuses, Composées, Graminées, Crucifères, Ombellifères, Labiées, Caryophyllées, Liliacées, Cypéracées, etc., ordre fort différent de celui que nous avons trouvé pour la France en général. Les genres les plus nombreux en espèces sont : *Centaurea, Trifolium, Carex, Medicago, Helianthemum, Lathyrus, Vicia, Galium, Sedum, Linaria*, etc. Ces indications suffisent pour montrer que les végétaux dicotylés deviennent plus nombreux relativement aux monocotylés dans le midi de la France, observation qui se vérifie non-seulement pour le nombre des espèces, mais encore pour celui des individus. Les Graminées et les Cypéracées sont moins prédominantes, tandis que les Légumineuses, les Composées, les Crucifères, les Ombellifères, les Labiées et les Cariophyllées le sont davantage. La liste suivante renferme toutes les plantes méridionales ou communes aux climats girondin, rhodanien et méditerranéen.

[95] *Plantes méridionales.*

(Climats girondin, rhodanien et méditerranéen.)

Ranunculaceæ. — *Thalictrum pubescens, T. angustifolium, T. simplex.* — *Ranunculus chærophyllos, R. tripartitus, R. gramineus, R. parviflorus, R. ophioglossifolius, R. nodiflorus.* — *Nigella damascena.* — *Aquilegia viscosa.* — *Delphinium Ajacis.* — *Pæonia paradoxa, P. corallina.*

Fumariaceæ. — *Corydalis claviculata.* — *Fumaria media, F. capreolata, F. Vaillantii.*

Cruciferæ. — *Mathiola annua, M. sinuata.* — *Barbarea præcox.* — *Arabis auriculata, A. muralis, A. incana.* — *Cardamine parviflora, C. latifolia.* — *Farsetia clypeata.* — *Vesicaria utriculata.* — *Cochlearia glastifolia.* — *Thlaspi alliaceum.* — *Hutchinsia procumbens.* — *Teesdalia Lepidium.* — *Iberis linifolia, I. pinnata, I. saxatilis.* — *Biscutella auriculata, B. cichoriifolia, B. coronopifolia, B. ambigua, B. maritima.* — *Malcomia littorea.* — *Hesperis laciniata, H. matronalis.* — *Sisymbrium austriacum, S. asperum, S. supinum, S. polycera-*

tum. — *Erysimum strictum.* — *Senebiera pinnatifida.* — *Æthionema saxatile.* — *Myagrum perfoliatum.* — *Brassica cheiranthos, B. cheirantiflora.* — *Sinapis orientalis, S. alba.* — *Diplotaxis viminea.* — *Eruca sativa.* — *Calepina Corvini.* — *Rapistrum rugosum.* — *Bunias erucago.*

Cistineæ. — *Cistus incanus, C. salvifolius, C. ledon, C. laurifolius.* — *Helianthemum alyssoides, H. eriocaulon, H. punctatum, H. ledifolium, H. denticulatum, H. salicifolium, H. procumbens, H. glutinosum, H. canum, H. marifolium, H. obscurum, H. hirtum, H. pilosum, H. apenninum, H. roseum.*

Violarieæ. — *Viola pumila.*

Frankeniaceæ. — *Frankenia lævis.*

Cariophylleæ. — *Gypsophylla saxifraga.* — *Dianthus barbatus, D. asper, D. cariophyllus, D. deltoides, D. gallicus.* — *Silene tridentata, S. gallica, S. quinquevulnera, S. bicolor, S. clandestina, S. italica, S. armeria.* — *Lychnis læta.* — *Velezia rigida.* — *Buffonia annua.* — *Elatine hydropiper.* — *Spergula saginoides, S. subulata.* — *Stellaria dubia.* — *Arenaria montana.* — *Linum gallicum, L. strictum, L. maritimum, L. glandulosum, L. narbonense, L. angustifolium, L. salsoloides.*

Malvaceæ. — *Malva fastigiata.* — *Hibiscus roseus.*

Hypericineæ. — *Androsæmum officinale.* — *Hypericum linearifolium, H. pyrenaicum.* — *Erodium romanum, E. moschatum.*

Zygophylleæ. — *Tribulus terrestris.*

Rutaceæ. — *Ruta montana, R. graveolens, R. angustifolia.*

Rhamneæ. — *Rhamnus alaternus, R. infectorius.*

Leguminosæ. — *Ulex provincialis.* — *Spartium junceum.* — *Genista horrida, G. scorpius, G. purgans, G. prostrata.* — *Cytisus sessilifolius, C. supinus, C. capitatus, C. argenteus.* — *Adenocarpus parvifolius.* — *Ononis reclinata, O. altissima, O. Columnæ, O. minutissima. Anthyllis tetraphylla, A. montana.* — *Medicago obscura, M. orbicularis, M. scutellata, M. rugosa, M. tornata, M. tuberculata, M. striata, M. apiculata, M. denticulata, M. pubescens, M. terebellum, M. coronata, M. Gerardi, M. rigidula, M. intertexta, M. echinus.* — *Trigonella uncinata, T. prostrata, T. monspeliaca, T. polycerata, T. ornithopodioides, T. corniculata, T. parviflora.* — *Trifolium angustifolium, T. incarnatum, T. lappaceum, T. Bocconi, T. maritimum, T. microphyllum, T. stellatum, T. suffocatum, T. glomeratum, T. strictum, T. hybridum, T. michelianum, T. elegans, T. subterraneum, T. spumosum, T. resupinatum,*

— *Dorycnium rectum, D. hirsutum, D. suffruticosum.* — *Lotus ornithopodioides, L. pilosissimus, L. hispidus, L. angustissimus.* — *Glycyrhiza glabra.* — *Colutea arborescens.* — *Astragalus purpureus, A. bayonensis, A. hamosus, A. monspessulanus, A. incanus.* — *Scorpiurus sulcata, S. subvillosa, S. vermiculata.* — *Coronilla emerus, C. glauca, C. coronata.* — *Astrolobium ebracteatum, A. scorpioides.* — *Ornithopus compressus, O. roseus.* — *Hippocrepis multisiliquosa, H. unisiliquosa, H. ciliata.* — *Onobrychis supina, O. caput galli, O. crista galli.* — *Vicia sylvatica, V. cassubica, V. Gerardi, V. syrtica, V. onobrychioides, V. peregrina, V. amphicarpa, V. pannonica, V. narbonensis.* — *Ervum hirsutum, E. monanthos.* — *Lathyrus latifolius, L. heterophyllus, L. inconspicuus, L. sphæricus, L. setifolius, L. annuus, L. bithynicus, L. articulatus, L. ochrus, L. albus.* — *Lupinus varius, L. angustifolius, L. luteus.*

Rosaceæ. — *Amygdalus communis.* — *Geum sylvaticum.* — *Potentilla recta.* — *Agrimonia odorata.* — *Rosa stylosa.* — *Cratægus pyracantha, C. azarolus.* — *Pyrus salvifolia, P. amygdaliformis, P. intermedia, P. sorbus.* — *Cydonia vulgaris.*

Granateæ. — *Punica granatum.*

Myrtaceæ. — *Myrtus communis.* — *Philadelphus coronarius.*

Cucurbitaceæ. — *Bryonia alba.* — *Momordica elaterium.*

Halorageæ. — *Callitriche pedunculata.*

Lythrarieæ. — *Lythrum hysoppifolia.*

Tamariscineæ. — *Tamarix gallica.*

Paronychieæ. — *Telephium imperati.* — *Herniaria cinerea.* — *Paronychia argentea, P. capitata.* — *Polycarpon alsinæfolium.*

Crassulaceæ. — *Umbilicus pendulinus.* — *Sedum stellatum, S. hirsutum, S. andegavense, S. dasyphyllum, S. anglicum, S. rupestre, S. altissimum, S. anopetalum.*

Umbelliferæ. — *Daucus maritimus.* — *Orlaya platycarpos.* — *Condylocarpus officinalis.* — *Heracleum angustifolium.* — *Anethum graveolens.* — *Peucedanum cervaria.* — *Bupleurum odontites, B. aristatum, B. protractum, B. junceum, B. rigidum.* — *Conopodium denudatum.* — *Pimpinella peregrina, P. tragium.* — *Bunium virescens.* — *Petroselinum segetum.* — *Trinia glaberrima.* — *Ammi visnaga, A. intermedium.* — *Cnidium Monnieri.* — *Seseli tortuosum, S. elatum.* — *Ptychotis heterophylla.* — *Helosciadium bulbosum.* — *OEnanthe chærophylloides, OE. globosa, OE. crocata.* — *Chærophyllum nodosum.* — *Smyrnium olusastrum.*

Caprifoliaceæ. — *Lonicera etrusca, L. caprifolium.*

Rubiaceæ. — *Rubia tinctorum, R. peregrina, R. lucida.* — *Galium verum, G. arenarium, G. divaricatum, G. glaucum, G. tenuifolium, G. murale, G. verticillatum, G. litigiosum.* — *Asperula tinctoria.* — *Crucianella monspeliaca, C. angustifolia.*

Valerianeæ. — *Valerianella pumila, V. mixta, V. echinata, V. hamata, V. discoidea.* — *Centranthus latifolius, C. calcitrapa.* — *Valeriana tuberosa.*

Dipsaceæ. — *Scabiosa ukranica, S. maritima, S. suaveolens, S. hybrida.* — *Dipsacus fullonum.*

Compositæ. — *Tussilago fragrans.* — *Senecio artemisiæfolius, S. doria.* — *Solidago graveolens.* — *Bellis sylvestris.* — *Inula tuberosa, I. bifrons, I. squarrosa, I. Vaillantii, I. viscosa.* — *Gnaphalium minimum.* — *Elychrysum stæchas, E. arenarium.* — *Micropus erectus.* — *Carpesium cernuum.* — *Buphthalmum spinosum, B. aquaticum, B. maritimum, B. salicifolium.* — *Chrysanthemum graminifolium.* — *Anthemis altissima, A. tinctoria.* — *Achillæa tomentosa, A. ageratum, A. odorata, A. nobilis.* — *Artemisia gallica, A. abrotanum, A. paniculata.* — *Cotula aurea.* — *Lonas inodora.* — *Balsamita major.* — *Calendula officinalis.* — *Echinops sphærocephalus, E. ritro.* — *Carduncellus mitissimus, C. monspeliensium.* — *Carduus nigrescens, C. podocanthus.* — *Cirsium pratense, C. monspessulanum, C. ferox, C. eriophorum.* — *Centaurea crupina, C. amara, C. alba, C. mutabilis, C. nigrescens, C. nigra, C. pectinata, C. uniflora, C. pullata, C. maculosa, C. paniculata, C. collina, C. aspera, C. myacantha, C. melitensis, C. solstitialis, C. calcitrapoides, C. benedicta.* — *Carlina corymbosa.* — *Stæhelina dubia.* — *Xeranthemum annuum, X. inapertum.* — *Scolymus maculatus, S. hispanicus.* — *Urospermum Dalechampii, U. picroides.* — *Prenanthes tenuifolia, P. viminea, P. pulchra, P. bulbosa.* — *Rhagadiolus stellatus.* — *Barkhausia rubra.* — *Crepis stricta, C. scabra.* — *Picris pauciflora.* — *Hieracium eriophorum, H. prostratum.* — *Drepania barbata.* — *Andryala integrifolia, A. sinuata.* — *Tragopogon parvifolium.* — *Trincia hispida.* — *Leontodon crispum, L. Villarsii.* — *Podospermum calcitrapæfolium.* — *Scorzonera hirsuta, S. angustifolia, S. graminifolia, S. purpurea.* — *Hyoseris radiata.* — *Catananche cærulea.*

Lobeliaceæ. — *Lobelia dortmanna.*

Campanulaceæ. — *Jasione perennis.* — *Campanula patula, C. hederacea, C. erinus.*

Ericineæ. — *Arbutus unedo.* — *Erica scoparia, E. arborea, E. multiflora, E. vagans, E. mediterranea, E. ciliaris.*

Jasmineæ. — *Phyllirea angustifolia, P. latifolia.* — *Jasminum fruticans.*

Apocyneæ. — *Cynanchum monspeliacum.* — *Vinca major.*

Gentianeæ. — *Chlora sessilifolia.* — *Chironia spicata, C. occidentalis, C. maritima.* — *Exacum Candollii, E. pusillum.*

Convolvulaceæ. — *Convolvulus cantabrica, C. siculus.* — *Cuscuta monogyna.*

Borragineæ. — *Cerinthe aspera, C. minor.* — *Heliotropium violaceum.* — *Echium pyrenaicum.* — *Lithospermum fruticosum, L. prostratum, L. tinctorium.* — *Onosma echioides.* — *Symphytum tuberosum.* — *Anchusa angustifolia, A. sempervirens.* — *Myosotis lutea.* — *Cynoglossum pictum, C. cheirifolium, C. linifolium.*

Solaneæ. — *Lycium europæum.* — *Solanum ochroleucum, S. humile, S. miniatum.* — *Datura tatula.* — *Verbascum thapsiforme, V. crassifolium, V. sinuatum, V. mayale, V. ramosissimum, V. alopecurus, V. lychnitis.*

Antirrhineæ. — *Anarrhinum bellidifolium.* — *Antirrhinum majus, A. asarina.* — *Linaria thymifolia, L. Pelisseriana, L. arvensis, L. simplex, L. juncea, L. purpurea, L. versicolor, L. striata.* — *Scrophularia peregrina, S. vernalis.*

Orobancheæ. — *Orobanche fœtida, O. major, O. Hederæ, O. Eringii, O. cærulea, O. comosa.*

Rhinanthaceæ. — *Bartsia purpurea, B. viscosa, B. bicolor.* — *Euphrasia viscosa, E. lutea, E. linifolia.* — *Veronica filiformis, V. peregrina.*

Labiatæ. — *Lycopus exaltatus.* — *Salvia officinalis, S. clandestina, S. Æthiopis.* — *Teucrium montanum, T. polium, T. capitatum, T. flavicans.* — *Hyssopus officinalis.* — *Marrubium supinum.* — *Betonica incana.* — *Galeopsis tetrahit.* — *Orvala lamioides.* — *Stachys hirta.* — *Sideritis romana, S. scordioides.* — *Nepeta nepetella, N. nuda.* — *Lavandula stæchas, L. vera.* — *Satureia hortensis, S. montana.* — *Mentha cervina.* — *Thymus vulgaris, T. lanuginosus.* — *Melissa officinalis.* — *Cleonia lusitanica.* — *Brunella hyssopifolia.* — *Scutellaria hastifolia, S. minor.*

Verbenaceæ. — *Vitex agnus-castus.*

Primulaceæ. — *Asterolinum stellatum.* — *Anagallis crassifolia, A. tenella.* — *Androsace maxima.*

Plumbagineæ. — *Plumbago europæa.* — *Statice limonium, S. auriculæfolia, S. dichotoma, S. echioides, S. plantaginea, S. arenaria.*

Plantagineæ. — *Plantago psyllium, P. cynops, P. subulata, P. serpentina, P. graminea, P. lagopus, P. intermedia.*

Amaranthaceæ. — *Amaranthus prostratus.*

Chenopodeæ. — *Camphorosma monspeliaca.* — *Salicornia macrostachya.* — *Salsola soda.* — *Kochia prostrata.* — *Chenopodium fruticosum, C. ambrosioides, C. botrys, C. opulifolium.* — *Atriplex halimus, A. rosea.* — *Phytolocca decandra.*

Polygoneæ. — *Rumex palustris, R. intermedia, R. scutatus.*

Thymeleæ. — *Passerina dioica.* — *Daphne gnidium.*

Santalaceæ. — *Osyris alba.*

Cytineæ. — *Cytinus hypocistis.*

Aristolochieæ. — *Aristolochia rotunda, A. longa, A. pistolochia.*

Euphorbiaceæ. — *Euphorbia chamæsyce, E. hyberna, E. pilosa, E. nicæensis, E. serrata, E. biumbellata, E. segetalis.* — *Mercurialis tomentosa.* — *Parietaria judaïca.* — *Urtica pilulifera, U. membranacea.* — *Ficus carica.*

Amentaceæ. — *Celtis australis.* — *Salix incana.* — *Quercus cerris, Q. toza, Q. pubescens, Q. apennina, Q. fastigiata, Q. ilex, Q. coccifera.* — *Ephedra distachya.* — *Juniperus phœnicea, J. oxycedrus.* — *Pinus maritima, P. pinea.*

Hydrocharideæ. — *Vallisneria spiralis.*

Alismaceæ. — *Alisma natans, A. parnassifolia.* — *Triglochin Barellieri.*

Potameæ. — *Potamogeton oblongum, P. heterophyllum, P. variifolium.*

Orchideæ. — *Orchis odoratissima, O. sambucina, O. laxiflora, O. coriophora.* — *Serapias lingua, S. cordigera.* — *Epipogium Gmelini.*

Irideæ. — *Iris pumila, I. lutescens, I. graminea, I. pratensis, I. tuberosa.* — *Iria bulbocodium.* — *Crocus multifidus.*

Amaryllideæ. — *Amaryllis lutea.* — *Pancratium maritimum, P. illyricum.* — *Narcissus minor, N. incomparabilis, N. biflorus, N. tazetta, N. bulbocodium, N. junquilla, N. intermedius, N. odorus.* — *Leucoium æstivum.*

Liliaceæ. — *Tulipa oculus-solis, T. clusiana, T. pyrenaica.* — *Erythronium dens-canis.* — *Asphodelus fistulosus, A. albus.* — *Phalangium bicolor.* — *Scilla umbellata, S. liliohyacinthus, S. amœna.* — *Hyacinthus orientalis, H. romanus.* — *Muscari botryoides.* — *Ornithogalum nutans, O. narbonense.* — *Allium porrum, A. ampeloprasum, A. rotundum, A. scorodoprasum, A. intermedium, A. pallens, A. carinatum, A. suaveolens, A. roseum, A. moly, A. magicum.* — *Hemerocallis fulva.*

Junceæ. — *Juncus ericetorum, J. pygmæus, J. Gerardi, J. lagenarius, J. repens.*

Aroideæ. — *Arum dracunculus, A. italicum.*

Typhaceæ. — *Typha minima.*

Cyperaceæ. — *Cyperus Monti.* — *Scirpus multicaulis, S. fluitans, S. holoschœnus, S. michelianus, S. tenuifolius.* — *Carex divisa, C. teretiuscula, C. brizoides,*

C. trinervis, C. ericetorum, C. umbrosa, C. gynobasis, C. humilis, C. nitida, C. bastardiana, C. punctata, C. biligularis, C. binervis, C. brevicollis, C. depauperata, C. pilosa, C. hordeistichos.

Gramineæ. — *Andropogon gryllus.* — *Lagurus ovatus.* — *Digitaria filiformis.* — *Agrostis maritima, A. stolonifera, A. elegans, A. glaucina, A. setacea.* — *Milium lendigerum.* — *Stipa juncea, S. pennata.* — *Panicum glaucum.* — *Phalaris canariensis.* — *Alopecurus utriculatus.* — *Crypsis alopecuroides, C. schœnoides.* — *Melica ramosa.* — *Aira media, A. præcox.* — *Avena odorata, A. Thorei, A. tenuis, A. fragilis, A. sterilis, A. strigosa.* — *Bromus squarrosus, B. polystachys, B. madritensis.* — *Festuca uniglumis, F. ciliata, F. sabulicola.* — *Arundo donax.* — *Kœleria phleoides, K. albescens, K. setacea.* — *Poa procumbens, P. eragrostis, P. pilosa.* — *Cynosurus echinatus.* — *Echinaria capitata.* — *Trachynotia stricta, T. alternifolia.* — *Nardus aristata.* — *Rottbolla incurvata, R. filiformis.* — *Ægilops ovata, Æ. triuncialis.* — *Triticum cespitosum, T. Poa, T. nardus, T. tenuiculum.*

Characeæ. — *Chara hyalina.*

Filices. — *Ceterach Marantæ.* — *Grammitis leptophylla.* — *Asplenium lanceolatum.* — *Adianthum capillus Veneris.*

Marsileaceæ. — *Salvinia natans.* — *Isoetes lacustris.*

Végétation des Alpes françaises. — Les montagnes les plus élevées de la France se trouvent dans la région méridionale, et sur leurs flancs s'échelonnent toutes les zones de végétation, depuis celle des plaines jusqu'à celle des neiges éternelles.

Grâce aux travaux de Villars, Allioni, Mutel, etc., la flore des Alpes françaises est bien connue; mais les renseignements de topographie botanique sont moins nombreux. On ignore à quelle hauteur s'arrêtent les végétaux les plus communs et les plus caractéristiques. De plus, le désastreux déboisement de ces montagnes a dû profondément altérer les limites naturelles de chaque végétation. J'en suis donc réduit à mes notes et aux indications que je trouve dans le volume intitulé : *Mesures barométriques*, par M. Guérin.

Dans le groupe de la grande Chartreuse, dont les magnifiques forêts ont été épargnées jusqu'ici, les Hêtres commencent sur le versant septentrional au-dessus de St-Laurent-du-Pont, près du martinet de Fourvoirie, à 454 mètres au-dessus du niveau de la mer. Bientôt le sapin (*Abies pectinata*) vient se mêler à eux. La forêt règne sans interruption jusqu'à la grande Chartreuse (1 013ᵐ) ; dans les prairies autour du couvent on trouve un grand nombre de plantes subalpines, telles que : *Ranunculus aconitifolius, Cacalia alpina, Cerinthe glabra, Gentiana lutea.* Au-dessus de l'ermitage de St-Bruno (*sacellum sancti Brunonis*) (1 151ᵐ) l'Epicea et l'*Acer pseudo-platanus*, rares au-dessous de la grande Chartreuse deviennent de plus en plus communs.

Les Hêtres cessent en se rabougrissant à 1 465 mètres, et la forêt ne se compose plus que d'Erables, d'Epiceas, de Sapins, de Sorbiers des oiseleurs, à l'ombre desquels croissent le *Sambucus racemosa* et le *Lonicera alpigena.* Les Sapins et les grands Erables ne dépassent pas le chalet de Bouvine (1 631ᵐ). Arrivé à cette hauteur, l'Erable se rabougrit et cesse à 1 680 mètres, ainsi que l'Azarolier et le Sorbier des oiseleurs.

La région alpine caractérisée par l'apparition du *Rhododendron ferrugineum* et du *Silene acaulis*, commence à 1 660 mètres. A l'état de buisson, l'*Abies excelsa* se montre encore çà et là au-dessus de l'escarpement du Grand-Som jusqu'à la hauteur de 1 900 mètres; mais il n'atteint pas le sommet de cette montagne qui est à 2 030 mètres au-dessus du niveau de la mer.

Dans les Alpes du Dauphiné proprement dites, j'ai déterminé les limites suivantes en traversant les cols des sept lacs (2 180ᵐ) du Lautaret (2 070ᵐ), de la Vachère (2 620ᵐ) et de l'Argentière (2 031ᵐ). Je joins l'indication des limites de végétation, que j'ai déterminées barométriquement, à celles que M. Guérin a données dans ses *Observations barométriques*, p. 87. Ces dernières seront distinguées par un astérisque *.

Limites supérieures.

Champs de seigle.

Col du Lautaret, versant Est . .		1 845ᵐ
Col de la Vachère	versant N. .	1 745
	versant S. .	2 110
Col de l'Argentière, versant N.O.		1 960
*Aux environs de la Bérarde . . .		1 950
*Prés de St-Véran		2 045

Hêtre.

Col des Sept-Lacs, versant N. . . 1 475

Epicea.

Col des Sept-Lacs	versant N. . .	1 770
	versant S. . .	2 045

Aune vert.

Col des Sept-Lasc, versant N. . . . 1 910

Sorbier des oiseleurs.

Col des Sept-Lacs, versant N. . . . 1 910
Col de la Vachère, versant N. . . 2 000

Rhododendron.

Limite inférieure.	Col des Sept-Lacs, versant N. . . .	1 160
	Col de la Vachère, versant N. . . .	2 125

19.

Limite su-|Col des Sept-{vers. N. 2 040
périeure.|Lacs.|vers. S. 2 045
|Col de la Vachère,
|versant N. 2 410

Pin Cembro.

Limite inférieure versant septentrional du col de la Vachère 1 740
*Limite supérieure, col Longet . 2 515

Pins et Mélèzes.

*Limite supérieure, col Longet . 2 515

Végétation des Pyrénées. — Située
plus au sud, dirigée de l'est à l'ouest, la
chaine des Pyrénées offre une végétation
analogue, mais cependant différente de
celle des Alpes françaises. Le Sapin
(*Abies pectinata*) monte en moyenne jusqu'à 1 800 mètres, et le Pin Mugho jusqu'aux neiges éternelles. Ramond nous a
indiqué l'état de la végétation au sommet
du pic du Midi, et M. Aimé Massot a fait
connaître (*C.-R. de l'Acad. des sciences*,
9 octobre 1843) les zones végétales du versant occidental du Canigou. Voici les limites supérieures de quelques végétaux
importants.

Olivier, 420^m. — Culture productive de
la Vigne, 550^m.—Châtaignier, Aune (*Alnus
glutinosa*), *Thymus vulgaris*, 800^m. —
Ilex aquifolium, Cornus sanguinea, 985^m.
— Hêtre, Noisetier, *Lonicera xylosteum*,
1625^m. — Champs de Seigle et de Pommes
de terre, Tremble et *Mespilus amelanchier*, 1 640^m. — Sorbier des oiseleurs,
1 840. — Sapins (*Abies pectinata*), 1 950.
— Bouleau à l'état d'arbre, 1 985^m. — Pins
et arbres en général, 2 415^m. — *Rododen-
dron ferrugineum*, 2 540^m. —Au sommet
(2 785^m), quarante-deux espèces phanérogames, dont cinq appartenant au genre
Saxifraga.

Les limites inférieures de plusieurs plantes alpines observées sur les flancs de la
montagne, sont les suivantes : *Rhododendron ferrugineum* et *Gentiana verna*,
1 320^m. — *Sorbus aucuparia* et *Veratrum
album*, 1 565^m. — *Gentiana lutea*, 1 625^m.
— *Silene acaulis*, 2 125^m. — *Saxifraga
pubescens*, 2 510^m. —*Potentilla nivalis* et
Saxifraga oppositifolia, 2 650. Tous les
lecteurs auxquels la végétation de la Suisse
est familière reconnaîtront des analogies et
des dissemblances dans la succession et les
limites des zones du Canigou, comparées à
celles des montagnes d'égale élévation
dans les Alpes. Ces différences ne s'expli-
quent pas toutes par la différence de latitude, et elles prouvent l'influence immense
de la nature et de l'humidité du sol, de la
distribution et de l'abondance des pluies,
de la fréquence des brouillards, etc.

§ 3. *Région méditerranéenne.*

De même que le climat méditerranéen
fait partie du groupe italo-ibérique, de
même la végétation engendrée par ce climat se rapproche beaucoup plus de celle
de l'Espagne et de l'Italie que de celle de
la France en général. Ce qui le prouve,
c'est l'apparition de nouvelles familles et
de nouveaux genres qui n'ont de représentants que sur le littoral méditerranéen.
Telles sont, parmi les familles, les Cap-
paridées, les Aurantiacées, les Térébinthacées, les Nopalées, les Ficoïdes, les
Acanthacées, les Broméliacées et les Palmiers. Parmi les genres, un grand nombre, qu'il serait trop long d'énumérer ici,
sont tout à fait étrangers au reste de la
flore française. Le nombre total des espèces particulières à la région méditerranéenne et à la Corse est de 800 environ.
Les familles remarquables par le nombre
de leurs espèces se rangent dans l'ordre
suivant : Légumineuses, Composées, Graminées, Labiées, Ombellifères, Cariophyllées, Renonculacées, Crucifères, Cis-
tinées, Liliacées, Malvacées, Antirrhinées,
Plumbaginées, Euphorbiacées, Cypéracées, etc.. Voici la liste des genres dominants : *Medicago, Trifolium, Silene,
Helianthemum, Ononis, Centaurea, Euphorbia, Cistus, Astragalus, Allium,
Linaria, Narcissus, Lavatera, Hypericum, Buplevrum, Thymus, Ranunculus*, etc. Cette énumération suffit pour
faire voir ce qu'il y a de particulier
dans la Flore méditerranéenne, et combien elle est plus riche, plus variée que
celle du reste de la France. Cette végétation se compose, en effet : 1° des 1250
espèces banales qui se trouvent dans tout
le royaume ; 2° des 760 espèces méridionales communes aux bassins de la Gironde
et du Rhône ; 3° des 800 espèces qui ne
croissent spontanément que dans l'espace
triangulaire compris entre Perpignan, Viviers, Nice et dans l'île de Corse. Les
plantes méditerranéennes de la France ne
sortent guère de cet espace triangulaire,
et cependant elles forment au delà de
ces limites quelques îlots de végétation.
Ainsi, autour du pont d'Arc, dans l'Ardèche, on retrouve l'Olivier, le Grena-
dier, *Psoralea bituminosa, Campanula
medium*, et d'autres plantes de la région
des Oliviers.

[96] *Plantes méditerranéennes* (1).

(Climat méditerranéen.)

Ranunculaceæ. — *Clematis erecta,
C. flammula, *C. cirrhosa, *C. balearica.
— Thalictrum fœtidum, T. nigricans,
T. glaucum, T. tuberosum. — Anemone
coronaria, A. pavonina, A. stellata, A.
palmata, A. apennina.—Adonis dentata.
— Ceratocephalus falcatus.— *Ranuncu-*

(1) Celles dont le nom est précédé d'un astérisque * sont particulières à la Corse.

lus bullatus, *R. monspeliacus*, **R. palustris*, **R. cordigerus*, *R. muricatus*, *R. trilobus*. — **Helleborus lividus*, *H. niger*. — *Garidella nigellastrum*. — *Nigella sativa*. — *Delphinum pubescens*, *D. junceum*, *D. Requienii*, *D. pictum*, *D. staphysagria*. — **Pæonia russi*.

Berberideæ. — **Berberis cretica*.

Papaveraceæ.—*Papaver pyrenaicum*, *P. Roubiæi*, *P. setigerum*. — *Ræmeria hybrida*. — *Glaucium corniculatum*. — *Hypecoum procumbens*, *H. pendulum*.

Fumariaceæ. — *Sarcocapnos enneaphylla*. — *Fumaria densiflora*.

Cruciferæ. — *Matthiola incana*, *M. tricuspidata*. — *Arabis verna*. — **Pteroneurum græcum*. — *Berteroa incana*. — **Alyssum corsicum*, *A. maritimum*, *A. spinosum*, *A. macrocarpum*. — *Clypeola jonthlaspi*. — **Draba olympica*. — **Hutschinsia brevistyla*. — *Iberis ciliata*, *I. linifolia*, *I. umbellata*. — **Biscutella apula*, *B. hispida*, **B. ciliata*. — *Malcomia africana*, *M. parviflora*. — *Erisynum canescens*. — *Lepidium hirtum*, *L. humifusum*. — *Isatis canescens*. — *Brassica humilis*, *B. robertiana*. — *Moricandia arvensis*. — *Diplotaxis erucoides*, *D. saxatilis*.—**Rapistrum orientale*, *R. hypogæum*.

Capparideæ. — *Capparis spinosa*.

Cistineæ. — *Cistus crispus*, **C. creticus*, *C. albidus*, **C. villosus*, *C. corbariensis*, *C. monspeliensis*, *C. longifolius*, *C. populifolius*, *C. ladaniferus*. **Helianthemum halmifolium*, *H. tuberaria*, **H. plantagineum*, **H. inconspicuum*. *H. intermedium*, *H. lævipes*, *H. origanifolium*, *H. penicillatum*, *H. italicum*, *H. lavandulæfolium*, **H. stæchadifolium*, *H. acuminatum*, *H. marjoranæfolium*.

Violarieæ. — *Viola arenaria*, *V. arborescens*.

Resedaceæ.—*Reseda alba*. — *Astrocarpus sesamoides*.

Droseraceæ.—*Aldrovanda vesiculosa*.

Polygaleæ. — *Polygala saxatilis*, *P. monspeliaca*, *P. exilis*.

Frankeniaceæ. — *Frankenia pulverulenta*, *F. intermedia*.

Cariophylleæ. — *Gypsophila fastigiata*. — *Dianthus balbisii*, *D. ferrugineus*, *D. attenuatus*, *D. hirtus*, *D. pungens*, *D. virgineus*. — *Saponaria orientalis*. — *Silene lusitanica*, *S. nocturna*, *S. brachypitala*, *S. nicæensis*, *S. sedoides*, *S. sabuletorum*, *C. S. inaperta*, **S. pauciflora*, **S. paradoxa*, *S. muscipula*, *S. sericea*, **S. decumbens*, **S. corsica*, **S. Requienii*.— **Lychnis cœli-rosa*, **L. corsica*. — *Gouffeia arenarioides*. — *Buffonia perennis*. — **Spergula pilifera*, *S. glabra*.— *Stellaria latifolia*.—*Arenaria hispida*, *A. tetraquetra*, *A. cinerea*, **A.*

balearica. — **Cerastium androsaceum*, *C. Soleirolii*, *C. tomentosum*.

Lineæ. — *Linum hirsutum*.

Malvaceæ. — *Malope malacoides*. — *Malva tournefortiana*, *M. nicæensis*, *M. parviflora*. — *Althæa narbonensis*, *A. cannabina*. — *Lavatera trimestris*, *L. olbia*, *L. punctata*, *L. maritima*, **L. arborea*, *L. neapolitana*, *L. cretica*. — *Sida abutilon*.

Aurantiaceæ.—*Citrus medica*, *C. limonium*, *C. aurantium*, *C. vulgaris*.

Hypericineæ. — **Hypericum hyrcinum*, *H. repens*, *H. crispum*, *H. tomentorum*, *H. dentatum*, *H. hysoppifolium*, *H. Coris*.

Acerineæ. — *Acer apulifolium*, *A. monspessulanum*.

Geraniaceæ.— *Geranium argenteum*, *G. tuberosum*. — *Erodium petræum*, *E. ciconium*, **E. botrys*, *E. littoreum*, *E. malacoides*, **E. malopoides*.

Rutaceæ. — *Ruta bracteosa*, **R. corsica*. — *Dictamnus fraxinella*.

Celastrineæ. — *Evonymus latifolius*.

Rhamneæ. — *Zizyphus vulgaris*. — *Paliurus aculeatus*. — *Rhamnus pubescens*.

Terebinthaceæ. — *Pistacia vera*, *P. terebinthus*, *P. lentiscus*.—*Rhus cotinus*, *R. coriaria*. — *Cneorum tricoccum*.

Leguminosæ. — *Anagyris fœtida*. — *Genista candicans*, *G. linifolia*, *G. Lobelii*, **G. Salzmanni*; **G. corsica*, *G. hispanica*, *G. cinerea*.— *Cytisus triflorus*, *C. spinosus*, **C. lanigerus*. — *Adenocarpus telonensis*. — *Ononis arachnoidea*, *O. ramosissima*, *O. arenaria*, *O. viscosa*, *O. pubescens*, **O. ornithopoides*, **O. mollis*, *O. Cherleri*, *O. mitissima*, **O. serrata*, **O. alopecuroides*, *O. variegata*.— *Anthyllis Gerardi*, *A. cytisoides*, **A. Hermanniæ*, **A. erinacea*, *A. Barba-Jovis*. — *Medicago circinnata*, *M. radiata*, *M. suffruticosa*, *M. leiocarpa*, **M. Soleirolii*, *M. reticulata*, *M. turbinata*, *M. littoralis*, *M. marina*, *M. lappacea*, *M. pentacycla*, *M. disciformis*, *M. tribuloides*, *M. præcox*, *M. muricata*, **M. sphærocarpos*, *M. laciniata*. — *Trigonella hybrida*. — *Melilotus kochiana*, **M. italica*, *M. gracilis*, **M. elegans*, *M. messanensis*, *M. sulcata*. — *Trifolium purpureum*, *T. lagopus*, *T. ligusticum*, *T. supinum*, *T. Xatardi*, *T. cinctum*, *T. barbatum*, *T. squarrosum*, *T. hirtum*, *T. Cherleri*, **T. leucanthum*, *T. angulatum*, *T. balbisianum*, **T. vesiculosum*, *T. tomentosum*, *T. uniflorum*. — *Dorycnium parviflorum*, *D. herbaceum*. — *Lotus edulis*, **L. creticus*, *L. cytisoides*, *L. conimbrensis*. — *Tetragonolobus purpureus*, *T. conjugatus*. — *Psoralea palestina*. — *Astragalus pentaglottis*, *A. glaux*, *A. stella*, *A. sesameus*, *A. vesicarius*, *A. epiglottis*, **A. bœticus*, *A. narbonensis*, *A. massiliensis*. *Biser-*

rula palecinus. — *Scorpiurus muricata,* *S. acutifolia.* — *Coronilla juncea, C. stipularis.* — *Hippocrepis velutina.* — *Securigera coronilla.* — *Hedysarum humile, H. spinosissimum,* *H. capitatum.* — *Onobrychis saxatilis.* — *Vicia pseudocracca, V. tenuifolia, V. atropurpurea perennis, V. disperma.* — *Ervum pubescens.* — *Lathyrus micranthus, L. cirrhosus, L. alatus, L. clymenium.* — *Orobus variegatus, O. saxatilis.* — *Lupinus hirsutus.* — *Ceratonia siliqua.* — *Cercis siliquastrum.*

Rosaceæ. — *Rubus collinus.* — *Potentilla subacaulis, P. opaca.*

Halorageæ. — *Myriophyllum pectinatum.*

Lythrarieæ. — *Lythrum thymifolia, L. numullarifolium.*

Tamariscineæ. — *Tamarix africana.*

Paronychieæ. — *Corrigiola telephiifolia.* — *Herniaria polygonoides.* — *Paronychia cymosa, P. echinata.* — *Polycarpon peploides.* — *Lœflingia hispanica.*

Crassulaceæ. — *Sedum anacampseros,* *S. crucialum,* *S. corsicum, S. cespitosum,* *S. heptapetalum.*

Nopaleæ. — *Cactus opuntia.*

Ficoideæ. — *Mesembryanthemum nodiflorum.*

Umbelliferæ. — *Thapsia villosa.* — *Daucus mauritanicus, D. gummifer.* — *Orlaya maritima.* — *Torilis heterophylla.* — *Bifora testiculata.* — *Pastinaca Kochii.* — *Peucedanum paniculatum, P. alsaticum.* — *Opoponax chironium.* — *Ferula glauca, F. communis.* — *Ferulago nodiflora.* — *Buplevrum glaucum, B. semi-compositum, B. graminifolium, B. Gerardi, B. fruticescens,* *B. spinosum, B. fruticosum.* — *Brignolia pastinacæfolia.* — *Athamanta macedonica.* — *Molopospermum peloponesiacam.* — *Bunium petræum.* — *Petroselinum sativum.* — *Ptychotis verticillata.* — *Heliosciadium crassipes.* — *OEnanthe apiifolia,* *O. silaifolia.* — *Anthriscus torquata.* — *Scandix australis.* — *Smyrnium perfoliatum.* — *Echinophora spinosa.* — *Cachrys lævigata.* — *Eryngium planum, E. dichotomum.*

Caprifoliaceæ. — *Lonicera balearica.*

Lorantheæ. — *Viscum Oxycedri.*

Rubiaceæ. — *Rubia Requienii.* — *Vaillantia muralis.* — *Galium purpureum, G. linifolium, G. setaceum, G. maritimum,* *G. Barellieri.* — *Asperula lævigata.* — *Crucianella maritima, C. latifolia.*

Valerianeæ. — *Valerianella auricula.* — *Fedia cornucopiæ.* — *Valeriana trinervis.*

Dipsaceæ. — *Scabiosa graminifolia, S. stellata, S. monspeliensis,* *S. urceolata.* — *Cephalaria syriaca, C. leucantha, C. centauroides.* — *Dipsacus ferox.*

Compositæ. — *Eupatorium corsicum,* *E. Soleirolii.* — *Cineraria maritima.* — *Senecio squalidus, S. crassifolius, S. humilis, S. fœniculaceus, S. lividus.* — *Arnica corsica.* — *Crysocoma saxatilis.* — *Aster acris.* — *Bellis annua.* — *Bellium bellioides,* *B. nivale.* — *Conyza ambigua, C. sicula, C. saxatilis, C. sordida.* — *Inula helenioides, I. suavolens, I. odora.* — *Elychrysum frigidum, E. angustifolium.* — *Filago pygmæa.* — *Micropus supinus.* — *Chysanthemum perpusillum,* *C. tomentosum, C. monspeliense, C. Myconis, C. coronarium.* — *Matricaria suaveolens.* — *Anthemis peregrina, A. incrassata, A. fuscata, A. maritima.* — *Anacyclus clavatus, A. tomentosus, A. valentinus, A. radiatus, A. purpurascens.* — *Achillæa setacea.* — *Artemisia arborescens, A. cærulescens.* — *Santolina viridis, S. squarrosa, S. incana.* — *Balsamita virgata,* *B. ageratifolia, B. annua,* *B. Andibertii.* — *Xanthium macrocarpum.* — *Carthamus tinctorius.* — *Carduncellus cœruleus,* *C. tingitanus.* — *Onopordum arabicum, O. virens, O. illyricum.* — *Carduus arenarius, C. leucographus.* — *Serratula nudicaulis.* — *Cirsium acarna,* *C. italicum, C. echinatum, C. casabonæ,* *C. syriacum, C. stellatum.* — *Cynara cardunculus,* *C. humilis.* — *Leuzea conifera.* — *Galactites tomentosa.* — *Centaurea intybacea, C. salmantica, C. centauroides,* *C. napifolia,* *C. sphærocephala, C. seridis, C. sonchifolia, C. apula, C. diffusa, C. Pouzini.* — *Carlina lanata.* — *Stæhelina arborescens.* — *Atractylis cancellata, A. humilis.* — *Scolymus grandiflorus.* — *Picridium vulgare, P. albidum.* — *Sonchus pectinatus, S. tenerrimus, S. maritimus.* — *Lactuca tenerrima, L. cichoriifolia.* — *Rhagadiolus edulis.* — *Zacintha verrucosa.* — *Barkhausia bellidifolia, B. suffreniana, B. setosa,* *B. Leontodon.* — *Pterotheca nemausensis.* — *Taraxacum obovatum.* — *Hieracium compositum.* — *Drepania ambigua.* — *Andryala lyrata.* — *Robertia taraxacoides.* — *Seriola æthnensis.* — *Geropogon glabrum.* — *Hypochæris pinnatifida.* — *Tragopogon hirsutum.* — *Thrincia tuberosa.* — *Scorzonera parviflora,* — *Hyoseris scabra, H. hedypnois, H. cretica.*

Lobeliaceæ. — *Lobelia Laurentia,* *L. minuta.*

Campanulaceæ. — *Phyteuma serrata,* — *Prismatocarpus falcatus.* — *Campanula medium, C. speciosa, C. petræa.*

Ericineæ. — *Erica ramulosa.*

Ebenaceæ. — *Styrax officinale.*

Jasmineæ. — *Olea europæa.* — *Jasminum humile.* — *Fraxinus argentea, F. florifera.*

Apocyneæ. — *Asclepias fruticosa.* — *Cynanchum nigrum.* — *Nerium oleander.*

Gentianeæ. — *Gentiana biloba.. Chironia linarifolia.*

Convolvulaceæ.—*Convolvulus saxatilis, C. lineatus, C. althæoides.* — *Cressa cretica.*

Borragineæ.—*Heliotropium supinum.* — *Echium australe, E. plantagineum, A. calycinum.* — *Nonea violacea, N. alba, N. lutea.* — *Anchusa undulata.* — *Borrago laxiflora.* — *Myosotis pusilla.*

Solaneæ.— *Hyosciamus albus, H. aureus.*— *Verbascum australe, V. candidissimum, V. leptostachyon, V. Chaixi, V. longifolium.*

Antirrhineæ. — *Linaria rubrifolia, *L. hepaticæfolia, *L. æquitriloba, *L. cirrhosa, L. reflexa, *L. triphylla, *L. flava, L. chalepensis.* — *Scrophularia trifoliata, *S. sambucifolia, *S. auriculata, S. ramosissima, S. oblongifolia.*

Orobancheæ. — *Orobanche crinita, O. pruinosa, O. Rubi, O. concolor, O. rigens.*

Rhinanthaceæ. — *Bartsia trixago, B. versicolor, B. maxima.* — *Euphrasia corsica, E. verna.* — *Veronica cymballaria, V. digitata, * V. repens.*

Labiatæ.— *Cunila thymoides.* — *Rosmarinus officinalis.* — *Salvia horminum, S. verbenaca.* — *Ajuga pseudo-iva, A. iva.* — *Teucrium massiliense, T. fruticans, T. pseudo-chamæpitys, T. flavum, *T. pseudo-hyssopus, T. marum.*—*Molucella frutescens.* — *Phlomis fruticosa, P. lychnitis, P. herba-venti.* — *Lamium bifidum.* — *Stachys corsica, *S. marrubiifolia, S. maritima, S. heraclæa, *S. glutinosa.* — *Sideritis perfoliata.*— *Nepeta pannonica, N. latifolia.* — *Lavandula pyrenaica, L. spica.* — *Saturcia græca, S. juliana, S. capitata, S. Thymbra.* — *Thymus parviflorus, *T. herba barona, T. Zygis, T. corsicus, T. creticus, *T. glandulosus, T. calamintha.* — *Origanum creticum.* — *Prasium majus.*

Verbenaceæ. — *Verbena supina.*

Acanthaceæ. — *Acanthus mollis, A. spinosus.*

Primulaceæ. — *Anagallis repens.* — *Coris monspeliensis.*

Globularieæ. — *Globularia alypum, G. nana.*

Plumbagineæ. — *Statice monopetala, S. reticulata, S. oleæfolia, S. globulariæfolia, S. bellidifolia, S. minuta, S. pubescens, *S. articulata, S. ferulacea, S. diffusa, *S. fasciculata, *S. Soleirolii, *S. leucantha.*

Plantagineæ.— *Plantago albicans, P. pilosa, P. argentea, P. Cornuti.*

Amaranthaceæ.—*Amaranthus albus.*

Chenopodeæ. — *Theligonium cynocrambe.* — *Corispernum hyssopifolium.* — *Salicornia macrostachya.* — *Chenopodium hirsutum, C. setigerum, C. scoparia.*

Polygoneæ. — *Atriplex laciniata.* — *Rumex tuberosus, R. tingitanus, L. bucephalophorus.*—*Polygonum equisetiforme.*

Thymeleæ. *Passerina Thomasii, P*.

Tarton-raira, P. hirsuta, P. thymelæa. — *Daphne oleoides.*

Elæagneæ. — *Eleagnus angustifolia.*

Euphorbiaceæ. — *Croton tinctorium.* — *Euphorbia platycocca, E. pubescens, E. spinosa, E. dendroides, E. lucida, E. tenuifolia, E. pithyusa, E. myrsinites, E. provincialis, E. characias.* — *Mercurialis elliptica.*

Urticeæ. — *Helxine Soleirolii.* —*Parietaria lusitanica.* — *Urtica hispida.*

Amentaceæ.—*Alnus suaveolens, *A. cordata, *A. elliptica.*

Coniferæ. — *Pinus halepensis, P. laricio.*

Potameæ. — *Zostera mediterranea.*

Orchideæ. — *Orchis provincialis, *O. papilionacea, O. longibracteata, *O. acuminata, O. secundiflora.* — *Ophrys lutea, O. pseudo-speculum.*

Irideæ. — *Iris florentina, *I. sysirinchium, I. spuria.* —*Crocus minimus, C. versicolor.*

Amaryllideæ.—*Narcissus polyanthos, N. stellatus, N. crysanthus, N. dubius, N. patulus, *N. serotinus, N. ochroleucus, N. lætus.* — *Leucoium autumnale., L. hyemale.*

Asparageæ.— *Asparagus amarus, A. tenuifolius, A. acutifolius, *A. albus.* — *Smilax aspera, S. mauritanica.*— *Ruscus hypoglossum.*

Liliaceæ. — *Tulipa gessneriana, T. celsiana.*— *Asphodelus ramosus.*—*Scilla Bertolonii, S. hyacinthoides, *S. undulata, *S. fastigiata.* — *Hyacinthus serotinus.* — *Ornithogalum arabicum.* — *Allium acutiflorum; A. salicum, A. multiflorum, *A. parciflorum, A. album, *A. subhirsutum, A. triquetrum, A. chamæmoly, A. nigrum.*

Bromeliaceæ. — *Agave americana.*

Colchiceæ.— *Colchicum montanum.*

Junceæ.—*Aphyllanthes monspeliensis.* — *Juncus rigidus, *J. bicephalus, J. anceps, J. multiflorus.*

Palmæ. — *Chamærops humilis.*

Aroideæ. — *Arum muscivorum, A. pictum, A. arisarum.*

Cyperaceæ. — *Cyperus rotundus, C. fascicularis, C. junciformis.* — *Schœnus mucronatus.* — *Scirpus annuus, *S. pubescens, S. littoralis.* — *Carex gynomane, *C. lævigata, C. Soleirolii.*

Gramineæ.—*Andropogon provinciale, A. distachyon, A. hirtum, A. Allionii.*— *Saccharum Ravennæ, S. cylindricum.* — *Digitaria ciliaris.* — *Agrostis pungens, A. pallida.* — *Milium multiflorum, *M. Thomasii, M. paradoxum, M. cærulescens, *M. vernale.* — *Stipa aristella, S. tortilis.* — *Panicum capillare, P. repens.* — *Phalaris aquatica, P. bulbosa, P. paradoxa, P. cylindrica, P. trigyna.* — *Polypogon Lagascæ, P. maritimum.*—*Crypsis aculeata.*— *Lamarkia aurea.*—*Melica*

*Bauhini.—Aira capillaris, A. articulata.
—Avena panicea, A. longifolia, A. alba.
— Danthonia provincialis. — Bromus di-
varicatus, B. rubens.— Festuca stipoides,
F. serotina, F. maritima.— Arundo mauritanica. — Koeleria macilenta, K. caly-
cina, K. villosa, K. brachystachia.—Poa
dura, P. littoralis, P. divaricata.—Briza
maxima. — *Cynosurus elegans. — Sesleria cylindrica.— Rottbolla subulata. —
Ægilops squarrosa.— Triticum rigidum,
T. ciliatum, T. phœnicoides, T. unilate-
rale.— Hordeum crinitum.*

Characeæ. — *Chara canescens.*

Filices. — *Scolopendrium sagittatum.
— Pteris cretica. — Adianthum odorum.*

Lycopodiaceæ. — *Lycopodium denticulatum.*

**Végétation des montagnes de la
Provence.** — Pour donner une idée de
la végétation des montagnes de la Provence, nous rappellerons la topographie
botanique du mont Ventoux, près d'Avignon, que nous avons publiée en 1838 dans
les *Annales des sciences naturelles.* L'un
des versants de cette montagne est exposé au nord, l'autre au midi, et son iso-
lement la rend très-propre aux études de
géographie botanique.

Sur le versant méridional, une première région, celle du Pin d'Alep *(Pinus
halepensis)* occupe le pied de la montagne, jusqu'à une hauteur de 430 mètres environ; j'y observai des plantes
très-méridionales, telles que . *Olea europæa, Quercus coccifera, Dorycnium suffruticosum, Rosmarinus officinalis, Catananche cærulea, Stæhelina dubia,
Leuzea conifera* et *Genista hispanica.*

La région du Chêne vert *(Quercus ilex)*
règne de 430 à 540 mètres; on y recueille :
*Centaurea solstitialis, Scolymus hispa-
nicus, Buphthalmum aquaticum, Xanthium spinosum, Psoralea bituminosa, Juniperus oxycedrus, Euphorbia characias.*

De 540 à 1150 mètres, il n'y a point d'arbres; le Thym et les Lavandes couvrent
le sol, mêlés avec des Buis rabougris, *Nepeta graveolens, Cynanchum vincetoxicum,
Aphyllanthes monspeliaca, Carlina acanthifolia* et *Teucrium polium.*

De 1150 à 1660, s'étend un bois de Hêtres, d'abord rabougris et clair-semés, puis
plus grands et plus touffus. A leur ombre,
croissent des plantes du nord mêlées à celles du midi et à quelques subalpines.
Ex. : *Urtica dioica, Viburnum lantana,
Hieracium prunellæfolium, Solidago
virga-aurea, Avena elatior, Eryngium
spina-alba, Galium pumilum, Carduus
carlinæfolius, Rhamnus alpinus, Arbutus uva-ursi, Rumex alpinus, Anthyllis
montana, Athamantha cretensis.*

A 1840 mètres, le *Pinus uncinata* se
joint au Hêtre, et il règne seul de 1660 à

1810 mètres. On trouve dans cette région
la plupart des végétaux de la précédente, et
en outre : *Teucrium montanum, Saxifraga
cespitosa* et *Juniperus communis.*

Enfin la région alpine occupe le sommet
de la montagne de 1810 à 1911 mètres. On y
observe des plantes complétement alpines,
telles que : *Viola cenisia, Helianthemum
œlandicum, Oxytropis cyanea, Iberis
nana, Saxifraga oppositifolia, Poa alpina, Carex rupestris,* etc.

Sur le versant septentrional, la région
du Pin d'Alep n'existe pas, le pied de la
montagne étant à 400 mètres au-dessus
du niveau de la mer; mais on traverse successivement, en s'élevant, celle du Chêne
vert, du Noyer, des Lavandes et du Thym,
du Hêtre, de l'Epicea et du *Pinus uncinata,* et l'on atteint enfin la région alpine.

§ 4. *Région subalpine.*

A mesure qu'on s'élève le long des flancs
d'une montagne, la température décroît,
en moyenne, d'un degré pour 180 mètres.
Ce décroissement est plus rapide en été,
plus lent en hiver; de là un climat plus égal.
En outre, l'humidité relative augmente,
les vents sont plus violents, les pluies
plus abondantes, la proportion de neige
plus forte et les hivers plus longs. Comme
dans le nord, les saisons intermédiaires
tendent à disparaître, et il n'y en a guère
plus que deux : l'hiver et l'été. Ajoutez à
cela un sol montueux, inégal, arrosé par
de nombreux ruisseaux qui viennent des
parties supérieures : ici des grasses prairies, des prés marécageux ou des lacs pro-
fonds; plus loin des pentes sèches ou exposées au soleil, des rochers escarpés ou
des bois touffus. Les cultures et les habitations devenant de plus en plus rares, toutes ces circonstances influent puissamment sur la végétation. Ces régions subalpines n'existent que dans l'est et le midi
de la France, savoir : dans les Vosges, le
Jura, le groupe de l'Auvergne et du Cantal, les Alpes du Dauphiné, les Cévennes,
la chaîne des Pyrénées et les montagnes
de la Corse. Du quarante-sixième au qua-
rante-neuvième degré de latitude, la région subalpine commence, en général, à
600 mètres au-dessus du niveau de la mer
et finit à 1600, un peu au-dessous de la
limite des végétaux ligneux. Au sud du
quarante-cinquième degré, ce n'est guère
qu'à 1000 mètres que cette région est bien
caractérisée; elle règne jusqu'à 1800 mètres. Ce serait cependant une grande erreur de croire que les plantes subalpines
ne se trouvent jamais au-dessous de 600
mètres. Dans les plaines qui avoisinent les
montagnes, elles descendent souvent beaucoup plus bas. Il y a plus; celles qui préfèrent certaines stations, telles que les
rochers, les tourbières ou les forêts profondes, croissent spontanément dans les loca-

lités où ces conditions se trouvent réunies.

Dans la flore du centre de la France, où quatre points seulement situés dans le département de la Nièvre dépassent 600 mètres, M. Boreau énumère un assez grand nombre de plantes subalpines, parmi lesquelles nous mentionnerons : *Aconitum lycoctonum, Rhamnus alpinus, Trifolium alpestre, Cotoneaster vulgaris, Sempervivum arachnoideum, Ribes alpinum, Arnica montana, Gentiana lutea, G. ciliata, Polygonum bistorta, Scheuchzeria palustris, Lilium Martagon, Veratrum album* et *Lycopodium Selago.*

Autour de Paris, dans un rayon de 100 kilomètres, il n'est point de sommet qui s'élève au-dessus de 255 mètres ; la plupart ne dépassent pas 160 mètres, et cependant on y a trouvé les plantes suivantes, qui appartiennent certainement à la flore subalpine : *Aconitum napellus, Helianthemum oelandicum, Cnidium apioides, Doronicum pardalianches, Inula hirta, Gnaphalium dioicum, Phyteuma orbicularis, Pyrola uniflora, Cynoglossum montanum, Digitalis lutea, Stachys alpina, Phalangium Liliago, Carex dioica* et *Sesleria cærulea.* Il est inutile d'ajouter que toutes les plantes subalpines peuvent s'élever plus ou moins haut dans la région alpine et même atteindre la limite des neiges éternelles.

Les Composées sont la famille la plus riche en plantes subalpines ; viennent ensuite les Crucifères, les Ombellifères, les Renonculacées, les Caryophyllées, les Légumineuses, les Rosacées, les Saxifragées, les Labiées, les Liliacées, les Cypéracées, les Graminées, les Fougères, etc. Les genres se rangent dans l'ordre suivant : *Hieracium, Saxifraga, Salix, Carex, Orchis, Luzula, Arenaria, Valeriana, Gentiana, Ranunculus, Geranium,* etc. ; ordre qui diffère encore beaucoup de tous ceux que nous avons observés.

[97] *Plantes subalpines* (1).

Ranunculaceæ. — *Thalictrum aquilegifolium, T. fœtidum, T. saxatile.* — *Adonis vernalis, A. pyrenaica,* P. — *Ranunculus aconitifolius, R. angustifolius,* P. *R. montanus, R. Villarsii,* A. *R. Gouani, R. tuberosus,* P. — *Trollius europæus.* — *Isopyrum thalictroides.* — *Aquilegia alpina,* A. — *Delphinium cardiopetalum,* P, *D. intermedium,* P. *D. montanum,* P. — *Aconitum anthora, A. lycoctonum, A. pyrenaicum,* P. *A. paniculatum,* A. *A. Napellus.* — *Pæonia officinalis.*

Berberideæ. — *Epimedium alpinum.*

Papaveraceæ. — *Meconopsis cambrica.*

Cruciferæ. — *Arabis alpina, A. saxatilis, A. stricta, A. serpyllifolia, A. cebennensis.* — *Cardamine asarifolia, C. resedifolia, C. umbrosa, C. latifolia,* P. *C. thalictroides.* — *Dentaria digitata, D. pinnata.* — *Lunaria rediviva, L. biennis.* — *Alyssum alpestre.* — *Draba contorta,* P. *D. nemoralis,* P. — *Cochlearia saxatilis, C. auriculata, C. pyrenaica,* P. — *Thlaspi montanum, T. alpestre, T. heterophyllum.* — *Iberis garrexiana,* P. — *Biscutella lævigata, B. saxatilis.* — *Sisymbrium strictissimum, S. acutangulum, S. taraxacifolium, S. bursifolium,* P. *S. pinnatifidum.* — *Erysimum virgatum, E. ochroleucum, E. alpinum.* — *Brassica repanda, B. Richerii.*

Cistineæ. — *Helianthemum alpestre, H. grandiflorum.*

Violarieæ. — *Viola mirabilis, V biflora, V. sudetica.*

Resedaceæ. — *Reseda glauca.*

Droseraceæ. — *Parnassia palustris.*

Polygaleæ. — *Polygala chamæbuxus.*

Cariophylleæ. — *Gypsophila repens.* — *Dianthus alpestris, D. sylvestris, D. cæsius, D. saxatilis, D. monspessulanus.* — *Saponaria ocymoides.* — *Silene rupestris, S. saxifraga.* — *Lychnis flos-Jovis, L. coronaria.* — *Mœhringia muscosa.* — *Arenaria austriaca, A. Gerardi, A. fasciculata, A. mucronata, A. uliginosa, A. lanceolata, A. ciliata.* — *Cerastium strictum.*

Lineæ. — *Linum montanum, L. alpinum.*

Hypericineæ. — *Hypericum nummularium, H. fimbriatum.*

Acerineæ. — *Acer pseudo-platanus, A. platanoides.*

Geraniaceæ. — *Geranium nodosum, G. phæum, G. sylvaticum, G. pratense, G. palustre,* A. *G. pyrenaicum, G. aconitifolium,* A.

Rhamneæ. — *Rhamnus saxatilis, R. pumilus, R. alpinus.*

Leguminosæ. — *Genista humifusa.* — *Cytisus laburnum, C. alpinus.* — *Ononis rotundifolia, O. fruticosa, O. striata.* — *Trifolium alpestre, T. cespitosum, T. spadiceum.* — *Phaca glabra.* — *Oxytropis uralensis, O. campestris, O. pilosa,* A. *Astragalus austriacus,* A. *A. onobrychis, A. aristatus.* — *Coronilla montana.* — *Onobrychis montana.* — *Orobus luteus, O. canescens.*

Rosaceæ. — *Armeniaca brigantiaca.* — *Spiræa aruncus.* — *Geum rivale, G. thomasianum,* P. — *Rubus saxatilis.* — *Potentilla fruticosa, P. rupestris, P. alba, P. caulescens.* — *Alchimilla alpina.* — *Rosa rubrifolia, R. glandulosa,* A. *R. alpina.* — *Cotoneaster vulgaris, C. tomentosa.* — *Pyrus aucuparia, P. chamæspilus.*

Onagrarieæ. — *Epilobium alpinum.* — *Circæa alpina.*

Paronychieæ. — *Herniaria alpina.— Paronychia nivea.*

Crassulaceæ. — *Sedum rhodiola,* S. *saxatile,* S. *amplexicaule.* — *Sempervivum arachnoideum.*

Grossularieæ. — *Ribes alpinum,* R. *rubrum,* R. *petræum,* R. *nigrum.*

Saxifrageæ. — *Saxifraga cotyledon,* S. *aizoon,* S. *mutata,* P. S. *sedoides,* S. *ascendens,* P. S. *geranioides,* P. S. *ladanifera,* P. S. *pentadactylis,* P. S. *hypnoides,* S. *petræa,* S. *Clusii,* S. *stellaris,* S. *cuneifolia,* S. *hirculus,* S. *rotundifolia,* S. *aizoides.*

Umbelliferæ. — *Laserpitium siler,* L. *aquilegifolium,* L. *glabrum,* L. *gallicum,* L. *hirsulum.* — *Siler trilobum.* — *Heracleum pyrenaicum,* P. H. *alpinum.* — *Peucedanum palustre,* P. *austriacum,* P. *montanum.* — *Archangelica officinalis.— Angelica Razoulii,* A. *montana,* A. *pyrenæa.* — *Levisticum officinale.* — *Buplevrum longifolium.* — *Ligusticum ferulaceum,* L. *pyrenaicum,* P. — *Meum pyrenaicum,* P. — *Gaya simplex.* — *Trochiscanthes nodiflorus.* — *Cnidium apioides.* — *Chærophyllum hirsulum,* C. *aureum.* — *Anthriscus cicutaria.* — *Myrrhis odorala.* — *Pleurospermum austriacum.* — *Astrantia major,* A. *minor.* — *Eryngium Bourgati,* E. *spina-alba,* E. *alpinum.*

Caprifoliaceæ. — *Lonicera nigra,* L. *pyrenaica,* L. *alpigena,* L. *cærulea.*

Rubiaceæ. — *Galium pyrenaicum,* P. G. *mucronatum,* G. *Bocconi,* G. *erectum,* G. *harynicum,* G. *boreale,* G. *rotundifolium.* — *Asperula taurina.*

Valerianeæ. — *Centranthus angustifolius.* — *Valeriana phu,* V. *tripteris,* V. *pyrenaica,* V. *montana,* V. *saliunca,* V. *saxatilis,* V. *celtica.*

Dipsaceæ. — *Scabiosa lucida,* S. *pyrenaica,* S. *holosericea.* — *Cephalaria alpina.*

Compositæ. — *Cacalia petasites.* — *Tussilago alba.* — *Cineraria longifolia,* C. *sibirica,* C. *cordifolia,* P. C. *alpina,* P. — *Senecio abrotanifolus,* S. *cacaliaster,* S. *sarracenicus,* S. *nemorensis,* S. *doronicum.* — *Doronicum scorpioides,* D. *austriacum.* — *Aster amellus.* — *Erigeron alpinum.* — *Solidago minuta,* P. — *Bellidiastrum Michelii.* — *Inula hirta,* I. *montana.* — *Gnaphalium dioicum.* — *Chrysanthemum maximum,* P. — *Anthemis montana.* — *Achillæa macrophylla,* A. *dentifera,* A. *compacta,* A. *tanacetifolia.* — *Artemisia corymbosa,* A. *chamæmelifolia,* A. *tanacetifolia,* A. *arragonensis,* P. — *Arctium lanuginosum,* A. *pyrenaicum,* P. — *Carduus carlinoides,* P. C. *defloratus,* C. *argemone,* P. C. *medius,* P. C. *carlinæfolius.* — *Serratula heterophylla.* — *Cirsium glutinosum,* C. *ochroleucum,* C. *erucagenum,* C. *tataricum,* C. *tricephalodes,* C. *salis-*

burgense, C. *ambiguum,* C. *heterophyllum.* — *Rhaponticum scariosum.* — *Centaurea montana.* — *Carlina acanthifolia.* C. *cynara,* P. C. *chamæleon.* — *Lampsana fœtida.* — *Barkhausia apargioides,* P. — *Picris pyrenaica,* P. — *Hieracium aurantiacum,* H. *lanatum,* H. *elongatum,* P. H. *villosum,* H. *cymosum,* H. *fallax,* H. *præaltum,* H. *staticæfolium,* A. H. *glaucum,* H. *albidum,* H. *tubulosum,* A. H. *montanum,* H. *grandiflorum,* H. *amplexicaule,* H. *olovatum,* P. H. *cerinthoides,* H. *blattaroides,* P. F. *prenanthoides,* H. *succisæfolium,* H. *paludosum,* H. *Jacquini.* — *Andryala incana.* — *Hypochæris helvetica.* — *Tragopogon crocifolium.* — *Leontodon squamosum,* L. *montanum,* L. *hastile.*

Campanulaceæ. — *Phyteuma Scheuchzeri,* P. *betonicæfolia,* P. *Halleri.* — *Campanula barbata,* C. *spicata,* C. *latifolia,* C. *rhomboidalis,* C. *linifolia.*

Vaccinieæ. — *Vaccinium myrtillus,* V. *vitis-idæa.*

Ericineæ. — *Empetrum nigrum.* — *Arbutus alpina,* A. *uva-ursi.* — *Pyrola uniflora,* P. *secunda,* P. *minor.*

Gentianeæ. — *Swertia perennis.* — *Gentiana lutea,* G. *Burseri,* G. *asclepiadea,* G. *verna,* G. *utriculosa,* G. *campestris,* G. *ciliata.*

Polemoniaceæ. — *Polemonium cæruleum.*

Borragineæ. — *Cerinthe glabra.* — *Cynoglossum montanum.*

Antirrhineæ. — *Digitalis parviflora,* D. *grandiflora,* D. *purpurascens.* — *Antirrhinum molle,* A. *sempervirens,* P. — *Linaria origanifolia,* L. *genistifolia.* — *Scrophularia Scopolii.* — *Erinus alpinus.*

Rhinanthaceæ. — *Tozzia alpina.* — *Melampyrum nemorosum,* M. *sylvaticum.* — *Pedicularis verticillata.* — *Bartsia spicata,* P. — *Veronica ponæ,* V. *urticæfolia,* V. *montana.*

Labiatæ. — *Salvia sclarea,* S. *glutinosa.* — *Ajuga alpina.* — *Teucrium lucidum,* T. *pyrenaicum.* — *Betonica hirsuta,* B. *alopecuros.* — *Lamium lævigatum,* L. *maculatum.* — *Stachys alpina.* — *Sideritis montana,* S. *hysoppifolia.* — *Thymus alpinus,* T. *grandiflorus.* — *Dracocephalum austriacum,* D. *ruyschiana,* A. — *Scutellaria alpina.*

Primulaceæ. — *Lysimachia ephemerum,* P. — *Androsace septentrionalis.* — *Primula farinosa.* — *Cortusa Matthioli,* P. — *Cyclamen europæum,* C. *hederæfolium.*

Globularieæ. — *Globularia cordifolia,* G. *nudicaulis.*

Plantagineæ. — *Plantago incana,* P. *montana,* P. *victorialis.*

Polygoneæ. — *Polygonum alpinum,* P. *bistorta.*

Thymeleæ.—*Daphne cneorum, D. alpina.*

Santalaceæ. — *Thesium alpinum.*

Euphorbiaceæ.—*Buxus sempervirens.*

Amentaceæ. — *Betula nana.* — *Alnus incana.* — *Salix cinerascens, S. versifolia, S. daphnoïdes, S. phylicifolia, S. bicolor, S. arenaria, S. glauca, S. hastata, S. pentandra.*

Coniferæ. — *Taxus baccata.* — *Juniperus sabina.* — *Pinus sylvestris, P. pumilio.* — *Abies excelsa, A. pectinata.*

Alismaceæ. — *Scheuchzeria palustris.*

Orchideæ. — *Orchis nigra, O. suaveolens, O. albida, O. pallens, O. palustris, O. globosa, O. hircina, O. monorchis.* — *Neottia repens.* — *Epipactis cordata, E. ensifolia, E. rubra.* — *Limodorum abortivum.* — *Cypripedium calceolus.* —

Irideæ. — *Iris xyphioides.* — *Crocus vernus.*

Amaryllideæ. — *Leucoium vernum.*

Asparageæ. — *Streptopus amplexicaulis.*

Liliaceæ. — *Lilium candidum; L. buliferum, L. pomponium, L. pyrenaicum, L. Martagon.* — *Czakia liliastrum.* — *Phalangium liliago.* — *Hyacinthus amethystinus.* — *Gagea fistulosa.* — *Allium schœnoprasum, A. senescens, A. pedemontanum, A. grandiflorum, A. victoriale.* — *Bulbocodium vernum.*

Colchicaceæ. — *Colchicum alpinum, A.* — *Veratrum album, V. nigrum.* — *Tofieldia palustris.*

Junceæ. — *Abama ossifraga.* — *Juncus filiformis.* — *Luzula nivea, L. flavescens, L. glabrata, L. parviflore, L. spadicea, L. maxima, L. sudetica, L. spicata.*

Cyperaceæ. — *Schœnus ferruginens.* — *Scirpus cespitosus.* — *Eriophorum vaginatum, E. capitatum, E. alpinum.* — *Carex davalliana, C. pauciflora, C. chordorhiza, C. lobata, C. montana, C. sempervirens, C. scopoliana, C. brachystachys, C. alba.*

Gramineæ. — *Calamagrostis sylvatica, C. argentea.* — *Agrostis rupestris.* — *Phalaris alpina.* — *Phleum alpinum.* — *Avena versicolor, A. sempervirens, A. sedenensis.* — *Festuca nigrescens, F. spadicea, F. sylvatica.* — *Poa alpina, P. sudetica.* — *Sesleria cœrulea.*

Equisetaceæ. — *Equisetum umbrosum,* P.

Filices. — *Botrychium matricarioides.* — *Polypodium phægopteris, P. rhæticum.* — *Woodsia hyperborea.* — *Polystichum tanacetifolium, P. rigidum, P. lonchitis.* — *Aspidium regium, A. montanum.* — *Asplenium Halleri, A. viride, A. fontanum, A. germanicum.* — *Pteris crispa.*

Lycopodiaceæ. — *Lycopodium alpinum, L. complanatum, L. selago, L. selaginoides, L. helveticum.*

§ 5. *Région alpine.*

Au-dessus de 1 600 mètres dans le nord et de 1 800 mètres dans le midi de la France, la végétation arborescente ne tarde pas à disparaître, ou bien les arbres qui persistent encore se rabougrissent peu à peu; ce sont des Pins, des Sapins, des Mélèzes, des Bouleaux ou des Aunes verts. Les prairies sont moins grasses, l'herbe moins haute, les pentes deviennent plus rapides et se recouvrent d'un gazon serré. A 2 000 mètres des flaques de neige se montrent çà et là dans les dépressions du sol et sur des gradins abrités des rayons du soleil; des ruisseaux s'en échappent, et autour d'elles la terre est abreuvée d'eau glacée.

Au sommet du Faulhorn, en Suisse, à 2 683 mètres au-dessus du niveau de la mer, les observations de MM. Kaemtz, Bravais et les miennes embrassent un nombre total de 131 jours, pendant les mois de juin, juillet, août et septembre. Au Saint-Bernard, à 2 494 mètres, les religieux notent la température depuis un grand nombre d'années. A défaut d'observations faites en France, celles-ci peuvent donc nous fournir quelques notions sur les conditions climatoriales auxquelles les plantes alpines sont soumises, car la limite des neiges éternelles étant à 2 700 ou 2 800 mètres, les séries météorologiques du Saint-Bernard et du Faulhorn nous donnent une idée du climat de la région comprise entre 2 500 et 2 700 mètres, ou du quart supérieur de la région alpine.

Au Saint-Bernard, la température moyenne de l'année est de — $1^o,0$; celle de l'hiver, — $7^o,8$; du printemps, — $2^o,0$; de l'été, + $6^o,1$; de l'automne, — $0^o,4$. La moyenne de janvier, le mois le plus froid, est — $8^o,7$; celle de juillet, le mois le plus chaud, + $6^o,8$.

Au Faulhorn, la moyenne de l'année est de — $2^o,33$; celle de juin, $2^o,5$; juillet, $4^o,0$; août, $3^o,5$; septembre, $1^o,5$. La neige persiste jusqu'au milieu de juin; les plantes ne sont privées de cet abri qu'à une époque où la terre a déjà reçu la quantité de chaleur nécessaire pour fondre l'épaisse couche de neige qui les recouvrait. C'est du milieu de juin au milieu de septembre qu'elles accomplissent toutes les phases de leur floraison et de leur fructification; elles ne traversent pour ainsi dire qu'une seule saison dans le cours de laquelle la température varie peu. Dès que le thermomètre descend habituellement au-dessous de zéro pendant le jour, la neige tombe et abrite les plantes alpines contre le froid. Aussi ces plantes sont-elles également sensibles au froid et à la chaleur; de là l'extrême difficulté qu'on éprouve à les élever dans les jardins.

La Flore des sommets qui dépassent

2 500 mètres se compose de plantes indifférentes, de plantes subalpines et de plantes alpines. Au sommet du Canigou, à 2 785, M. Massot a recueilli quarante plantes phanérogames presque toutes alpines. (*C.-R. de l'Acad. des sciences*, t. XVII, p. 749.). Au sommet du pic du Midi de Bagnères, à 2 877 mètres, sur une cime de la hauteur de 16 mètres, Ramond trouva 133 espèces, dont 71 phanérogames. (*Mém. de l'Acad. des sciences*, année 1826.) Au sommet du Faulhorn, sur un cône de 80 mètres de haut et de quatre hectares et demi de superficie, j'ai recueilli avec M. Bravais près de 200 espèces dont 127 phanérogames. (Kaemtz, *Cours complet de météorologie*, p. 490.)

La région alpine n'existe dans toute son étendue verticale que dans les Alpes et les Pyrénées; cependant le Plomb du Cantal; le Puy-Ferrand, le Puy de Sancy, dans l'Auvergne; la Dole, dans le Jura; le Ventoux en Provence, dépassent la limite inférieure de la région alpine, et présentent des plantes qui appartiennent à cette région, en restreignant la dénomination de plantes alpines à celles qu'on ne trouve jamais dans les plaines de la France, et rarement au-dessous de 1 500 mètres.

Plantes alpines. — Le nombre des espèces alpines s'élève à 300 environ. Voici l'ordre dans lequel se rangent ces familles naturelles, d'après le nombre d'espèces qu'elles renferment : Composées, Crucifères, Caryophyllées, Renonculacées, Saxifragées, Primulacées, Rosacées, Rhinanthacées, Graminées, Légumineuses, Cypéracées, Ombellifères, Campanulacées, Gentianées, Amentacées, etc.

Les genres les plus riches en espèces occupent un ordre bien différent de celui des familles auxquelles ils appartiennent, car il est le suivant : *Saxifraga, Androsace, Carex, Ranunculus, Potentilla, Hieracium, Gentiana, Pedicularis, Salix, Viola, Arenaria, Veronica, Draba, Achillæa, Festuca*, etc. Voici le catalogue de ces plantes. Quelques-unes ne croissent même que dans le voisinage des neiges fondantes, telles sont : *Umbilicus pendulinus, Saxifraga biflora, S. ajugæfolia, Soldanella alpina*, et *Salix pyrenaica*.

[98] *Plantes alpines* (1).

Ranunculaceæ. — *Clematis alpina.* — *Thalictrum alpinum*, P. *T. glaucum*, P. — *Anemone vernalis*, *A. Halleri*, *A. alpina*, *A. baldensis*, *A. narcissiflora.* — *Ranunculus thora*, *R. rutæfolius*, *R.*

glacialis, *R. Seguieri*, A. *R. alpestris*, *R. pyrenæus*, *R. angustifolius*, P. *R. amplexicaulis*, *R. parnassifolius*, *R. tuberosus*, P. — *Aquilegia pyrenaica*, P.

Papaveraceæ. — *Papaver alpinum.*

Cruciferæ. — *Arabis petræa*, *A. pumila*, *A. bellidifolia*, *A. cærulea.* — *Cardamine bellidifolia.* — *Alyssum diffusum*, P. *A. pyrenaicum*, P. *Petrocallis pyrenaica.* — *Draba aizoïdes*, *D. nivalis*, *D. tomentosa*, P. *D. stellata*, *D. lævipes*, P. — *Hutschinsia rotundifolia*, *H. alpina.* — *Iberis spathulata*, P. *I. nana.* — *Sisymbrium taraxacifolium*, P. *S. tanacetifolium.* — *Erysimum helveticum.*

Cistineæ. — *Helianthemum œlandicum.*

Violarieæ. — *Viola pinnata*, *V. pyrenaica*, P. *V. nummularifolia*, *V. cornuta*, P. *V. cenisia*, A. *V. calcarata.*

Caryophylleæ. — *Dianthus glacialis.* — *Saponaria cespitosa*, P. — *Silene acaulis*, *S. ciliata*, *S. quadridentata*, *S. vallesia.* — *Lychnis pyrenaica*, P. *L. alpina.* — *Stellaria cerastoides*, *S. radicans*, P. — *Arenaria laricifolia*, *A. grandiflora*, *A. recurva*, *A. purpurascens*, P. *A. cerastifolia*, P. *A. biflora*, A. — *Cerastium lanatum*, *C. alpinum*, *C. latifolium.* — *Cherleria sedoides.*

Lineæ. — *Linum alpinum.*

Geraniaceæ. — *Geranium argenteum*, *G. cinereum.* — *Erodium glandulosum*, P.

Leguminosæ. — *Ononis cenisia.* — *Trifolium saxatile*, *T. alpinum*, *T. badium.* — *Phaca alpina*, *P. australis*, *P. astragalina.* — *Oxytropis montana*, *O. fœtida*, A. — *Astragalus depressus.* — *Hedysarum obscurum.* — *Vicia argentea*, *V. pyrenaica.*

Rosaceæ. — *Dryas octopetala.* — *Geum pyrenaicum*, P. *G. reptans*, A. *G. montanum.* — *Potentilla minima*, A. *P. frigida*, A. *P. grandiflora*, A. *P. sabauda*, *P. aurea*, *P. pyrenaica*, P. *P. intermedia*, *P. alchemilloides*, *P. nitida*, A. *P. micrantha.* — *Sibbaldia procumbens.* — *Alchemilla pentaphylla*, A.

Onagrarieæ. — *Epilobium origanifolium*, *E. roseum.*

Paronychieæ. — *Paronychia polygonifolia*, *P. serpyllifolia.*

Crassulaceæ. — *Umbilicus sedoïdes*, P. — *Sedum brevifolium*, P. *S. atratum*, *S. repens*, *S. montanum.*

Saxifrageæ. — *Saxifraga oppositifolia*, *S. retusa*, *S. biflora*, *S. longifolia* S. *media*, *S. aretioides*, P. *S. cæsia*, *S. Vandellii*, *S. planifolia*, *S. androsacea*, *S. muscoides*, *S. exarata*, *S. groenlandica*, P. *S. pubescens*, *S. ajugæfolia*, P. *S. capitata*, P. *S. hirsuta*, P. *S. aspera.*

Umbelliferæ. — *Heracleum minimum.* — *Angelica scabra*, P. — *Bupleurum pyrenæum*, P. *B. stellatum*, *B. ranuncu-*

---

(1) Les plantes dont le nom est suivi d'un A ne se trouvent que dans les Alpes; celles dont le nom est suivi d'un P n'existent que dans les Pyrénées. Les autres sont communes aux deux chaînes de montagnes.

lo des. —*Athamantha cretensis.* — *Meum mutellina, M. tenuifolium, M. athamanticum,* P. — *Gaya pyrenaica.*

Rubiaceæ. — *Galium pumilum, G. Villarsii, G. saxatile.* — *Asperula hirta.*

Valerianeæ. — *Valeriana globulariæfolia.*

Compositæ. — *Cacalia alpina. C. leucophylla.* — *Tussilago alpina, T. nivea.* — *Cineraria aurantiaca.* — *Senecio leucophyllus,* P. *S. incanus, S. Tournefortii,* P. — *Arnica doronicum, A. scorpioides, A. montana.* — *Aster alpinus, A. pyrenæus,* P. — *Erigeron Villarsii.* — *Gnaphalium supinum, G. alpinum, G. leontopodium.* — *Chrysanthemum alpinum, C. Halleri, C. ceratophylloides.* — *Achillea herba-rota, A. moschata, A. atrata, A. nana, A. chamæmelifolia.* — *Artemisia glacialis, A. mutellina, A. spicata.* — *Serratula humilis, S. cynaroides,* P. — *Saussurea alpina, S. discolor.* — *Cirsium rufescens,* P. *C. spinosissimum, C. glabrum,* P. — *Centaurea phrygia.* — *Sonchus alpinus, S. Plumieri* — *Barkhausia alpina.* — *Hieracium aureum, H. alpinum, H. pumilum, A. H. Halleri, A. H. saxatile, H. andryaloides, A. H. breviscapum,* P. *H. prunellæfolium.* — *Leontodon incanum.* — *Scorzonera aristata.*

Campanulaceæ. — *Jasione humilis.* — *Phyteuma pauciflorum, P. hemisphericum, P. Charmelii, P. scorzoneræfolium,* A. — *Campanula Allionii, C. thyrsoides, C. cenisia,* A.

Ericineæ. — *Rhododendron ferrugineum, R. hirsutum.*

Gentianeæ. — *Gentiana purpurea, G. punctata, G. acaulis, G. alpina, G. bavarica, G. pyrenaica,* P. *G. nivalis, G. glacialis.*

Borragineæ. — *Myosotis nana.*

Solaneæ. — *Ramondia pyrenaica,* P.

Antirrhineæ. — *Linaria alpina.*

Rhinanthaceæ. — *Pedicularis rostrata, P. incarnata,* A. *P. tuberosa, P. gyroflexa,* A. *P. comosa, P. rosea,* A. *P. foliosa.* — *Bartsia alpina.* — *Veronica nummularia,* P. *V. alpina, V. fruticulosa, V. bellidioides, V. Allionii, V. aphylla,* A.

Labiatæ. — *Melissa pyrenaica,* P.

Lentibularicæ. — *Pinguicula alpina, P. grandiflora.*

Primulaceæ. — *Androsace bryoides, A. imbricata, A. pyrenaica,* P. *A. cylindrica,* P. *A. alpina, A. pubescens, A. ciliata,* P. *A. villosa, A. camejasme, A. obtusifolia, A. lactea, A. carnea.* — *Gregoria vitaliana.* — *Primula auricula,* P. *marginata, P. villosa, P. integrifolia.* — *Soldanella alpina.*

Plantagineæ. — *Plantago alpina.*

Polygoneæ. — *Rumex alpinus, R. arifolius, R. amplexicaulis.* — *Oxyria digyna.* — *Polygonum viviparum.*

Thymeleæ. — *Passerina nivalis,* P.

Amentaceæ. — *Alnus viridis.* — *Salix herbacea, S. reticulata, S. arbuscula,* A. *S. cæsia,* A. *S. myrsinites,* A. *S. pyrenaica,* P. *S. retusa.*

Coniferæ. — *Pinus uncinata, P. mugho, P. cembra.* — *Larix europæa.*

Orchideæ. — *Ophrys alpina.*

Liliaceæ. — *Phalangium serotinum.*

Colchicaceæ. — *Merendera bulbocodium.* P.

Junceæ. — *Juncus trifidus, J. alpinus, J. Jacquini, J. triglumis.* — *Luzula lutea, L. pediformis.*

Cyperaceæ. — *Kobresia scirpina.* — *Carex pyrenaica,* P. *C. rupestris,* A. *C. fœtida, C. juncifolia,* P. *C. approximata, C. curvula, C. atrata, C. mucronata, C. firma, C. frigida, C. capillaris.*

Gramineæ. — *Agrostis alpina.* — *Phleum commutatum.* P. — *Alopecurus Gerardi.* — *Avena setacea, A. airoides, A. distichophylla,* A. — *Festuca flavescens,* P. *F. pumila,* A. *F. Halleri, F. rhætica, F. eskia,* P. — *Poa disticha, P. laxa, P. cenisia,* P.

Filices. — *Aspidium alpinum.* — *Lycopodium annotinum.*

CHAPITRE IV. — STATIONS VÉGÉTALES.

Après avoir parlé de la distribution des espèces dans les cinq régions végétales que l'on distingue en France, il nous reste à donner une idée des stations occupées par ces espèces. Les botanistes appellent station d'une plante l'ensemble des circonstances indépendantes du climat, mais dépendantes du sol, qui sont indispensables ou favorables à son existence. Ainsi certaines plantes ne se trouvent qu'au bord de la mer; d'autres dans le sable aride, sur des rochers, etc. De même que nous avons noté un grand nombre de plantes indifférentes au climat, de même nous en trouvons qui se trouvent dans toutes les stations. Telles sont ces plantes vulgaires, fléaux de l'agriculture, qui croissent partout et se multiplient dans tous les terrains avec une déplorable facilité. Il y a beaucoup de ces plantes parmi les 1 200 espèces qui sont communes à toutes les régions climatoriales de la France. Quelques-unes cependant se retrouvent, il est vrai, dans toute l'étendue du royaume, mais seulement çà et là, lorsqu'elles trouvent le sol, l'exposition et le degré d'humidité qui leur conviennent. D'autres occupent certaines stations, mais dans une région seulement. En général les plantes des marais, des marécages, des tourbes, du bord des rivières, des forêts, sont assez indifférentes au climat. Ce qu'il leur faut avant tout, c'est un certain degré d'humidité, une profondeur d'eau déterminée ou des ombrages plus ou moins épais. On comprend en effet que les chaleurs et le froid agissent beaucoup moins sur des plantes immergées dans l'eau ou croissant à l'ombre d'une épaisse forêt. Par cela même que le marais ou le cours d'eau ne se dessèchent jamais, la chaleur ne saurait faire périr la plante. Un grand nombre de ces plantes affectionnent à la fois l'ombrage et l'eau, et vivent dans les forêts humides et marécageuses; presque toutes sont des plantes boréales, et elles retrouvent dans cette station les conditions d'existence qui caractérisent le nord de l'Europe. Je n'ai donc point distingué en plantes septentrionales et plantes méridionales celles qui vivent au bord de la mer, des étangs, des marais, des tourbières, des eaux courantes, au bord des ruisseaux et des rivières, dans les forêts et les buissons.

Je n'ai pu agir de même pour les plantes qui croissent exclusivement dans les lieux secs, stériles, pierreux ou sablonneux. On comprend en effet que telle plante qui supportera sans se flétrir la chaleur du sable échauffé par le soleil aux environs de Paris, périrait dans les plaines brûlantes de la Crau. De même on ne saurait réunir des végétaux qui se plaisent sur les pierres moussues et humides des Ardennes avec ceux qui végètent sur les rochers arides qui bordent la Méditerranée. Peut-être les botanistes m'accuseront-ils d'un grand nombre d'omissions dans les listes suivantes. Mais je les prie de réfléchir que j'ai omis à dessein toutes les plantes qui ne se trouvent pas *exclusivement* dans telle ou telle station, préférant être incomplet plutôt que de passer pour inexact; car l'important est de voir quelles sont les formes végétales qui dominent dans certaines localités et contribuent à leur donner le caractère pittoresque qui résulte de la configuration du sol joint à la physionomie de la végétation.

Sables maritimes. — Certains végétaux ne peuvent vivre que dans le voisinage des eaux salées ou saumâtres, au bord de la mer ou près des marais salants. Tels sont *Aster tripolium*, *Glaux maritima*, *Plantago maritima*, *Salicornia herbacea*, qui se retrouvent également sur les bords de la mer et autour des étangs salés de la Lorraine ou de l'Alsace. La plupart cependant n'existent que sur les bords de la mer. Dans cette liste, je n'ai compris que les plantes qui croissent dans les sables des bords de la mer et dans les marais salants qui bordent les côtes, en un mot celles dont les racines sont abreuvées habituellement par l'eau salée. Je n'ai point admis dans cette énumération celles qui végètent sur les rochers et les falaises qui bordent la mer et ne s'éloignent jamais beaucoup des côtes. Pour ces végétaux, la présence des sels marins n'est pas une condition d'existence; ce sont très-souvent des plantes amies des grèves découvertes, des rochers escarpés ou des hautes falaises, et nullement des plantes maritimes. Parmi les plantes qui habitent les sables des bords de la mer, 62 se trouvent également sur les côtes de l'Océan et sur les rivages de la Méditerranée; 48 sont particulières à celle-ci, et 17 seulement ne croissent que sur les bords de l'Océan.

Ces rapports suffisent pour montrer que pour ces végétaux la station est une condition d'existence plus essentielle que le climat. S'il en existe davantage sur les bords de la Méditerranée, cela tient à ce que l'influence d'un heureux climat vient se joindre à celle du voisinage de la mer. Ajoutons encore que les grandes marées de l'Océan, favorables peut-être à quelques végétaux, ne doivent pas être propices à la plupart d'entre eux. Si la plante est trop loin du bord de la mer, elle est seulement humectée deux fois par jour par l'eau salée qui pénètre le sable de la grève; trop près, elle est submergée par les flots : de là des alternatives de sécheresse et d'humidité qui doivent être hostiles à la végétation. Sur le rivage de la Méditerranée, au contraire, la plante choisit pour ainsi dire sa station à la distance qui lui convient, et accomplit les phases de sa fructification au bord d'une mer que les tempêtes agitent rarement pendant l'été, tandis que ses sœurs des bords de l'Océan sont souvent assaillies pendant leur floraison par des vents glacés chargés de brume et de pluie qui enlèvent et dissolvent le pollen ou brisent les rameaux et les tiges, qu'elles dispersent au loin. Aussi les plantes robustes peuvent-elles seules vivre sur les côtes de la Bretagne et de la Normandie, et un grand nombre s'arrêtent vers l'embouchure de la Loire. La nouvelle flore de la Loire-Inférieure, due à M. James Lloyd, m'en fournit plusieurs exemples intéressants, tels que : *Mathiola sinuata*, *Galium arenarium*, *Diotis candidissima*, *Sonchus maritimus*, *Chlora sessilifolia*, *Atriplex halimus*, *A. prostrata*, *Ephedra distachya*, *Pancratium maritimum*. Il en est cependant qui règnent sur tout le littoral, depuis Nice ou Bayonne jusqu'en Bretagne; ex. : *Chironia occidentalis*. D'autres enfin s'avancent jusqu'en Belgique et au delà; ex. : *Kakile maritima*, *Inula crithmoides*, *Salsola Tragus*, *Glaux maritima*, *Asparagus officinalis*, etc.

[99] *Plantes des sables maritimes.*

PLANTES COMMUNES AUX DEUX MERS.

Hutschinsia procumbens. — *Kakile maritima.* — *Malcomia littorea.* — *Crambe maritima.* — *Dianthus gallicus.* — *Arenaria media.* — *Erodium maritimum.* — *Ononis reclinata.* — *Medicago marina.*

— *Daucus maritimus.* — *Eryngium maritimum.* — *Aster tripolium.* — *Inula crithmoides.* — *Artemisia maritima*, *A. crithmifolia.* — *Diotis candidissima.* — *Sonchus maritimus.* — *Chlora sessilifolia.* — *Convolvulus Soldanella.* — *Glaux maritima.* — *Statice limonium*, *S. auriculæfolia*, *S. echioides*, — *Plantago maritima.* — *Salicornia herbacea*, *S. fruticosa*, *S. macrostachya.* — *Salsola kali*, *S. tragus*, *S. soda.* — *Chenopodium maritimum.* — *Atriplex portulacoides*, *A. pedunculata.* — *Beta maritima.* — *Polygonum maritimum.* — *Euphorbia peplis*, *E. paralias.* — *Ephedra distachya.* — *Triglochin maritimum*, *T. Barellieri.* — *Ruppia maritima.* — *Zostera marina.* — *Caulinia oceanica.* — *Ixia bulbocodium.* — *Pancratium maritimum*, *P. illyricum.* — *Asparagus officinalis.* — *Scilla maritima.* — *Juncus acutus*, *J. maritimus.* — *Carex arenaria*, *C. extensa.* — *Calamagrostis arenaria.* — *Agrostis maritima.* — *Polypogon monspeliense.* — *Poa maritima.* — *Rottbolla filiformis.* — *Triticum acutum*, *T. Rottbolla.* — *Elymus arenarius.* — *Hordeum maritimum.* — *Ophioglossum lusitanicum.*

PLANTES PROPRES AUX BORDS DE L'OCÉAN.

Cochlearia anglica, *C. officinalis*, *C. danica.* — *Adenarium peploides.* — *Medicago striata.* — *Astragalus bayonensis*, — *Galium arenarium.* — *Chrysanthemum maritimum.* — *Hieracium prostratum.* — *Chironia occidentalis.* — *Linaria thymifolia*, *L. arenaria.* — *Statice dichotoma.* — *Scirpus tenuifolius.* — *Carex trinervis.* — *Trachynotia stricta*, *T. alternifolia.*

PLANTES PROPRES AUX BORDS
DE LA MÉDITERRANÉE.

Mathiola sinuata, *M. tricuspidata.* — *Alyssum maritimum.* — *Malcomia maritima*, *M. parviflora.* — *Reseda alba*, — *Dianthus attenuatus.* — *Ononis ramosissima*, *M. O. arenaria*, *O. variegata.* — *Medicago littoralis.* — *Hedysarum spinosissimum*, *M.* — *Lythrum thymifolia.* — *Polycarpon alsinæfolium*, *P. peploides.* — *Mesembryanthemum nodiflorum.* — *Orlaya maritima.* — *Crucianella maritima.* — *Senecio humilis.* — *Conyza sicula.* — *Anthemis maritima.* — *Ambrosia maritima.* — *Scrophularia ramosissima.* — *Stachys maritima.* — *Sideritis perfoliata.* — *Statice monopetala.* — *Statice reticulata*, *S. oleæfolia*, *S. globulariæfolia*, *S. bellidifolia*, *S. ferulacea*, *S. diffusa.* — *Rumex bucephalophorus.* — *Zostera mediterranea.* — *Asparagus amarus.* — *Juncus rigidus*, *J. multiflorus.* — *Schœnus mucronatus.* — *Scirpus littoralis.* — *Agrostis pungens.* — *Crypsis aculeata.* — *Aira articulata.* — *Arena panicea.* — *Festuca maritima.* — *Koeleria macilenta*, *K. villosa.* — *Poa littoralis.* — *Triticum junceum.*

Étangs. — Les étangs forment une station particulière. Je comprends sous ce nom des amas d'eau tranquille dont le niveau varie, mais qui ne se dessèchent jamais et qui présentent des profondeurs de deux à trois mètres. Leur eau est ordinairement pure, surtout vers le milieu; quelques-uns ont un écoulement et des affluents qui la renouvellent. La tige de la plupart des plantes qui habitent les étangs est complétement immergée; les fleurs nagent à la surface de l'eau, et chez quelques-unes la tige s'allonge à mesure que le niveau du liquide s'élève. J'ai compris dans cette liste les plantes à tige immergée, telles que : *Nymphæa alba*, *Trapa natans*, *Stratiotes aloides*, les *Potamogeton*, *Sparganium natans*, *Salvinia natans*, etc., qui occupent ordinairement les parties profondes; et celles qui viennent sur les bords ou dans les endroits où la hauteur de l'eau ne dépasse pas quelques décimètres, telles que les *Typha*, les *Scirpus*, les *Carex*. Ces dernières plantes végètent aussi très-bien dans les marais. Cependant un grand nombre d'entre elles languissent dès que leur tige ne plonge pas dans l'eau, tandis qu'un sol humide et spongieux suffit aux plantes des marais. La plupart des plantes des étangs appartiennent aux parties moyennes de l'Europe et se retrouvent sur toute la surface de la France.

[100] *Plantes des étangs.*

Ranunculus aquatilis, *R. lingua.* — *Nymphæa alba.* — *Nuphar lutea*, *N. pumila.* — *Nasturtium palustre.* — *Subularia aquatica.* — *Aldrovanda vesiculosa.* — *Lychnis flos-cuculi.* — *Stellaria latifolia.* — *Arenaria uliginosa.* — *Cerastium aquaticum.* — *Isnardia palustris.* — *Trapa natans.* — *Myriophyllum pectinatum*, *M. alternifolium*, *M. verticillatum.* — *Callitriche pedunculata*, *C. autumnalis.* — *Hippuris vulgaris.* — *Ceratophyllum demersum*, *C. submersum.* — *Peplis portula.* — *Montia fontana.* — *Helosciadium bulbosum*, *H. inundatum.* — *OEnanthe phellandrium*, *OE. globulosa.* — *Cicuta virosa.* — *Hydrocotyle vulgaris.* — *Cirsium palustre.* — *Menyanthes trifoliata.* — *Villarsia nymphoides.* — *Utricularia minor*, *U. intermedia*, *U. vulgaris.* — *Hottonia palustris.* — *Lysimachia thyrsiflora.* — *Rumex palustris.* — *Polygonum amphibium*, *P. hydropiper.* — *Stratiotes aloides.* — *Hydrocharis morsus-ranæ.* — *Alisma ranunculoides*, *A. natans*, *A. Plantago*, *A. parnassifolia*, *A. damasonium.* — *Sagittaria sagittæfolia.* — *Triglochin palustre.* — *Potamogeton natans*, *P. perfoliatum*, *P. heterophyllum*, *P.*

compressum, P. pusillum, P. pectinatum. — *Zanichellia palustris.* — *Naias minor, N. major.* — *Malaxis Loeselii.* — *Iris pseudaçorus.* — *Juncus communis, J. fluitans, J. bulbosus.* — *Calla palustris.* — *Açorus calamus.* — *Typha latifolia, T. angustifolia, T. media.* — *Sparganium natans, S. simple, S. ramosum.* — *Schœnus nigricans, S. mariscus.* — *Scirpus palustris, S. multicaulis, S. fluitans, S. acicularis, S. setaceus, S. supinus, S. lacustris, S. maritimus.* — *Carex paniculata, C. filiformis, C. stricta, C. paludosa.* — *Alopecurus geniculatus.* — *Arundo phragmites.* — *Poa airoides.* — *Glyceria fluitans.* — *Lemna minor, L. gibba, L. polyrhiza, L. arhiza, L. tomentosa, L. hispida.* — *Chara canescens, C. hyalina.* — *Equisetum fluviatile, E. limosum.* — *Salvinia natans.* — *Marsilea quadrifolia.* — *Pilularia globulifera.* — *Isoetes lacustris.* — *Lycopodium inundatum.*

Marais. — Nous comprenons sous cette dénomination des étendues d'eau stagnante ayant peu de profondeur, peu ou point d'écoulement, des rivages humides formés de terre détrempée, se desséchant quelquefois partiellement pendant l'été et réparant leurs pertes pendant l'hiver. Les plantes des marais peuvent vivre sans que leur tige plonge dans l'eau : une terre humide leur suffit; aussi les trouve-t-on souvent dans les prairies basses, les lieux ombragés des forêts, les haies fourrées, etc. Quelques-unes même végètent dans des terrains qui ne sont inondés que pendant l'hiver et qui sont à sec pendant l'été, mais toutes ont besoin d'un certain degré d'humidité. Les genres *Carex, Juncus, Rumex, Elatine, Cyperus, Scirpus*, etc., dominent dans la flore des marais, et l'on peut remarquer que, dans les parties les plus déclives des prairies, et par conséquent les plus humides, les Cypéracées et les Joncées se substituent aux Graminées, qui forment le fond de la végétation.

[404] *Plantes des marais.*

Thalictrum simplex. — *Ranunculus hederaceus, R. tripartitus, R. gramineus, R. ophioglossifolius, R. nodiflorus, R. sceleratus.* — *Caltha palustris.* — *Nasturtium amphibium.* — *Viola palustris.* — *Drosera anglica.* — *Parnassia palustris.* — *Lychnis læta.* — *Elatine hydropiper, E. hexandra, E. alsinastrum.* — *Spergula nodosa.* — *Larbrea aquatica.* — *Stellaria latifolia.* — *Cerastium aquaticum.* — *Sida abutilon.* — *Hypericum quadrangulum, H. elodes.* — *Lathyrus palustris.* — *Comarum palustre.* — *Epilobium palustre, E. tetragonum.* — *Lythrum salicaria, L. hyssopifolia, L. thymifolia.* — *Peucedanum palustre.* — *Selinum carvifolia.* — *Sium latifolium.* — *Carum ver-*

ticillatum. — *Apium graveolens.* — *Heliosciadium repens.* — *OEnanthe fistulosa, O. pimpinelloides, O. peucedanifolia.* — *Galium palustre.* — *Valeriana dioica.* — *Eupatorium cannabinum.* — *Cineraria sibirica, C. palustris.* — *Senecio aquaticus.* — *Gnaphalium uliginosum.* — *Bidens tripartita, B. cernua.* — *Cirsium oleraceum, C. anglicum.* — *Sonchus palustris.* — *Taraxacum palustre.* — *Exacum Candollii, E. pusillum.* — *Gratiola officinalis.* — *Lindernia pyridaria.* — *Pedicularis palustris.* — *Bartsia viscosa.* — *Veronica scutellata, V. Anagallis.* — *Lycopus europæus.* — *Teucrium scordium.* — *Stachys palustris.* — *Mentha rotundifolia, M. hirsuta.* — *Scutellaria minor, S. galericulata.* — *Centuculus minimus.* — *Anagallis tenella.* — *Samolus Valerandi.* — *Littorella lacustris.* — *Rumex acutus, R. nemolapathum, R. sanguineus, R. aquaticus.* — *Polygonum persicaria.* — *Euphorbia palustris.* — *Salix lanceolata.* — *Orchis palustris.* — *Epipactis palustris.* — *Juncus squarrosus, J. ericetorum, J. supinus, J. bufonius, J. acutiflorus, J. obtusiflorus.* — *Cyperus longus, C. fuscus, C. flavescens.* — *Scirpus Bæotryon, S. cespitosus, S. triqueter.* — *Eriophorum polystachium, E. gracile.* — *Carex pulicaris, C. disticha, C. vulpina, C. ovalis, C. cespitosa, C. pseudocyperus, C. hordeistichos, C. vesicaria.* — *Leersia oryzoides.* — *Phalaris aquatica.* — *Avena odorata.* — *Poa serotina, P. aquatica.* — *Polypodium callipteris.*

Tourbières. — Lorsque pendant une longue série d'années des mousses végètent dans des terrains bas et humides, leurs tiges subissent une décomposition particulière. Vivantes par leur extrémité supérieure seulement, elles forment un sol artificiel, spongieux, élastique, imprégné d'humidité, rarement recouvert par l'eau, qui s'y infiltre toujours facilement. De là des conditions d'existence singulièrement favorables à certaines plantes. C'est dans le nord, au milieu des forêts, dans les régions inférieures des montagnes, que les tourbières sont le plus communes. Aussi leur végétation se compose-t-elle en entier de plantes boréales et subalpines. Cette végétation ressemble beaucoup à celle des marais; les mêmes genres y sont dominants par le nombre des espèces et celui des individus, quoique relativement le nombre des plantes qui se plaisent dans les tourbières soit bien moins considérable que celui des végétaux qui habitent les marais.

[102] *Plantes des tourbières.*

Ranunculus angustifolius. — *Drosera rotundifolia, D. intermedia.* — *Arenaria uliginosa.* — *Saxifraga hirculus.* — *Galium uliginosum.* — *Vaccinium uligino-*

sum, *V. oxycoccos.* — *Andromeda polifolia.* — *Erica tetralix.* — *Swertia perennis.* — *Pinguicula vulgaris, P. lusitanica.* — *Anagallis crassifolia.* — *Betula pubescens.* — *Salix cinerascens, S. versifolia.* — *Myrica gale.* — *Pinus Pumilio.* — *Scheuchzeria palustris.* — *Tofieldia palustris.* — *Juncus filiformis. J. pygmæus.* — *Luzula sudetica.* — *Schœnus albus.* — *Eriophorum vaginatum.* — *Carex dioica, C. davalliana, C. chordorhiza, C. teretiuscula, C. limosa.*

Eaux courantes. — Un certain nombre de plantes vivent dans les eaux courantes, soit entièrement submergées, comme les *Potamogeton* et les *Chara,* soit sur les bords, comme les Saules, l'Hippophae, le Jonc fleuri. Différentes en cela des plantes qui croissent dans les eaux stagnantes, elles préfèrent les eaux vives qui se renouvellent sans cesse; quelques-unes ne se trouvent jamais autour des étangs ou dans les marais. Toutefois le plus grand nombre peut végéter aussi dans les eaux dormantes; mais toutes les personnes qui herborisent souvent ont été frappées de la prédilection de ces plantes pour les eaux courantes. C'est sur le bord des ruisseaux et des rivières qu'elles acquièrent la plus haute taille et que leurs feuilles prennent le plus grand développement, tandis qu'elles semblent languir dans les eaux bourbeuses des marais. Ces végétaux sont déjà plus sensibles à l'influence du climat, et il en est quelques-uns qui sont exclusivement limités au nord, d'autres au midi de la France.

[103] *Plantes qui vivent dans les eaux courantes.*

Nasturtium officinale. — *Myriophyllum spicatum.* — *Callitriche verna.* — *Heliosciadium nodiflorum.* — *Vallisneria spiralis.* — *Potamogeton lucens, P. crispum, P. densum, P. oppositifolium, P. variifolium.* — *Chara vulgaris, C. capillacea, C. flexilis, C. batrachosperma, C. syncarpa.*

[104] *Plantes qui croissent au bord des eaux courantes.*

Nasturtium sylvestre. — *Cardamine amara.* — *Myricaria germanica.* — *Corrigiola littoralis.* — *Angelica sylvestris.* *OEnanthe crocata.* — *Tussilago petasites.* — *Senecio paludosus, S. doria.* — *Aster annuus.* — *Centaurea centauroides, C. sonchifolia.* — *Myosotis perennis.* — *Verbascum blattaria.* — *Scrophularia aquatica.* — *Limosella aquatica.* — *Sibthorpia europæa.* — *Veronica beccabunga.* — *Lysimachia vulgaris.* — *Hippophae rhamnoides.* — *Euphorbia salicifolia.* — *Alnus glutinosa.* — *Salix mollissima, S. monandra, S. triandra,*

S. fragilis, S. alba. — *Butomus umbellatus.* — *Potamogeton obscurum.* — *Juncus Gerardi, J. repens.* — *Cyperus Monti, C. fascicularis.* — *Carex paradoxa, C. strigosa, C. riparia.* — *Saccharum Ravennæ.* — *Calamagrostis littorea.* — *Airopsis agrostidea.* — *Festuca arundinacea.* — *Adianthum capillus-Veneris.*

Forêts. — La France possède un grand nombre d'arbres, les uns indigènes, les autres complétement naturalisés et se propageant d'eux-mêmes à l'état sauvage. Tous ne croissent pas indifféremment dans le nord et dans le midi. Chacun d'eux a même des limites qu'il ne dépasse jamais. Ainsi, dans la région méditerranéenne, les forêts sont composées d'arbres toujours verts, tels que le Chêne vert, le Chêne liège, l'If, le Pin d'Alep et le Pin maritime. Parmi les arbres cultivés, on remarque le Jujubier, le Pistachier, l'Olivier, le Caroubier et le Figuier. Dans le bassin de la Gironde, on trouve le Chêne vert, le Pin maritime, les *Quercus cerris* et *Q. toza.* Dans les plaines du centre et du nord de la France, le Chêne rouvre, le Hêtre, le Charme, le Bouleau, l'Orme, le Tilleul, l'Erable champêtre et l'Aune glutineux constituent l'essence des forêts. Le Châtaignier ne dépasse guère le 50ᵉ degré de latitude vers le nord, et le Pin sylvestre à l'état de forêt ne le franchit pas vers le sud. Dans les régions subalpines, on retrouve le Hêtre et le Pin sylvestre, auxquels se mêlent bientôt le Frêne élevé, les Aunes, les Erables faux platanes, le Sapin et l'Epicea. Le *Pinus mugho,* le Mélèze, le Pin Cembro et l'Aune vert s'élèvent plus haut dans les montagnes et forment les limites de la végétation arborescente. La liste suivante renferme tous les arbres de la France.

[105] *Arbres de la France.*

Tilia microphylla, T. platyphylla. — *Acer pseudo-platanus, A. campestre, A. monspessulanum, A. platanoides.* — *Melia azedarach.* — *Zizyphus vulgaris.* — *Pistachia vera, P. terebinthus.* — *Ceratonia siliqua.* — *Cercis siliquastrum.* — *Cerasus avium, C. juliana, C. mahaleb.* — *Cratægus azarolus, C. germanica.* — *Pyrus communis, P. bollwylleriana, P. salvifolia, P. amygdaliformis, P. acerba, P. malus, P. aria, P. intermedia, P. aucuparia, P. sorbus, P. chamespilus.* — *Cydonia vulgaris.* — *Diospyros Lotus.* — *Olea europæa.* — *Fraxinus excelsior, F. argentea, F. florifera.* — *Ficus carica.* — *Celtis australis.* — *Ulmus campestris, U. effusa.* — *Betula pubescens, B. alba.* — *Alnus incana, A. glutinosa, A. cordata, A. elliptica.* — *Salix daphnoides, S. lanceolata, S. alba, S. pentandra.* — *Populus alba, P. canescens, P. tremula, P. nigra.*

— *Fagus sylvatica*. — *Quercus cerris*, *Q. toza*, *Q. pubescens*, *Q. apennina*, *Q. racemosa*, *Q. fastigiata*, *Q. sessiliflora*, *Q. ilex*, *Q. suber*. — *Carpinus betulus*. — — *Taxus baccata*. — *Pinus sylvestris*, *P. uncinata*, *P. mugho*, *P. maritima*, *P. pinea*, *P. halepensis*, *P. laricio*, *P. cembra*. — *Abies excelsa*, *A. pectinata*. — *Larix europæa*.

Végétaux herbacés qui croissent dans les forêts. — Certaines plantes herbacées habitent exclusivement les lieux ombragés, et par conséquent les forêts. La plupart préfèrent les endroits humides et spongieux ; elles ont de l'analogie avec les plantes des marais et des tourbières. Les autres ne se trouvent que dans les forêts de pins ou de sapins, au sol sec, sablonneux, où l'accumulation des feuilles aciculaires de ces arbres et l'ombre profonde qu'ils projettent exclut toute autre végétation herbacée. A l'abri des forêts, les changements de température et d'humidité sont plus ménagés, la lumière est moins intense, l'action du vent et de la pluie moins énergique ; aussi les bois servent - ils pour ainsi dire de refuge à un certain nombre de plantes délicates qui ne sauraient supporter les rudes assauts des éléments. Malgré la composition si différente des forêts du nord et du midi, elles ont cependant un assez grand nombre de plantes communes dont la moitié environ sont des monocotylées et des cryptogames vasculaires. Les genres *Carex*, *Polystichum*, *Anemone*, *Orobus*, *Veronica*, *Epipactis*, *Convallaria*, etc., sont les plus riches en espèces forestières. Un grand nombre de genres n'y sont point représentés, mais la plupart des familles y figurent au moins par une espèce.

[106] *Plantes herbacées des Forêts.*

Anemone nemorosa, *A. trifolia*, *A. sylvestris*. — *Ranunculus nemorosus*. — *Helianthemum obscurum*. — *Stellaria nemorum*. — *Geranium sylvaticum*. — *Impatiens noli-tangere* — *Oxalis acetosella*. — *Trifolium medium*. — *Vicia dumetorum*, *V. sylvatica*. — *Lathyrus sylvestris*. — *Orobus vernus*, *O. niger*, *O. tuberosus*. — *Geum sylvaticum*. — *Epilobium spicatum*, *E. montanum*. — *Peucedanum parisiense*, *P. oreoselinum*. — *Sanicula europæa*. — *Hedera helix*. — *Senecio sylvaticus*. — *Gnaphalium sylvaticum*. — *Prenanthes tenuifolia*. — *Hieracium subaudum*. — *H. sylvaticum*. — *Hypochœris glabra*. — *Lobelia urens*. — *Phyteuma spicata*. — *Campanula trachelium*, *C. persicifolia*. — *Pyrola rotundifolia*. — *Vinca minor*. — *Chironia centaurium*. — *Pulmonaria angustifolia*. — *Atropa belladona*. — *Melampyrum cristatum*. — *Pedicularis sylvatica*. — *Veronica spicata*, *V. officinalis*, *V. montana*. — *Teu-*

crium scorodonia. — *Galeobdolon luteum*. — *Stachys sylvatica*. — *Mellitis melissophyllum*. — *Lysimachia nemorum*. — *Daphne mezereum*, *D. laureola*. — *Euphorbia dulcis*, *E. sylvatica*. — *Mercurialis perennis*. — *Orchis militaris*, *O. bifolia*. — *Epipactis ovata*, *E. nidus-avis*, *E. latifolia*. — *Limodorum abortivum*. — *Paris quadrifolia*. — *Convallaria verticillata*, *C. multiflora*, *C. majalis*. — *Mayanthemum bifolium*. — *Ruscus aculeatus*. — *Scilla nutans*. — *Allium ursinum*. — *Luzula vernalis*, *L. multiflora*. — *Scirpus sylvaticus*. — *Carex divulsa*, *C. muricata*, *C. remota*, *C. elongata*, *C. depauperata*, *C. patula*, *C. maxima*. — *Milium effusum*. — *Melica uniflora*, *M. nutans*. — *Aira flexuosa*. — *Festuca heterophylla*. — *Poa nemoralis*. — *Triticum sylvaticum*. — *Equisetum hyemale*. — *Osmunda regalis*. — *Polypodium dryopteris*. — *Polystichum thelypteris*, *P. dilatatum*, *P. filix-mas*, *P. aculeatum*. — *Athyrium filix-fœmina*. — *Blechnum spicant*. — *Pteris aquilina*. — *Lycopodium clavatum*.

Taillis et buissons. — Les buissons, les taillis et les haies forment une station végétale particulière, et par les arbustes qui les composent, et par les plantes qui vivent à leur ombrage. Une aération plus facile, une ombre moins épaisse, des changements de température et d'humidité moins ménagés, tels sont les différences qui favorisent dans cette station le développement de certaines plantes qui ne sauraient vivre dans les forêts profondes ou dans les lieux complétement découverts.

Dans le nord, les haies et les taillis se composent en général des arbrisseaux et sous-arbrisseaux suivants : *Clematis vitalba*, *Evonymus europæus*, *Rhamnus frangula*, *Ulex europæus*, *Spartium scoparium*, *Rosa arvensis*, *R. canina*, *Rubus fruticosus*, *Cratægus oxyacantha*, *Cornus sanguinea*, *Sambucus nigra*, *Viburnum lantana*, *V. opulus*, *Lycium europæum*, *L. barbarum*, *Lonicera caprifolium*, *L. xylosteum*, *Ligustrum vulgare*, *Solanum dulcamara*, différentes espèces de Saule, *Corylus avellana*, *Juniperus communis*. Dans le midi on voit des arbustes complétement différents; exemples : *Paliurus aculeatus*, *Pistachia lentiscus*, *Spartium junceum*, *Adenocarpus telonensis*, *Dorycnium rectum*, *Punica granatum*, *Myrtus communis*, *Tamarix gallica*, *Viburnum tinus*, *Erica arborea*, *Phyllirea angustifolia*, *P. latifolia*, *Vitex agnus-castus*, *Atriplex halimus*, *Elæagnus angustifolia*, *Euphorbia dendroides*, et *Agave americana*.

[107] *Arbustes et Arbrisseaux de la France.*

Cistus ledon, *C. populifolius*, *C. lauri-*

*folius. — Acer opulifolium. — Staphylea
pinnata. — Evonymus europæus, E. latifolius. — Ilex aquifolius. — Paliurus
aculeatus. — Rhamnus alaternus, R. catharticus, R. infectorius, R. saxatilis,
R. alpinus, R. frangula. — Pistachia
lentiscus. — Rhus cotinus, R coriaria. —
Ulex europæus. — Spartium junceum. —
Genista candicans, G. linifolia, G. Salz-
mani, G. anglica. — Cytisus laburnum,
C. alpinus, C. sessiliflorus, C. scoparius,
C. spinosus, C. lanigerus. — Adenocarpus parviflorus, A. telonensis. — Anthyllis barba-Jovis. — Dorycnium rectum.—
Colutea arborescens. — Coronilla emerus.
C. juncea, C. stipularis.—Rosa arvensis,
R. canina, R. rubiginosa. — Cratægus
pyracantha, C. oxyacantha. — Amelanchier vulgaris. — Punica granatum. —
Myrtus communis. — Philadelphus coronarius. — Tamarix africana, T. gallica.—Myricaria germanica.—Buplevrum
fruticosum. — Cornus mas, C. sanguinea. — Sambucus nigra, S. racemosa. —
Viburnum linus, V. lantana, V. opulus.
— Lonicera balearica, L. etrusca, L. caprifolium, L. periclymenum, L. xylosteum, L. nigra, L. pyrenaica, L. alpigena,
L. cærulea. — Artemisia arborescens, A.
abrotanum. — Stæhelina arborescens. —
Arbutus unedo. — Erica scoparia, E. arborea, E. ramulosa, E. multiflora, E. vagans, E. mediterranea. — Styrax officinale. — Phyllirea angustifolia, P.
latifolia. — Ligustrum vulgare. — Jasminum fruticans, J. humile. — Lilac vulgaris. — Asclepias fruticosa. — Nerium
oleander. — Lycium barbarum, L. europæum. — Solanum dulcamara. — Rosmarinus officinalis.—Teucrium fruticans.
— Phlomis fruticosa. — Vitex agnus-
castus. — Chenopodium fruticosum. —
Atriplex halimus. — Passerina tarton-
raira, — P. hirsuta, P. thymelæa. —
Daphne olcoides.—Elæagnus angustifolia.
— Hippophae rhamnoides. — Buxus sempervirens. — Euphorbia dendroides. —
Betula nana, — Alnus suaveolens, A.
viridis. — Salix capræa, S. cinerea, S.
cinerascens, S. aurita, S. repens, S. phylicifolia, S. mollissima, S. viminalis, S.
fissa, S. monandra, S. incana, S. triandra, S. fragilis, S. bicolor, S. arenaria,
S. hastata. — Corylus avellana. — Myrica gale. — Juniperus phœnicea, J. sabina, J. oxycedrus, J. communis. — Pinus
pumilio. — Chamærops humilis.*

**[108] Plantes herbacées des buis-
sons, des haies et des taillis.**

*Anemone stellata.—Aquilegia vulgaris,
Arabis turrita. — Alliaria officinalis. —
Helianthemum umbellatum. — Viola odo-
rata, V. canina. — Stellaria holostea. —
Astragalus glycyphyllos. — Coronilla*

*emerus. — Adoxa moschatellina. —Ægo-
podium podagraria. — Drepanophyllum
falcaria. — Petroselinum segetum.— Anthriscus sylvestris, A. vulgaris. — Galium cruciata, G. mollugo. — Centaurea
pullata. — Convolvulus sepium. — Glechoma hederacea. — Solanum dulcamara.
— Chenopodium vulgare. — Polygonum
dumetorum. — Urtica dioica. — Humulus
lupulus. — Convallaria polygonatum. —
Tamus communis. — Arum vulgare. —
Bromus asper. — Festuca cærulea. —
Triticum caninum. — Polypodium Pluck-
netii.*

Lieux secs et stériles. — Les lieux
secs et stériles sur le penchant ou au sommet de collines exposées au midi, privées
de toute végétation arborescente, brûlées
par le soleil ou ravinées par la pluie, im-
propres à la culture et fournissant à peine
une maigre pâture aux chèvres ou aux
moutons, ont une végétation toute particulière de plantes qui peuvent braver les
plus fortes chaleurs et résister au froid
résultant du rayonnement nocturne. Ces
plantes insinuent leurs racines entre les
pierres pour y puiser un peu d'humidité.
Mais toute la partie qui est au-dessus du
niveau du sol passe souvent en quelques
heures d'une température voisine de zéro à
25° ou 30° au-dessus. Aussi ces plantes
sont-elles parmi les plus rustiques et il est
facile de les transplanter dans nos jardins,
tandis que celles des bois, des marais et
des tourbières y réussissent beaucoup plus
difficilement. Les végétaux qu'on observe
le plus souvent dans les lieux secs et stériles de toute la France sont les suivants.

**[109] Plantes des lieux secs et
stériles communes à toute la
France.**

*Anemone pulsatilla. — Helianthemum
fumana. — Dianthus carthusianorum. —
Potentilla argentea. — Poterium san-
guisorba. — Rosa canina. — Sedum acre.
— Torilis nodosa. — Pimpinella saxi-
fraga. — Eryngium campestre. — Aspe-
rula cynanchica. — Erigeron acre. —
Artemisia campestris. — Centaurea calcitrapa. — Kentrophyllum lanatum. —
Carlina vulgaris. — Hieracium pilosella,
H. auricula. — Hypochæris maculata. —
Thrincia hirta. — Calluna erica. —
Chlora perfoliata. — Echium vulgare. —
Verbascum thapsus, V. nigrum, V. Lych-
nitis. — Thymus serpyllum. — Globula-
ria vulgaris. — Thesium linophyllum. —
Euphorbia cyparissias, E. Gerardiana.
— Juniperus communis. — Andropogon
ischæmum. — Stipa capillata. — Bromus
grossus, B. sterilis, B. tectorum. — Fes-
tuca rubra, F. ovina. — Kœleria cristata.
— Poa compressa. —Cynosurus cristatus.
— Nardus stricta. — Hordeum secalinum.*

[110] *Plantes des lieux secs et stériles particulières aux provinces méridionales.*

Thalictrum majus. — Delphinium staphisagria. — Biscutella coronopifolia, B. ambigua, B. saxatilis.—Erysimum canescens.— Cistus incanus, C. crispus, C. albidus, C. monspeliensis.—Helianthemum salicifolium, H. hirtum, H. pulverulentum. — Velezia rigida. — Ruta graveolens. — Astragalus aristatus. — Onobrychis caput-galli, O. crista-galli. — Orobus saxatilis. — Myrtus communis. — Momordica elaterium. — Sedum cespitosum, S. dasyphyllum. — Buplevrum Gerardi. — Scandix australis, S. tinctoria. — Crucianella latifolia, C. angustifolia. — Inula viscosa. — Micropus erectus.— Echinops sphærocephalus, E. ritro. — Onopordum illyricum. —Centaurea crupina, C. amara, C. aspera, C. solstitialis. — Carlina lunata, C. corymbosa.—Stæhelina dubia.—Atractylis cancellata. — Catananche cærulea. — Cynanchum nigrum. — Lithospermum fruticosum. — Verbascum australe, V. candidissimum, V. majale, V. lychnitis, V. longifolium. — Orobanche rapum. — Rosmarinus officinalis. — Teucrium montanum. — Sideritis romana. — Lavandula vera, L. spica. — Coris monspeliensis. — Plantago albicans, P. lagopus.— Daphne gnidium. — Osyris alba. — Asparagus acutifolius. — Smilax aspera. — Andropogon distachyon, A. hirtum. — Festuca serotina. Kœleria albescens. — Echinaria capitata. — Nardus aristata. — Ægilops triuncialis. — Triticum Nardus. — Hordeum secalinum.

Lieux pierreux. — La plupart des plantes qui croissent dans les lieux secs et stériles se plaisent aussi dans les lieux pierreux, c'est-à-dire sur des pentes couvertes de fragments anguleux de rochers ou de cailloux arrondis. Sous cette couche de débris on trouve une terre souvent humide dans laquelle la plante enfonce ses racines, tandis que sa tige se fait jour en s'insinuant entre les pierres. Quelquefois les fleurs seules sont apparentes à la surface du sol : le plus souvent la tige tout entière est hors de la terre et supporte une chaleur très-forte, pendant que les racines abritées par les pierres plongent dans un sol frais. Comme dans les lieux secs et stériles, on y observe quelques arbrisseaux qui recherchent l'abri qui leur est offert par les collines qui dominent la pente. En général ces localités sont très-chaudes, à moins qu'elles ne soient tournées directement vers le nord.

[111] *Plantes qui croissent dans les lieux pierreux.*

Thalictrum pubescens. — Fumaria densiflora. — Mathiola tristis. — Cheiranthus cheiri. — Hutschinsia petræa. — Arenaria cinerea. — Acer opulifolium, A. monspessulanum. — Ruta montana, R. angustifolia. — Astragalus incanus. — Hippocrepis unisiliquosa.—Lathyrus heterophyllus. — Rubus idæus. — Sedum stellatum, S. cepæa, S. altissimum. — Peucedanum cervaria. — Buplevrum falcatum, B. rigidum. — Ptycholis heterophylla. — Fœniculum officinale.— Galium divaricatum, G. anglicum, G. supinum. — Centranthus latifolius.— Chrysanthemum parthenium.—Anthemis incrassata. — Artemisia absinthium. — Cirsium acarna. — Lactuca perennis. — Prenanthes purpurea, P. viminea. — Barckhausia suffreniana. — Leontodon hispidum. — Scorzonera hirsuta.—Ajuga chamæpitys. — Origanum vulgare. — Globularia alypum. Plantago subulata.— Passerina hirsuta. — Buxus sempervirens. — Euphorbia characias. — Aphyllanthes monspeliensis. — Milium cærulescens. — Stipa tortilis.

Sables. — La dernière station que nous examinerons est celle des sables, en restreignant ce mot aux sables de l'intérieur des terres, et non aux plages sablonneuses de la mer. Les botanistes avaient depuis long-temps remarqué que certaines plantes affectionnent cette station et ne se trouvent guère dans les terrains compactes. Ces plantes ont ordinairement des racines longues ou pivotantes, qu'elles enfoncent profondément dans le sable jusqu'à ce qu'elles trouvent un peu d'humidité. Ces racines y fixent la tige sur ce sol mobile sans cesse entraîné par les vents et plusieurs de ces végétaux sont même employés avec avantage pour consolider les dunes et empêcher l'ensablement des cantons situés sous le vent de ces montagnes mobiles; telles sont surtout : *Carex arenaria*, *Triticum repens*, *Elymus arenarius*, *Medicago maritima*, qui peuvent en même temps servir de fourrages pour les bestiaux. Les Graminées, les Cariophyllées, les Composées et les Légumineuses dominent parmi les plantes des sables. Dans ces familles ce sont surtout les genres *Arenaria*, *Ornithopus*, *Festuca* et *Poa*, qui renferment le plus grand nombre d'espèces propres à cette station. On conçoit qu'un grand nombre des végétaux qui habitent les sables se retrouvent sur les bords de la mer, des rivières et des étangs, partout où le sol est favorable à leur propagation.

[112] *Plantes des sables.*

Thalictrum nigricans.—Papaver Roubiæi. — Arabis arenosa. — Berteroa incana. — Alyssum campestre. — Brassica erucastrum, B. cheirantiflora. — Reseda phyteuma. — Astrocarpus sésamoides, β purpurascens. — Silene conoidea, S. sa-

*buletorum.— Sagina procumbens, S. ape-
tata. — Spergula arvensis, S. subulata.
—Arenaria rubra, A. tenuifolia, A. montana. — Cerastium semidecandrum. —
Radiola linoides. — Hypericum humifusum. — Ononis serrata. — Medicago maculata. — Melilotus gracilis. — Astrolobium ebracteatum.— Ornithopus compressus, O. roseus, O. perpusillus —Herniaria
glabra. — Scleranthus perennis.— Gnaphalium arvense, G. gallicum. — Elychrysum arenarium. — Anthemis peregrina. — Balsamita annua. —Drepania
barbata.—Andryala lyrata. — Thrincia
hirta. — Chironia linarifolia. — Convolvulus siculus.—Lithospernum tinctorium.
— Linaria cirrhosa, L. juncea. — Scrophularia lucida. — Bartsia bicolor. —
Statice armeria. — Plantago arenaria,
P. psyllium. — Chenopodium botrys. —
Euphorbia chamæsyce, E. pithyusa. —
Ruppia maritima. — Scilla autumnalis,
S. amœna. — Typha minima. — Carex
Schreberi, C. hirta. — Cynodon dactylon.
— Tragus racemosus. — Phalaris arenaria.— Aira canescens, A. præcox.— Bromus rubens. — Festuca stipoides, F. sa-
bulicola, F. glauca. — Poa divaricata,
P. rigida, P. pilosa. — Chamagrostis
minima. — Triticum rigidum. — Hor-
deum crinitum.*

Rochers, prairies et moissons. — Si
je n'avais dépassé le nombre de colonnes
consacrées dans cet ouvrage à la géographie botanique, j'aurais donné la liste
des plantes qui viennent sur les rochers
et sur les murs. Ce qui diminue mes
regrets, c'est que parmi ces plantes un
grand nombre appartiennent à la région
alpine et subalpine et que la station n'est
pour elles que d'une importance fort se-
condaire. Le nombre des végétaux qu'on
trouve habituellement sur les rochers et
les vieux murs des plaines de la France
est de 65 environ. Les genres les plus riches en plantes rupestres sont : *Sedum,
Asplenium, Potentilla, Convolvulus, Melica, Cotoneaster, Centranthus, Conyza*
et *Celerach.*

J'aurais aussi voulu donner la liste des
plantes fourragères ; elles sont différentes
dans les différentes régions que nous avons
examinées. Ainsi les végétaux qui composent une prairie dans le nord n'ont point
d'analogie avec ceux d'une prairie des
bords de la Méditerranée ou d'un pâturage
des Alpes. Les agronomes que ce sujet
intéresse trouveront tous les détails dési-
rables dans un excellent ouvrage publié
récemment par M. Lecoq, et intitulé :
*Traité des plantes fourragères ou Flore des
prairies naturelles et artificielles de la
France*, 1844.

Certaines plantes croissent surtout dans
les moissons et se resèment avec les céréales. Les plantes des moissons doivent

nécessairement avoir une végétation pour
ainsi dire parallèle à celle des céréales au
milieu desquelles elles vivent habituellement. Les genres *Adonis, Vicia, Valerianella, Nigella, Lathyrus, Buplerrum* renferment la majeure partie de ces plantes,
dont le nombre total s'élève à quarante-
cinq environ.

Plantes vénéneuses. — Je terminerai
ce chapitre par la liste des plantes vénéneuses indigènes en France. La plupart
se trouvent dans toutes les parties du
royaume et sont redoutables par leurs
qualités délétères.

Clematis vitalba, C. erecta.

[153] *Aconitum Napellus.*

a Etamines et pétales nectariformes. — *b* Fruit.

Cette plante se trouve dans les forêts et
les prairies subalpines; quelquefois elle
s'élève jusqu'à 2600^m. On la cultive aussi
dans les jardins comme fleur d'ornement.
Toutes ses parties sont vénéneuses; c'est
un poison narcotio-âcre.

Ranunculus flammula, R. sceleratus.

[154] *Ranunculus acris.*

a Calice et étamines. — b Pétale. — c Carpelle.

La Renoncule âcre donne rarement lieu à des empoisonnements, parce qu'elle ne peut être confondue avec aucune plante alimentaire. Le principe âcre disparaît par la dessiccation ou l'ébullition dans l'eau. Appliquées sur la peau après avoir été pilées, les feuilles fraîches de la Renoncule âcre déterminent la formation d'un vésicatoire et peuvent être employées à défaut de cantharides.

[155] *Chelidonium majus.*

a Étamines et Pistil. — b Fruit capsulaire ouvert.

[156] *Conium maculatum.*

a Tige maculée de taches couleur lie de vin. — b Fleur isolée. — c Fruit à côtes crénelées.

[157] *Æthusa cynapium.*

a Portion d'ombelle pour montrer les trois langues bractées de l'involucelle dirigées en dehors et en bas. — b Fleur isolée.

L'*Æthusa cynapium* croît dans les jardins et au bord des haies, on peut la confondre avec le persil. Elle s'en distingue par sa tige lisse, tandis que celle du persil est cannelée, son feuillage d'un vert plus sombre, l'absence d'odeur aromatique quand on la froisse, ses fleurs blanches, tandis que celles du persil sont verdâtres; les longues bractées de l'involucelle et ses fruits ovoïdes, tandis que ceux du persil sont allongés.

[158] *Cicutaria aquatica.*

a Racine fasciculée. — *b* Fleur isolée. — *c* Fruit.

Lactuca virosa. — *Lobelia urens.* —
Nerium oleander.

[159] *Atropa Belladona.*

a Baie coupée transversalement. — *b* Fleur ten-
due longitudinalement. — *c* Graine réniforme.

Cette plante se trouve dans les bois,
surtout dans ceux qui ont été récemment
défrichés. Son fruit ressemble grossière-
ment à la guigne ou cerise noire et a une
saveur douceâtre qui ne trahit point ses
propriétés vénéneuses. Aussi arrive-t-il
trop souvent que des enfants mangent de
ces baies. On ne les confondra pas avec des
cerises noires quand on verra qu'ils sont
surmontés d'un calice persistant et qu'elles
contiennent des graines au lieu de noyaux.
L'émétique, les boissons acidulées et
le café sont les remèdes qu'on oppose
à l'empoisonnement par les baies de Bel-
ladonne.

[160] *Hyosciamus niger.*

a Fleur fendue longitudinalement. — *b* Fruit
coupé transversalement.

Nicotiana Tabacum.

[161] *Datura stramonium.*

a Fleur fendue longitudinalement. — *b* Capsule
coupée transversalement. — *c* Graine.

La Stramoine ou pomme épineuse, ainsi nommée parce que le fruit est hérissé de pointes, se trouve dans les champs secs et incultes ; ses feuilles ont une odeur vireuse et désagréable ; leur saveur est âcre et amère ; leur action plus énergique encore que celle des feuilles de la Belladone. On leur oppose les mêmes moyens que ceux par lesquels on combat l'empoisonnement par la Belladone. En médecine, ces feuilles sont employées contre l'asthme après avoir été roulées en forme de cigares que le malade fume pendant les accès.

CHAPITRE V. — HISTOIRE ET BIBLIOGRAPHIE.

§ 1. *Esquisse historique.*

Cultivée avec zèle chez les Grecs, qui l'envisageaient comme une science, et chez les Romains, qui l'estimaient surtout à cause de ses applications à l'agriculture, la botanique suivit en France le grand mouvement scientifique du seizième siècle. Les Allemands et les Italiens avaient donné l'impulsion en ramenant les esprits à l'étude de la nature et en faisant de l'érudition non le but, mais l'instrument de la science. Jacques Daléchamp, né en 1513 et originaire de Normandie, avait entrepris une histoire générale des plantes et visité le Lyonnais et le Dauphiné. Tabernemontanus fit connaître la végétation de l'Alsace, et Pierre Pena, savant Provençal, communiqua à Lobel un grand nombre des végétaux originaires de la Provence. Pierre Belon, né en 1518, fut le premier qui voyagea dans le but de récolter les plantes exotiques ; il parcourut la Grèce, l'Asie, la Judée, l'Egypte, l'Arabie, et publia un ouvrage sur les arbres de la famille des Conifères. Charles de l'Ecluse, ou Clusius, né à Arras en 1526, voyagea dans tout le midi de l'Europe ; mais ce mérite lui est commun avec quelques-uns de ses prédécesseurs. Il eut celui de donner les premiers modèles de l'art de décrire les plantes avec exactitude et sans surcharger son style d'un luxe inutile de citations empruntées à l'antiquité. Il professa à Leyde, publia un grand nombre d'ouvrages, fit connaître un grand nombre d'espèces, parmi lesquelles se trouve la pomme de terre sous les noms d'*Arachidna Theophrasti* et *Papas Peruvianorum*. Ses ouvrages, écrits en latin pour la plupart, sont consultés encore aujourd'hui par les botanistes.

Au milieu du dix-septième siècle, nous trouvons Plumier, minime marseillais, qui alla trois fois dans le Nouveau-Monde, décrivit plus de plantes qu'aucun de ses prédécesseurs, et mourut à Cadix, en 1706, au moment de se rembarquer pour la quatrième fois. Pierre Magnol, né à Montpellier en 1638, ne fut pas moins remarquable comme classificateur que Plumier comme voyageur. Le premier il essaya de former des groupes naturels appelés *Familles* et doit être considéré comme l'un des prédécesseurs des Jussieu. Mais tous ces botanistes devaient être éclipsés par un des plus grands naturalistes que la France ait produits ; c'est Joseph Pitton de Tournefort, né à Aix en Provence le 5 juin 1656. Très-jeune, il parcourut la Provence, les Alpes et le nord de l'Espagne. En 1700, Louis XIV l'envoya dans le Levant. Il visita l'Archipel, la Grèce, les bords de la mer Noire et les frontières de la Perse, et mourut en 1708. Voyageur et naturaliste, il a su également bien observer les peuples qu'il avait visités et décrire les plantes qu'il rapporta. Le premier il imagina une méthode fondée sur la forme de la corolle, qui, sans détruire les groupes naturels, conduisait aisément au nom de la plante ; aussi fut-elle reçue avec acclamation par les botanistes du monde entier. C'est à lui aussi qu'on doit l'introduction en botanique de l'idée du genre ; idée féconde, fondée en fait et qui représente le mieux les affinités réelles des végétaux. 10 146 espèces furent rapportées par lui à 698 genres, et Rai, le plus grand botaniste de l'Angleterre, s'honora lui-même en les adoptant. Les *Eléments de botanique*, les *Institutiones rei herbariæ* et le *Voyage du Levant* de Tournefort, sont des ouvrages tellement remarquables que les progrès des sciences ne peuvent qu'ajouter à leur mérite. Sébastien Vaillant, né à Vigny en 1669, attaqua la méthode de Tournefort ; mais la postérité l'a absous de ce tort en se rappelant qu'il a le premier entrevu la sexualité des plantes et publié une excellente Flore des environs de Paris.

Pendant quelque temps, on ne trouve, parmi les botanistes célèbres, que des noms allemands, anglais ou italiens. Linnée, renouvelant la face des sciences naturelles, transporta le siége des sciences naturelles à Upsal. La France ne resta pas en arrière du mouvement imprimé par ce législateur de la botanique : Adanson voyageait en Afrique pour recueillir les éléments de sa méthode, tandis que Bernard de Jussieu méditait dans le silence sur l'organisation et les affinités des végétaux, et plantait le jardin de Trianon en groupant les genres d'après des principes nouveaux. Adanson, de son côté, essayait de poser les bases d'une méthode naturelle. Ainsi, peu à peu, les fondements de cet édifice que Linnée regardait comme le but définitif de la science s'élevait par des mains françaises. Le jardin de Trianon fut planté en 1759, et en 1763 Adanson publia ses familles des plantes. Bernard de Jussieu ne divulgua point ses idées, et laissa à son neveu Antoine-Laurent de Jussieu cette tâche glorieuse et difficile.

La physiologie végétale ne restait pas en arrière de la botanique descriptive : en Angleterre, Hales avait donné l'impulsion; Pérault, Lahire, Duhamel du Monceau et Guettard la suivirent en France. On reconnut quelques-unes des lois qui président à l'ascension de la séve, à l'accroissement des arbres, et on entrevit les fonctions exercées par les feuilles, dont Bonnet, Sénebier et de Candolle, tous les trois citoyens de Genève, devaient faire connaître l'importance. En 1767, Bougainville visitait avec Commerson les côtes du Nouveau-Monde et les îles de l'Océanie. Ils recueillirent un grand nombre de plantes. Après cinq années consécutives employées à parcourir l'île de France, l'île Bourbon, Madagascar, les Moluques, les Philippines et la Nouvelle-Guinée, Sonnerat rapporte d'immenses collections, revient en France, rédige ses voyages, repart pour l'Inde, y reste vingt années, et meurt en touchant le sol natal. À la même époque, Dombey parcourait le Pérou et les Etats-Unis. La Billardière, après avoir voyagé en Syrie, accompagna d'Entrecasteaux dans son voyage à la recherche de Lapeyrouse.

Mais l'événement le plus important de la fin du dix-huitième siècle, c'est l'établissement définitif de la méthode naturelle. En 1779, Antoine-Laurent de Jussieu publia l'ouvrage intitulé *Genera plantarum secundum ordines naturales, disposita :* c'était le fruit de ses méditations et de celles de son oncle; les plantes étaient rangées non arbitrairement et d'après un seul caractère, mais d'après l'ensemble de ces caractères subordonnés les uns aux autres, suivant leur importance. L'Europe était encore sous le charme du système simple et facile de Linnée, et on crut combattre pour sa mémoire en repoussant la méthode nouvelle; son auteur ne la défendit pas, et elle conquit sa place par la seule force du temps et de la vérité. Parmi les hommes qui contribuèrent le plus à la faire accepter, nous devons nommer en première ligne le célèbre botaniste genevois, de Candolle, que la France réclame comme une illustration de l'école de Montpellier. Né le 4 février 1778, il publia en 1813 sa *Théorie élémentaire de la botanique,* où il étendit, développa et confirma les principes de la méthode naturelle en les éclairant par la théorie de la métamorphose et la loi de symétrie. En 1824, il fit paraître le premier volume d'une Flore universelle, sous le titre de *Prodromus systematis regni vegetabilis,* ouvrage immense dont son fils poursuit l'achèvement avec une persévérance digne de son nom. Peu de botanistes ont su, à l'égal de de Candolle, répandre le goût de l'histoire naturelle; il

la faisait aimer comme il l'aimait, et ses écrits ont un charme qu'on trouve bien rarement dans les livres de science.

Au commencement du dix-neuvième siècle, des Français visitaient tous les pays du monde dans le but de faire connaître leurs productions naturelles : Desfontaines et Poiret parcouraient le nord de l'Afrique, Palisot de Beauvois sa côte occidentale, Louis-Claude Richard pénétrait dans la Guyane, Michaux explorait la Perse et l'Amérique méridionale, Dupetit-Thouars les Antilles et les autres îles de l'Océan, Delisle accompagnait en qualité de botaniste l'armée française en Egypte; la Flore indigène était étudiée avec plus de soin, Gouan publiait une Flore de Montpellier, Lamouroux faisait connaître les plantes marines des côtes occidentales de la France, Ramond décrivait les Pyrénées en géologue et en botaniste, et, de tous côtés, il s'élevait dans les villes de province des botanistes modestes dont les ouvrages sont énumérés dans la bibliographie de cet article.

Depuis la paix, grâce à l'activité de la marine, à la protection du gouvernement et aux nombreuses expéditions scientifiques qu'il a ordonnées, les conquêtes de la botanique s'étendent tous les jours. MM. Freycinet, Duperrey, Dumont-d'Urville, comme commandants de ces expéditions, Auguste de Saint-Hilaire, Gaudichaud, Bory de Saint-Vincent, Claude Gay, Quoy, Lesson, Perottet, Leprieur, d'Orbigny, Hombron, Aucher, de Jaubert, Durieu, comme botanistes, ont enrichi le Muséum d'histoire naturelle de plantes rapportées de toutes les parties du monde, pendant que les botanistes sédentaires font marcher d'un pas égal l'anatomie des plantes et la botanique descriptive.

MM. de Mirbel, Auguste de Saint-Hilaire, Adrien de Jussieu, Adolphe Brongniart, Jean Gay, Gaudichaud, Alphonse de Candolle, Montagne et Decaisne, représentent dignement la botanique française en suivant les grandes traditions de leurs prédécesseurs.

§ 2. *Bibliographie.*

C'est à dessein que nous réunissons ce paragraphe au précédent; car l'histoire de la Flore d'un pays, c'est l'énumération des ouvrages qui ont contribué à faire connaître ses productions végétales. Pour dresser ce catalogue, nous avons mis à profit la belle bibliothèque botanique de M. Benjamin Delessert, où plusieurs rayons sont exclusivement consacrés aux Flores générales et locales de la France; nous avons aussi consulté les ouvrages de Bibliographie botanique qu'elle possède. On ne trouvera pas dans cette liste les mémoires ou notes qui font connaître seulement un petit nombre de plantes nouvelles, et elle ne renferme en général que des ouvrages consacrés spécialement à la Flore française. Nous établissons parmi les Flores locales aux départements quelques divisions générales correspondant aux principales régions végétales que nous avons admises. Dans chaque grande région les Flores sont rangées autant que possible suivant l'ordre chronologique.

Flores générales. — Jac. Barellier, *Plantæ per Galliam, Hispaniam et Italiam observatæ iconibus æneis exhibitæ*, in-f°. Paris, 1774. —Buc'hoz, *Dictionnaire raisonné des plantes, arbres et arbustes de la France*, 4 vol. in-8°. Paris, 1770. — De Lamarck, *Flore française*, ou Description succincte de toutes les plantes qui croissent naturellement en France, 3 vol. in-8°, 1778. —Arthur Young, *Voyage en France*, 3 vol. in-8°. Paris, 1794. — Koeler, *Descriptio graminum in Gallia et Germania crescentium*, un vol. in-8°. Francfort 1802.—Lamarck et Decandolle, *Flore française*, ou Descriptions succinctes de toutes les plantes qui croissent naturellement en France. Paris, 1805, 5 vol. in-8°. — Jaume Saint-Hilaire, *Plantes de la France*, décrites et peintes d'après nature, in-8°. Paris 1805 et suiv. — De Lamarck et de Candolle, *Synopsis plantarum in flora Gallica descriptarum*, 1 vol. in-8°. Paris, 1806. — A. P. de Candolle, *Icones plantarum Galliæ rariorum nempe incertarum aut nondum delineatarum*. Paris, 1808. — J.-L.-A. Loiseleur-Deslongchamps, *Notice sur les plantes à ajouter à la flore de France*, 1 vol. in-8°. Paris 1810. — De Candolle, Mémoire sur la géographie des plantes de France considérée dans ses rapports avec la hauteur absolue, dans les *Mém. d'Arcueil*, t. III, p. 262, 1817. — Aug. Pyrami de Candolle, *Botanicon Gallicum, seu synopsis plantarum in flora gallica descriptarum*, editio secunda, a J. E. Duby, 2 vol. in-8°. Paris, 1828. —Loiseleur-Deslongchamps, *Flora gallica, seu enumeratio plantarum in Gallias sponte nascentium auctore*, 1 vol. in-8°, editio secunda, 2 vol. in-8°, 1828. — F.-A. Boisduval, *Flore française*, 3 vol. in-18. Paris 1828. — A. Mutel, *Flore française*, destinées aux herborisations, 4 vol. in-18, avec atlas. Paris 1834-1837.

Flores de la région septentrionale. —Marci Mappi, *Historia plantarum alsaticarum posthuma*, opera et studio, Joh. Chr. Ehrmanni, un vol. in-4°. Argentorati, 1742. — Franciscus Balthasar von Lindern, *Hortus alsaticus*. 1 vol. in-12. Argentorati, 1747.—P.-J. Buc'hoz, *Traité historique des plantes qui croissent dans la Lorraine et les trois Évéchés*, 8 vol. in-12. Nancy, 1762. — P.-J. Buc'hoz, *Tournefortius Lotharingiæ*, ou Catalogue des plantes qui croissent dans la Lorraine et

les trois Evêchés. Paris, 1763.—Spielmann, *Prodromus Flore argentoratensis*, 1 vol. in-12. Argentorati, 1766. — Bonamy, *Floræ Nannetensis prodromus*, 1 vol. in-8°. Nantes, 1782.—Cambry, *Voyage dans le Finistère*, 3 vol. in-8°. Paris, 1799. — J.-A.-G. Boucher, *Flore d'Abbeville et des environs*, 1 vol. in-8°, 1801. — J.-C. Stolz, *Flore des plantes qui croissent dans les départements du Haut et Bas-Rhin*, 1 vol. in-8°. Strasbourg, 1802. — F. Roucel, *Flore du nord de la France*, ou Description des plantes indigènes et cultivées dans les départements de la Lys, de l'Escaut, de la Dyle et des Deux-Nèthes, 2 vol. in-8°. Paris, 1803. — P.-A. Renault, *Flore du département de l'Orne*, 1 vol. in-8°. Alençon, 1804. — F. Roucel, *Flore du Calvados*, in-8°. Caen, 1806. — M.-T. Batard, *Essai sur la Flore du département de Maine-et-Loire*, 1 vol. in-8°, Angers, 1809. — Merlet de la Boulay, *Herborisations dans le département de Maine-et-Loire*, 1 vol. in-18. Angers, 1809.—Giraud Chantrans, Tableau des plantes qui croissent spontanément dans le département du Doubs dans l'*Essai sur la géographie physique du département du Doubs*, t. II, 1 vol. in-8°. Paris, 1810. — Desmazières, *Agrostographie des départements du nord de la France*, 1 vol. in-8°. Lille, 1812.— Le Turquier-Delonchamp, *Flore des environs de Rouen*, 1 vol. in-12. Rouen, 1816. — N.-A. Desvaux, *Observations sur les plantes des environs d'Angers*, 1 vol. in-12. Angers et Paris, 1818.— Brouard, *Catalogue des plantes du département de l'Eure*, in-12. Paris, 1820. — Dubois, *Méthode éprouvée*, par laquelle on parvient facilement et sans maître à connaître les plantes de l'intérieur de la France, 1 vol. in-8°. Paris, 1825. — A.-N. Desvaux, *Flore de l'Anjou*, 1 vol. in-8°. Angers, 1827. — H.-F. Soyer-Willemet, *Observations sur quelques plantes de France*, suivies du catalogue des plantes vasculaires des environs de Nancy. Nancy, 1828. — J. Holandre, *Flore de la Moselle*, 2 vol. in-18. Metz, 1829. — *Flore complète d'Indre-et-Loire*, par la Société d'agriculture, 1 vol. in-8°. Tours, 1833. — Ch. Pauquy, *Flore du département de la Somme*, 1 vol. in-8°, 1834. — Desvaux, *Statistique de Maine-et-Loire*, première partie, 1 vol. in-8°. Angers, 1834. — Kirschleger, *Prodrome de la Flore d'Alsace*, 1 vol. in-12. Strasbourg, 1836. — A. de Brebisson, *Flore de la Normandie*, 1 vol. in-18. Caen, 1836. — G.-P. Guepin, *Flore de Maine-et-Loire*, 2 vol. in-12. Angers et Paris, 1830. 2e édition en 1838. —Maulny, *Flore du Mans*, 1 vol. in-8°. Avignon (sans date). — N. Desportes, *Flore de la Sarthe et de la Mayenne*, 1 vol. in-8°, 1838. — A. Boreau, *Flore du centre de la France*, 2 vol. in-8°. Paris, 1840. — J.-P.

Guépin, *Supplément à la Flore de Maine-et-Loire*, 1 vol. in-12. Angers, 1842. — Docteur Godron, *Flore de Lorraine* (Meurthe, Moselle, Meuse, Vosges), 3 vol. in-12. Nancy, 1843. — J.-P. Pesneau, *Catalogue des plantes recueillies dans le département de la Loire-Inférieure* (sans date).—James Lloyd, *Flore de la Loire-Inférieure*, 1 vol. in-18. Nantes, 1844.

Flores des environs de Paris. — Pitton de Tournefort, *Histoire des plantes qui naissent aux environs de Paris*, deuxième édition revue et augmentée par M. Bernard de Jussieu, 2 vol. in-12. Paris, 1725. — Sébastien Vaillant, *Botanicon parisiense*, ou Dénombrement par ordre alphabétique des plantes qui se trouvent aux environs de Paris, 1 vol. in-fol. Leyde et Amsterdam, 1726. — Fabregou, *Description des plantes qui naissent ou se renouvellent aux environs de Paris*, 6 vol. in-12. Paris, 1740. — Sébastien Vaillant, *Botanicon parisiense, editio nova emundatior et aucta*, 1 vol. in-12. Lugduni Batavorum, 1743. — Barbier-Dubourg, *le Botaniste français*, comprenant toutes les plantes communes et usuelles disposées suivant une nouvelle méthode et décrites en langue vulgaire, 2 vol. in-12. Paris, 1767. — Bulliard, *Flora parisiensis*, ou Description et figures des plantes qui croissent aux environs de Paris, 6 vol. in-8°. Paris, 1776. — *Flore économique des plantes qui croissent aux environs de Paris*, par une société de naturalistes, 1 vol. in-8°, 1799.—J.-L. Thuillier, *la Flore des environs de Paris*, nouvelle édition. 1 vol. in-8°. Paris, 1799.—L.-B.-F., *Flore parisienne*, ou Description des caractères de toutes les plantes qui croissent naturellement aux environs de Paris, 1 vol. in-18, an IX (1801). — J.-L. Thuillier, le *Vade mecum du botaniste voyageur aux environs de Paris*, 1 vol. in-12. Paris, 1803. — Auguste Plée neveu et François Plée fils, *Herborisations artificielles aux environs de Paris*, 1 vol. in-8°. Paris, 1811. — A. Vigneux, *Flore pittoresque des environs de Paris*, 1 vol. in-4°, 1812. — J.-D.-D., *Double Flore parisienne*, ou Description de toutes les plantes qui croissent naturellement aux environs de Paris, 1 vol. in-18. Paris, 1813. — F.-F. Chevallier, *Flore générale des environs de Paris*, 3 vol. in-8°. Paris, 1826. — F.-V. Mérat, *Nouvelle Flore des environs de Paris*, 1 vol. in-8° : Paris, 1812; troisième édition, 1834; quatrième édition, 1836. — F.-V. Mérat, *Synopsis de la nouvelle Flore des environs de Paris*, suivant la méthode naturelle, 1 vol. in-18. Paris, 1837. — E. Cosson, E. Germain et A. Weddell, *Introduction à une Flore analytique et descriptive des environs de Paris*, suivi d'un catalogue raisonné des plantes vasculaires de cette région, 1 vol. in-12, 1842. — F.-V.

Mérat, *Revue de la Flore parisienne*, 1 vol. in-8°. Juillet, 1843. — E. Cosson et E. Germain, *Supplément au catalogue raisonné des plantes vasculaires des environs de Paris*, in-12, 1843.

Flores de la région méridionale. — Latourette, *Voyage au Mont-Pilat*, avec le catalogue raisonné des plantes qui y croissent, 1 vol. in-12. Avignon, 1770. — Gouan, *Illustrationes botanicæ seu rariorum plantarum indigenarum pyrenaicarum, adumbrationes*, 1 vol. in-fol. Zurich, 1773. — Durant, *Flore de Bourgogne*. 2 vol. in-8°. Dijon, 1782. — Villars, *Histoire des plantes du Dauphiné*, 4 vol. in-8°, 1786. — *Chloris lugdunensis*, 1 vol. in-8°, 1785. — Gatereau, *Description des plantes qui croissent aux environs de Montauban*, 1 vol. in-8°. Montauban, 1789. — Delarbre, *Flore d'Auvergne*, 1 vol. in-8°, 1795; seconde édition, 2 vol., 1800. — Ramond, Description des plantes inédites des hautes Pyrénées; *Bulletin de la Société philomatique*, numéros 41 et suivants. — J. Thore, *Essai d'une Chloris du département des Landes*, 1 vol. Dax, 1803. — Cazeaux, Catalogue des plantes qui croissent dans le département du Gers, *Annuaire du Gers* pour l'an XII. Auch, 1804. — Bergeret, *Flore des basses Pyrénées*, 2 vol. in-8°, 1805. — J.-D. Tournon, *Flore de Toulouse*, 1 vol. in-8°. Toulouse, 1811. — Picot de Lapeyrouse, *Histoire abrégée des plantes des Pyrénées*, 1 vol. in-8°. Toulouse, 1813. — Picot de Lapeyrouse, *Supplément à l'Histoire abrégée des plantes des Pyrénées*, 1 vol. in-8°. Toulouse, 1818. — J.-F. Laterrade, *Flore bordelaise*, deuxième édition. Bordeaux, 1821. —De Saint-Amans, *Flore agenaise*, 1 vol. in-8°. Agen, 1821. — Baron, *Flore des départements méridionaux de la France*, et principalement de celui de Tarn-et-Garonne. Montauban, 1823. —Arnaud, *Flore du département de la Haute-Loire*, in-8°. Paris, 1825. — Ramond, *État de la végétation au sommet du pic du Midi*. — Ch. Desmoulins, *État de la végétation sur le pic du midi de Bigorre au 17 octobre 1840*. Bordeaux 1844. — George Bentham, *Catalogue des plantes indigènes des Pyrénées et du bas Languedoc*, 1 vol. in-8°. Paris 1826. —J.-B. Noulet, *Flore du bassin sous-pyrénéen*, avec l'indication spéciale des espèces qui se trouvent aux environs de Toulouse, 1 vol. in-8°. Toulouse, 1837.—J.-B. Balbis, *Flore lyonnaise*, 3 v. in-8°. Lyon, 1827.—A. Mutel, *Flore du Dauphiné*, 1 vol. in-12, 1830. — Lorey et Duret, *Flore de la Côte-d'Or*. 2 v. in-8°. Dijon, 1831. — J.-B. Balbis, *Supplément à la Flore lyonnaise*, in-8°. Paris, 1835. — R.-P. Lesson, *Flore rochefortine*, 2 vol. in-8°. Rochefort, 1835. — J.-G. Serres, *Flore abrégée de Toulouse*, ou Catalogue des végétaux phanérogames, 1 vol. in-8°. Toulouse, 1836. — Ch. Desmoulins, *Catalogue des plantes de la Dordogne* (première partie : Phanérogames), in-8°, 1840. — C.-J.-L. Delastre, *Flore analytique et descriptive du département de la Vienne*, 1 vol. in-8°. Paris et Poitiers, 1842.

Flores de la région méditerranéenne. — Pierre Magnol, *Botanicum monspeliense sive plantarum circa Monspelium nascentium index*, 1 vol. in-12. Montpellier, 1686. — Garidel, *Histoire des plantes qui naissent en Provence*, et principalement aux environs d'Aix, 1 vol. in-fol. Paris, 1719. — Car. Linnée, *Flora monspeliensis*. Upsal, 1747. — Théoph.-Erdm. Nathorst, *Flora Monspeliensis*. Upsal, 1757. — Ludovici Gerardi, *Flora gallo-provincialis*, 1 vol. in-8°. Paris,

1761. — Antonii Gouan, *Flora Monspeliaca*, 1 vol. in-8°. Lyon, 1765. — Darluc, *Histoire naturelle de la Provence*, troisième volume, 1782-1786. — Antoine Gouan, *Herborisation des environs de Montpellier*, 1 vol. in-8°, 1795. — V. Broussonet, *Corona Floræ monspeliensis*, 1 vol. in-8°. Montpellier. — P.-J. Amoreux, *Etat de la végétation sous le climat de Montpellier*, ou Epoque des floraisons et des productions végétales, 1 vol. in-8°. Montpellier, 1809. — Salzmann, *Enumeratio plantarum rariorum in Gallia australi sponte crescentium*. Montpellier, 1818. — Ch. Martins, Essai sur la topographie botanique du mont Ventoux, en Provence, *Annales des sciences naturelles*, 1838.